数据要素丛书

Innovative Practices
in Data Factorization

丛书主编：汤奇峰

数据要素化的
创新实践

上海数据交易所
大数据流通与交易技术国家工程实验室　主编

U0268342

经济管理出版社
ECONOMY & MANAGEMENT PUBLISHING HOUSE

图书在版编目（CIP）数据

数据要素化的创新实践 / 上海数据交易所，大数据流通与交易技术国家工程实验室主编. -- 北京 ： 经济管理出版社，2024. -- ISBN 978-7-5096-9969-0

Ⅰ．TP274

中国国家版本馆 CIP 数据核字第 2024K2X405 号

组稿编辑：杨国强
责任编辑：白　毅
责任印制：许　艳
责任校对：王淑卿

出版发行：经济管理出版社
　　　　　（北京市海淀区北蜂窝 8 号中雅大厦 A 座 11 层　100038）
网　　址：www.E-mp.com.cn
电　　话：(010) 51915602
印　　刷：唐山昊达印刷有限公司
经　　销：新华书店
开　　本：720mm×1000mm/16
印　　张：20
字　　数：403 千字
版　　次：2024 年 11 月第 1 版　　2024 年 11 月第 1 次印刷
书　　号：ISBN 978-7-5096-9969-0
定　　价：68.00 元

编委会

主编单位：上海数据交易所　大数据流通与交易技术国家工程实验室
丛书主编：汤奇峰
参编人员：韦志林　刘小钰　于百程　赵永超　吕正英　林梓瀚
　　　　　夏　飞　沈婧怡　金　溪　季　强　许天熙

作者及单位（按文章排序）：
陈宏民　胥莉（上海交通大学）
任保平（南京大学）
欧阳日辉（中央财经大学）
陈吉栋（同济大学）
包晓丽（北京理工大学）
张会平　李晓利（电子科技大学）
沈婧怡（上海数据交易所）
吴霄天（上海数据交易所）
杜国臣　王荣（商务部国际贸易经济合作研究院）
王建冬（国家发展改革委价格监测中心）
王志刚　金徽辅（中国财政科学研究院）
谢波峰（中国人民大学）
吕正英（上海数据交易所）
叶雅珍　朱扬勇（复旦大学）
李远刚（上海商学院）
黄蓉　周平（复旦大学管理学院、路博迈基金）

何铮　李雯（德勤中国）

詹睿（普华永道中国）

张茜茜　涂群　张向宏（北京物资学院、北京化工大学、北京交通大学）

许宪春　雷泽坤（统计学者、中央财经大学）

蔡莉　朱秀梅　陈姿颖　费宇鹏　尹苗苗　郭润萍（吉林大学、广东工业大学）

涂群　张茜茜　张向宏（北京化工大学、北京物资学院、北京交通大学）

虞慧群　范贵生（华东理工大学）

汤奇峰（上海数据交易所）

刘业政　宗兰芳（合肥工业大学）

张帆　曹伟　余新胜（复旦大学）

吴沈括　曾文丽（北京师范大学）

林梓瀚（上海数据交易所）

周舸　易晓峰　魏伟（中电科发展规划研究院、提升政府治理能力大数据应用技术国家工程研究中心、中国电子信息产业集团）

案例支持单位（按文章排序）：
同方知网数字出版技术股份有限公司
上海数字产业发展有限公司
上海金润联汇数字科技有限公司
上海生腾数据科技有限公司
中科宇图科技股份有限公司
福建信实律师事务所
上海段和段律师事务所
中国建设银行股份有限公司上海市分行
上海芯化和云数据科技有限公司
拓尔思信息技术股份有限公司
中核（上海）供应链管理有限公司
金证（上海）资产评估有限公司

北京四象爱数科技有限公司

天职国际会计师事务所（特殊普通合伙）

中国工商银行股份有限公司

上海数据交易所

上海数据发展科技有限责任公司

公安部第三研究所

浙江公共安全技术研究院有限公司

盟拓数字科技（苏州）有限公司

上海信投数字科技有限公司

上海邓白氏商业信息咨询有限公司

开启数据要素时代新纪元

在这个瞬息万变的时代，我们正站在数据要素化的浪潮之巅，目睹着一场前所未有的变革。数据，这个曾经被视为简单信息的存在，如今已成为推动经济发展、社会进步的核心要素，引领我们驶向充满无限可能的未来。《数据要素化的创新实践》一书，正是对这一深刻变革的积极响应与深入探索，它不仅是一部关于数据科学的前沿理论著作，更是一本指导实践、启迪思维的行动指南。

推动数据要素化发展，是适应数字经济时代要求、构建新发展格局、实现高质量发展的必然选择。书中开篇即深入剖析了数据要素化的发展规律，指出数据要素化的过程是一个从数据收集、整理、分析到价值挖掘、应用、交易的复杂过程，涉及技术、法律、经济、社会等多个层面。在此基础上，书中系统阐述了数据要素基础制度的建设，包括数据产权、数据流通交易、数据分类分级、公共数据授权运营制度机制等方面的法律法规和政策措施。这些基础制度的建立和完善，是保障数据要素有序流动、高效利用、安全可控的前提和基础，对于促进数据要素市场的健康发展具有至关重要的作用。

数据资产化是数据要素化的高级阶段，也是数据价值最大化的重要途径。书中从数据资产化的价值和意义谈起，对数据资产入表和估值的方法进行了介绍，并通过数据资产在金融、医疗、交通等领域的创新应用案例，展现了数据资产在推动产业升级、优化资源配置、提升融资效能等方面的巨大潜力。同时，书中还深入分析了数据产业的发展趋势，包括数据服务、数据分析、数据安全等新兴业态的兴起，描绘了一幅数字经济时代数据产业发展的新蓝图。

从海量的数据中挖掘价值、实现数据要素化，已成为全球各国竞相追逐的目标。书中通过对比分析欧盟、美国、英国等国家和典型企业在数据要素化发展方面的政策措施、市场状况及成功经验，为我们提供了宝贵的国际视野和启示。在此基础上，书中还对未来数据要素化的发展进行了展望，提出了加强国际合作、推动数据跨境流动、构建安全可持续的数据生态等建议，旨在为我国乃至全球数据要素市场的健康发展贡献智慧与力量。

总之，《数据要素化的创新实践》一书，汇聚了众多专家学者、企业家的智慧与经验，通过丰富的案例分析和深入浅出的理论阐述，全面展示了数据要素化的最新成果与创新实践。书中既有对数据要素化基础理论的深入剖析，如数据要素发展规律、数据产权、数据定价、数据安全与隐私保护等核心议题的探讨；也有对实际应用场景的生动描绘，如智慧城市、金融科技、交通等领域中数据要素如何驱动产业创新、提升服务效能的具体案例。这些案例不仅展现了数据要素化的广阔应用前景，更为我们提供了可供借鉴、可供复制的操作模式和成功经验。该书不仅是对当前数据要素化领域研究成果的一次全面梳理和总结，更是对未来发展方向的一次深刻洞察与展望。

展望未来，数据要素化的浪潮将继续汹涌澎湃。让我们以开放的心态、创新的精神和坚实的行动，在数据要素化的海洋中乘风破浪，驶向更加美好的明天。让我们共同努力，积极探索数据要素化的创新实践，为实现经济社会的高质量发展和国家的繁荣富强贡献力量。

最后，我衷心祝愿这本书能够得到广大读者的喜爱和认可，成为数据要素化领域的经典之作。同时，我也期待着更多的专家学者、企业家和社会各界人士能够关注数据要素化的发展，共同为推动我国数据要素化事业的进步而努力奋斗。

柴洪峰

中国工程院院士

复旦大学金融科技研究院院长

计算机科学技术学院教授

2024 年 10 月

构建数据产业链，迎接数据资本大时代

　　2024 年 7 月，党的二十届三中全会明确了进一步全面深化改革、推进中国式现代化的目标和任务。突出强调了科技创新的重要战略意义，并对加快构建促进数字经济发展体制机制和完善数据要素市场制度规则等做出了详细部署。中央提出，"建设和运营国家数据基础设施，促进数据共享。加快建立数据产权归属认定、市场交易、权益分配、利益保护制度，提升数据安全治理监管能力，建立高效便利安全的数据跨境流动机制"。这意味着深化数据要素市场化配置改革、构建数据产业链，发展以数据为关键要素的数字经济成为国家重要的战略内容，数据要素化发展大潮正滚滚而来。

　　世界正在进入智能时代，数据已经成为智能时代的关键生产要素，是算法、算力的基础，也是智能生产、智能生活、智能社会的起点和终点。在国家顶层目标的指引下，数据要素将成为我国在智能时代再创辉煌的重要引擎。在人工智能发展和大模型应用的推动下，数字技术、数据应用和产业创新快速发展，数据作为"燃料"赋能人工智能，并与大模型同源共振，数据产业蓬勃兴起，迎来未来最大的科技和产业的大潮。

　　以"数据二十条"国家数据战略顶层设计为核心，我国数据基础制度的"四梁八柱"已逐步构建起来，形成了培育数据要素市场、发展数字经济的初步框架。全国各地、各部门积极探索数据要素市场和数据产业建设的实践和创新层出不穷，为我国完善数据基础制度、推动数据产业高质量发展、繁荣数据要素市场贡献了丰富且宝贵的理论、政策和实施借鉴。下一阶段要充分释放数据价值潜能，将数据转变成资本、财富和生产力。还要构建数据生产、流通、交易、应用、市场制度等环节的重要模块，构建中国的数据产业链，攻克核心技术挑战，打通数据产业链的关键环节，加快实现从数据资源到数据资本的转化，将数据要素融合到全产业链中，赋能实体经济。

在数据领域，就需要继续推动机制创新、鼓励产业发展、培育生态繁荣、强化安全治理、提升国际合作，以体制优势保障我国丰富数据要素价值潜力的释放，成为数字时代的强国。在此背景下，全面梳理、总结和提炼现有我国数据要素化进程中的实践和创新就具有承上启下、特别务实的意义。由上海数据交易所和大数据流通与交易技术国家工程实验室组织编写的《数据要素化的创新实践》，立体化地记录和呈现了我国以新型举国体制优势，迈向以数据为关键要素的数字经济、在智能时代实现高质量发展的积极探索之路。

本书为系统性理解和推进数据要素化提供了一个全面的视角。以"数据二十条"国家数据战略的顶层设计为方向框架，以数据要素化的关键议题研究和典型探索案例为基本内容，本书阐述了数据要素在推动经济结构转型、提升生产效率和促进社会创新中的关键作用。全书覆盖了数据要素发展规律、基础制度、流通交易、收益分配、数据资产、数据产业、基础设施、安全治理和国际启示等各个领域的理论规律和应用探索，并配以丰富的实践案例分析，为数据产业政策制定、市场创新、企业转型提供了有益的参考。

一个全新的数据产业时代正在到来，中国是世界上最大的数据大国，希望本书将会在这个新时代中发挥积极的研究和示范效应，帮助读者利用好国家数据战略的优势，发挥好中国数据科学技术的能力，实现数据的资本价值。数据资本的大潮滚滚而来，这是一个连绵不断的发展长潮，而随着政策深化和技术发展，长潮之上也一定会涌现拍天的巨浪。拥抱未来，迎接数据要素化带来的无限可能。

是为序。

朱　民

中国国际经济交流中心资深专家委员、国际货币基金组织原副总裁

2024 年 10 月

持续健康发展数据要素市场

2020 年，我国开创性地将数据列为第五个生产要素。数据作为数字经济时代的基础性和战略性资源，在国民经济和社会发展中的作用日益彰显，数据要素化进程全面提速，数据应用推动新质生产力加快形成，数据要素市场的发展红利不断凸显。

首先，数据的制度红利凸显。2022 年底，《中共中央 国务院关于构建数据基础制度更好发挥数据要素作用的意见》（以下简称"数据二十条"）发布，以数据产权、流通交易、收益分配、安全治理为重点，初步搭建了我国数据基础制度框架。2023 年 10 月，国家数据局正式挂牌，统筹协调数据基础制度体系建设，各项促进政策加快出台。一年多来，围绕建立健全数据基础制度，国家数据局已经出台公共数据开发利用等文件 8 份，正在考虑制定企业数据开发利用、数据产业高质量发展等政策。

其次，数据的市场红利凸显。我国人口规模巨大，经济总量全球领先，具有海量数据和丰富场景的优势。目前，数据要素市场建设尚处于起步阶段，2022 年全国数据交易规模仅 876.8 亿元，场内交易占比不足 5%，远远无法满足经济和社会数字化转型中庞大的"用数"需求。为此，党的二十届三中全会明确提出培育全国一体化数据市场，国家数据局将数据要素市场化配置改革作为工作主线，持续推动数据"供得出、流得动、用得好、保安全"，数据要素市场建设进程加快，数据流通交易的规模和效率均快速提升，各类市场主体加速进入，数据产业的扶持政策加快出台。

最后，数据的技术红利凸显。大数据、云计算等技术的发展使数据的采集、存储、处理和分析变得更加高效和便捷，区块链、隐私计算、数字加密等技术的发展使数据流通交易变得更加可信与安全，人工智能、大模型等技术的发展使语料数据成为不可或缺的基础生产资料并激发出巨大潜力和价值。近年来，隐私计算、数据空间、区块链、数联网等多种技术解决方案，为国家数据基础设施建设奠定了基础。

由此可见，我国数据要素市场处在快速"做大蛋糕"的过程中，是一片机遇广布的蓝海。然而，当下关于数据要素化的理论和实践，从供给到流通再到应用，从资源到产品再到资产化，仍有很多问题亟待厘清和解决。

我长期关注数据要素市场建设与数据安全合规可信流通，围绕数据要素领域做过一些调研与走访，既看见了数据产业的勃勃生机，也感受到了企业发展的瓶颈所在。在我近两年的全国政协提案中，都涉及了这方面的内容。2023年，我建议制定加快培育全国统一数据要素市场体系的指导意见，完善统一数据要素市场功能，建立数据要素流通交易制度和标准体系，加强数据要素交易市场基础设施建设。2024年，我建议建设数据资产创新应用体系，制定国家数据资产创新应用管理体系与实施办法，同时根据我国数据要素市场化配置改革的总体要求，结合数据产业发展的阶段性需要，在数据资产增信、数据资产信托、数据资产作价入股等领域率先开展探索，形成我国数据资产创新应用的路径经验。这些建议得到了国家有关部门的高度重视，有些已经成为政策制定的参考方向。

今年是"数据二十条"出台两周年，国家数据局成立一周年。上海数据交易所以此为契机，邀请众多业界权威专家和企业共同撰写了《数据要素化的创新实践》。该书论述全面，重点突出，汇集了我国数据要素化的基础研究和实践探索成果，对于系统观察数据要素市场发展具有重要价值。

在此，我谨向所有致力于推动数据要素化进程的研究专家和实践人员致以最崇高的敬意，也期待未来有更多人士能够加入到这一宏大事业中来，一起推动数据要素市场持续健康发展。

邵志清

上海市数据交易专家委员会秘书长

2024年10月

目　录

第一章　发展规律

一、数据要素发展的三个阶段[*]

　　数据要素是推动数字经济发展的核心引擎，是赋能数字化转型和智能化升级的重要支撑，是国家基础性战略资源。中国是数据生产和应用大国，也是世界上首个提出数据要素理论的国家。党和政府高度重视数据对于经济社会发展和培育新质生产力的重要作用，相继出台一系列重要政策和举措，并成立国家数据局，统筹协调数据要素流通和交易工作。

　　从传统制造到智能制造，技术和模式持续升级的背后逻辑是：问题产生数据，数据创造知识，知识解决问题，周而复始带来生产效率的提升。传统制造与智能制造的一个区别在于：传统制造，这个周而复始过程的载体是人，所以经验变得很重要；智能制造，这个周而复始过程的载体是在模型上，就变成了算法。很多智能制造企业的数字化转型：第一步是点状突破，通过追求一些精益生产、降本增效实现；第二步是内部延伸，从最初突破的点向周围展开，最终实现"端到端"，即从研发、制造、销售以及售后服务的端到数字化端；第三步是外部辐射，即从内部往外展开，前端到供应商，后端到经销商甚至直接对接最终用户，实现全产业链的数字化。这个数字化升级过程也是数据要素成长的过程。发展到整个产业链上，数据不仅是自用，而且有共享，还会有越来越多的交易。作为新质生产力的新型要素之一，理解数据成长规律，才能更好地实现数据要素价值。

　　* 陈宏民，上海交通大学安泰经济与管理学院教授、行业研究院副院长，上海市人民政府参事；胥莉，上海交通大学安泰经济与管理学院副教授。

（一）生产要素发展的三阶段及其特征

生产要素价值实现的形态，指要素资源拥有者与要素价值实现的受益者之间的关系。生产要素发展从自用到共享再到交易的演变体现为数据要素价值呈现形态的变化，反映了生产要素使用和价值分配方式的差异，也映射了经济行为和社会结构的变革。技术创新与管理创新的双重叠加，促使生产力持续推动生产要素从自用向共享以及市场交易转型，同时深刻影响了生产要素的竞争性与排他性属性。

自用阶段中，生产要素所有者享有其所有资源的全部收益。即要素资源拥有者与要素价值实现的受益者合二为一。自用阶段的优势在于其直接性和可控性，帮助个体或组织积累关键要素资源与经验，确立产权，为未来的发展打下基础。然而，这一阶段也存在效率低下、缺乏规模经济和专业化管理的问题，社会分工不明确，生产效率受限，技术和管理水平的局限性阻碍了生产力的进步。自用阶段中，生产要素的竞争性不仅体现在要素资源的有限性上，而且通过内部竞争机制得以显现。生产要素的排他性则由生产要素自用阶段的独占性所赋予。

共享阶段中，生产要素的所有者与使用者分离，在生产要素不断交换的过程中，逐步形成了要素价值的发现机制，为生产要素的交易提供基础，此阶段强调信任关系建立与公允价值的发现。共享经济通过集约化管理实现规模效应，降低成本，提高效益。信任机制是共享阶段的基石，从基于社群的直接信任到包含担保机制的间接信任网络，信任逐渐成为"共同知识"（Common Knowledge），促进了资源的自由流通和高效配置。在共享阶段，生产要素的竞争性在自用的竞争性基础上叠加了外部成员多样化需求产生的竞争性。该阶段的排他性由于冗余要素的可得性以及信任机制的建立相较于自用阶段降低。

交易阶段是生产要素发展的关键时期，生产要素所有者通过明确的价格机制出售或出租生产要素，与使用者建立清晰的经济交易关系。这一阶段要求产权清晰、合同执行严格和市场机制完善，以确保交易的效率和公平性。生产要素交易推动了社会分工细化和生产专业化，形成高效的生产网络。信任基础和信用体系的建立降低了交易成本，增强了市场互信。政府的政策支持和监管为生产要素交易提供了法律保障。生产要素交易市场的构建提升了生产要素供应量，降低了资源短缺引发的分配不均，缓解了生产要素的竞争性，同时，产权的明晰化和法律保护加强了生产要素的排他性。

从自用、共享到交易的三阶段中，随着外部环境如信任体系、交易机制的成熟，生产要素溢出效应越发的显著，可以说，外部环境的成熟是提升生产要素价值的重要因素。在自用阶段，由于生产要素处于一个相对封闭的环境中，且供给能力的不足，导致其并不会产生持续性、模式化、具有意义的溢出效应。生产要素只具备最原始的基础价值，并不具备任何的乘数效应。

随着管理、技术等外部因素的发展，对于自用，生产要素开始出现供大于求的现象，构成了进入生产要素共享阶段的基础条件。但局限于原始的信任体系，以及单一的生产要素应用方式，生产要素共享阶段将会经历一段长期的基础构建期。当外部环境成熟，要素流通开始加速，将会迎来一段爆发式的增长。生产要素价值溢出带来生产要素整体价值爆发式增长的同时，由于制度的不完善，开始出现"搭便车"现象。当"搭便车"现象对价值的侵吞大于共享带来的价值增长时，生产要素共享的价值在达到该阶段的顶峰后出现下降趋势。

同时，为了应对"搭便车"对于生产要素价值侵吞导致的不公，各项法律法规与制度体系开始逐步完善，生产要素的共享生态向交易生态转变。完善的法规体系使原本基于道德的信任体系更加稳固。虽然信任体系在交易生态中得以完善，使生产要素的整体价值回归到增长的通道中，但生产要素产品形态不完善、供给与需求未完全开发及匹配等矛盾，导致交易平台的功能受限，无法挖掘出生产要素的最大价值。因此，交易阶段的要素价值增长进入一段缓慢的时期。后续随着产品形态标准化，供需匹配对接等外部环境成熟后，交易阶段的要素价值将迎来新一轮的爆发式增长。

（二）数据要素的发展阶段及其特征

从理论上看，数据要素天然具有非竞争性和非排他性。但是，在数据要素成长发展中，非竞争性和非排他性均限制了数据要素从自用到交易。

在数据要素的发展中，自用阶段是起始阶段，其特征是数据要素资源的拥有者或持有者与数据要素价值的受益者高度重合。这里所谓"重合"指数据要素的使用，即价值创造主体和价值受益主体是一致的，因此不需要对数据要素创造出来的财富进行交易和分配。这意味着数据的生成、收集和使用主要由同一实体或同一群体控制及利用。

数据要素的自用阶段体现了数据使用者对数据资源的战略管理和有效利用，凸显了数据资源在企业内部运营和战略决策中的重要性的同时，也反映了其作为战略资源的管理特点和局限性。这一阶段的关键特征强调数据在提升企业内部运营效率和竞争优势方面的重要作用；强调数据资源在企业决策中的核心地位，通过数据集成和闭环分析来优化内部流程，增强市场竞争力。这一阶段的数据要素表现为一种内部化的资源，企业在管理和使用数据时注重内部的效率和控制，而不是通过市场交易来获取利益，其价值体现在对企业内部运营和战略决策的直接支持上。数据资源的集成和闭环分析为企业提供了深入理解及应用数据的机会，通过系统化的数据管理和分析能力，企业可以更加精确地洞察市场需求、优化生产过程并提升客户满意度。这种内部化的数据使用方式不仅有助于提高企业的竞争力，还能建立起企业内部的数据文化和战略优势。

但是，由于数据要素自用，数据要素的多样化需求并不能得到满足，某种程度上，数据要素的非竞争带来的价值并未被充分释放。表现为行业垂直领域或者企业专业领域的痛点难以通过数据要素自用来解决，亟待外部数据要素投入，或者外部数商的支持。处于数据要素自用阶段的企业难以独自完成。例如，在流程制造企业中，生产过程累积了大量的数据，存在于师傅的经验中，或者信息化的文档中，却难以与外部算法工程师和外部数据合作，以提升自身的产能和绩效。此时，需要构建可信解决方案提供的合规标准，促成企业的数据要素创造价值。

随着信息技术的发展和数据的重要性逐渐被认识，数据要素进入了共享阶段。其显著特征是数据的拥有者与数据价值的受益者开始部分分离，重合的比例开始下降，数据的外部共享逐渐增加，部分数据供求关系出现分离的迹象。即要素资源的持有者在一定的范围内通过交换或共享自己拥有的要素资源来增加彼此的价值实现。这种形态显然提升了数据要素的利用效率，创造了更多的社会价值和经济价值。

数据要素共享阶段的出现反映了信息技术发展和数据管理理念的演进，数据共享促进了资源的有效利用和市场效率的提升，同时带来了新的商业模式和增长机会。跨组织数据共享和开放数据倡议推动了信息和资源的共享化，促进了创新和效率提升，有效的数据治理和安全策略成为组织成功实施数据共享的关键，能够确保数据的可持续利用和价值最大化。

交易阶段是数据要素发展的关键转折点，数据逐渐被视为可交易的资产，市场化程度加深。此时数据资源的拥有者与数据价值的受益者普遍分离。即：数据要素资源拥有者根据所拥有要素的种类和级别，以及适合场景，通过货币交易或者等价于货币交易的形式从价值受益者那里获取回报；同时，数据要素资源拥有者所需要的外部数据要素以货币购买形式获取，而不必消耗自身要素。

数据要素进入交易化、商业化阶段标志着数据作为重要经济资源的演进和利用，不仅展示了数据作为经济资源的重要性，还带来了新的市场机遇和法律挑战。深入理解和有效管理数据资产，将成为企业成功和可持续发展的关键因素。随着技术和法律环境的不断演变，数据资产的管理和保护将继续引领数据驱动经济的发展和变革。

总体来看，数据要素的成长环境涉及技术、法律、市场和社会文化等维度。技术环境为数据的存储、处理、分析和安全提供了基础，在一定程度上，使数据要素由非排他性转为具有排他性的要素，降低了交易成本，这是数据要素进行交互、交换和交易底层技术保障；法律环境提供了规范和保护，与技术共建可信交易体系，如构建可信化环境需要明确数据流通规则，这是推进数据要素流通标准化的制度基础。由于数据交易服务的复杂性，流通平台化的构建有助于降低数据要素市场服务的复杂性，通过分类标准化，合规标准化，规范实现数据流通规模经济带来的效率提升。通过构建多层次的标准化服务体系，将数据供需通过服务链接，在资源端，通过标准化合规管理，实现资源与需方的链接；在场景端，通过数据要素的标准化服务，通过示范性重点场景落地、变现，进而复制推广，达到整合盘活分散的社会资源，为用户提供多元化的共享服务。平台型企业通过构建完整的生态系统来整合数据产业链上下游资源，形成强大的市场竞争力。

（三）数据要素发展与数据要素市场

在数据要素发展的不同阶段，无论是技术进步，还是制度建设，都需要围绕数据"供得出""流得动""用得好"三点而推进。面对数据要素的价值呈现形态、结构及成长规律，我们必须加紧建设数据要素服务市场。

数据要素服务市场要以全面促进数据要素的价值实现为己任，不仅要为数据的共享和交易提供各类服务，还要为当前普遍存在的大规模数据自用提供更加有深度的服务。

在数据要素的自用阶段，要素价值开始被初步认识，但缺乏广泛共识，因此专业化程度较低，缺乏以生产要素形成显著增值的技术，同时尚未建立法制和生态环境。现阶段绝大多数的数据要素都为自用形式，因此在推进企业分享数据、探索交易的同时，更要发展针对自用数据开展相关加工服务，提升数据向数据要素、数据价值的转化效率。数据流通平台的关键作用是，不仅要"有数据可用"，还得"把数据用好"。要加强面向自用数据的服务能力建设，提升数据向数据要素、数据价值的转化效率。

在数据要素的共享阶段，为了着力于建设互联互通的标准化数据体系，实现跨部门、跨组织的数据规模价值，多方开始探索数据要素的合作、共享、互利，逐渐形成关于数据要素的价值共识，同时提升专业化水平和增值技术，初步建立了交易与信息机制。作为数据流通平台，要不断从"供得出"和"用得好"的服务中，探索"流得动"服务体系构建。要着力建设互联互通的标准化数据体系，实现跨部门、跨组织的数据规模价值，提升数据向数据要素、数据价值的转化效率；在数据共享阶段，要着力建设互联互通的标准化数据体系，实现跨部门、跨组织的数据规模价值；在数据交易阶段，要寻求建立互信互认的数据产品价值体系，提高数据流通和交易效率，降低合规流通和交易成本，激发数据要素市场活力。

在数据交易阶段，围绕数据的"供得出""用得好"以及"流得动"，数据流通平台需要不断完善数据流通的服务体系，寻求建立互信互认的数据产品价值体系，提高数据流通和交易效率，降低数据服务的复杂性，通过多层次分类标准化降低合规流通的交易成本，激发数据要素市场活力。

数据要素具有非竞争性与非排他性，且存在规模效应，要提升数据要素的经济价值，就应尽可能扩大数据要素的应用面，促成其被应用于更丰富的生产活动和业务场景。数据市场体系得以合规运转、数据价值评价体系得以被广泛认可的前提是持续提升数据产品的可得性、可流通性、可交易性。要促进数据交易中的供需匹配效率，就要有效降低数据供给和数据需求的复杂度：一是设立数据要素标准体系，提升数据供给和需求的标准化程度；二是完善需求搜寻、数据标签、数据加工等数据服务，加强供需匹配能力。力求从当前非标化供给、无序化需求的数据环境，逐步推动形成标准化数据，进而打造可交易的数据产品。

要加速推进数据要素服务市场建设，应优先推动信息化程度高、数据规模大、增值效应显著、供需关系明朗、政策导向鲜明的细分行业领域，实现数据的要素化、商品化、可交易化。基于目前较为成熟的数据交易案例，可以看到数据持有者从自用进展到对外分享的关键：一是开发重点应用场景，基于市场导向、问题导向、需求导向，以数据解决行业所面临的根本痛点问题；二是推动行业领域的交叉融合，包括不同行业的融合以及同一产业内不同子行业的融合；三是发挥政府和头部企业的作用，政府要沿着效率提高的方向，灵活应用市场化手段，头部企业要牵头建立数据规则和数据标准，引领全行业以数据驱动高质量发展；四是完善和创新交易服务平台的功能定位，大力发挥平台对数据要素服务市场的推动和引领作用。我们知道，传统产业的结构大多是链状的。随着技术快速发展和柔性化、大规模定制等方面的要求，一些产业开始趋向网状结构。随着平台经济的兴起以及数字化和平台化的融合，又开始出现一些环状的产业结构，即整个产业以平台为核心，由平台向产业的各个环节和各类功能提供不同类型的赋能，形成强大而稳定的商业生态圈。从趋势来看，数据要素产业有可能发展成为这样的产业。

不同于零售交易平台，数据交易平台的优势是以降低服务复杂性的标准化能力而解决供给或需求的非标化问题；以多层次服务的标准化，促进数据市场聚合能力形成规模价值。推动数据要素发展，既要培育数据交易环境，又要重视服务能力建设，打造"数据交易服务平台"，着重发挥三个作用。一是在资源方，通过知识产权保护等，构建规范安全的交易场合：促进规范交易，规避安全风险；认证合规数据，释放资产价值。二是在资源方及场景参与方之间，搭建具有共同知识属性的可信交易体系，实现互信互惠的数据交易。三是构建开放有序的平台生态；完善配套服务，培育专业数商；打造应用场景，营建行业生态。

综上，数据要素作为一种派生需求，其发展阶段与场景端紧密联系。但是，数据要素的自用、共享到交易三个发展阶段并非割裂的，同样的数据要素，在不同场景以及源于不同资源方，其所处的发展阶段可能不尽相同。作为数据流通平台，应该针对数据要素自用、共享、交易打造多层次的服务体系，构建多层次的分类标准化体系，降低服务复杂性，构建可信交易的服务体系，包括对数商、数据经纪商、算法提供者、算力提供者等在内的多层次可信交易服务体系。进而降低交易成本，为保护资源方的知识产权，为促进场景端的有效合规使用可信数据，力求从当前"非标化供给、无序化需求"的数据环境，逐步推动形成"标准化数据"，进而打造"可交易的数据产品"。

总之，在释放数据要素价值、促进数据要素发挥作用的过程中，要注意三点：一是深刻认识数据要素的成长规律。无论是政府还是企业，都要因势利导、顺势而为。二是积极培育能够伴随数据要素共同成长的服务市场，既要根据不同阶段数据要素价值实现形态提供有针对性的服务，又要积极营造和改善服务环境，促使数据要素快速成长。三是大力发挥服务平台在培育数据要素服务市场中的引领作用，探索构建环状市场结构，既要借鉴传统领域中典型平台的运营模式，又要注重面对复杂性时的新型功能定位。

二、数据要素市场与新质生产力[*]

随着数字经济的深入发展与新型数字技术的不断突破，我国正加速走向数字化和智能化，数据要素成为形成新质生产力的关键要素。党的十九届四中全会首次将数据纳入市场体系，并将其作为生产要素参与收益分配。党的二十大报告提出"加快发展数字经济，促进数字经济和实体经济深度融合，打造具有国际竞争力的数字产业集群"。党的二十届三中全会通过的《中共中央关于进一步全面深化改革 推进中国式现代化的决定》提出"加快建立数据产权归属认定、市场交易、权益分配、利益保护制度，提升数据安全治理监管能力，建立高效便利安全的数据跨境流动机制"。2023 年 1 月 31 日，习近平总书记在主持中共中央政治局第十一次集体学习时强调："发展新质生产力是推动高质量发展的内在要求和重要着力点，必须继续做好创新这篇大文章，推动新质生产力加快发展。"数据

---

[*] 任保平，南京大学数字经济与管理学院特聘教授、博士生导师。

要素是新质生产力的重要组成部分，在发挥数据要素作用形成新质生产力的进程中，最为关键的是建设高标准的数据要素市场，从数据要素供给、数据要素流通、数据要素应用、数据要素监管、数据要素基础设施等领域入手，提出形成新质生产力的高标准数据要素市场发展的目标要求，建立形成新质生产力的高标准数据要素市场的框架，以实现数据要素市场的蓬勃发展。

（一）数据成为数字经济时代新的生产要素

数据作为一种新的生产要素，已成为数智时代新型知识生产方式主要的生产要素，是数字经济时代下社会价值创造的重要来源。2020年4月，中共中央、国务院发布《关于构建更加完善的要素市场化配置体制机制的意见》，将数据作为与土地、劳动力、资本、技术并列的五大生产要素之一；2022年12月，《中共中央 国务院关于构建数据基础制度更好发挥数据要素作用的意见》发布，明确指出要"构建适应数据特征、符合数字经济发展规律、保障国家数据安全、彰显创新引领的数据基础制度"，数据要素的地位进一步提高。长期以来，政治经济学将生产力要素抽象概括为劳动过程的三要素，即"有目的的活动或劳动本身、劳动对象和劳动资料"，但生产要素是个历史范畴，随着科学技术进步及其新的生产劳动形式的发展，生产要素的内涵与特征也随着新要素的出现而不断拓展。

1. 数据成为新的生产要素

从生产要素的发展历程看，任何一个新生产要素的引入都要经过历史逻辑、现实逻辑、理论逻辑的验证，必然遵循社会发展矛盾运动客观规律，基于不同时代背景下的经济形态，对社会生产力的提高产生举足轻重的作用。在早期农业时代，"土地为财富之母，而劳动则为财富之父和能动的要素"，劳动创造价值，土地是生产资料；进入工业时代，技术革命下大机器代替手工劳动掩盖了劳动在生产活动中的关键作用，包含劳动资料和劳动对象的资本成为重要生产要素；而"资本大部分是由知识和组织构成的"，随着技术进步和生产关系的不断发展以及垄断的出现，知识和组织这类非经济资源也被囊括在生产要素的范围之内并对生产力发展作出了突出贡献；20世纪以来，现代科技的急速变革促使劳动资料再一次迎来颠覆性的大发展，科学技术作为先进生产力在社会经济活动中展现出巨大作用，它大范围地创新了劳动工具、更新了劳动对象、提高了劳动力素质，深刻改变了生产力诸要素在生产中的地位和组合方式；如今已进入数字经济时代，以大数据、云计算、人工智能等现代新兴技术为代表的新一轮信息革命迅速发展，数据兼备劳动资料和劳动对象的双重身份并广泛用于生产之中，已俨然成为当今社会生产力发展的决定性力量，并对其背后所蕴含的社会生产关系带来了革命性影响。

按照中国信息通信研究院定义，数据是对客观事物的数字化记录或描述，是无序的、未经加工处理的原始素材。但在经济学视角下，上述定义更适用于描述未能直接对生产作出贡献的数据资源，而从提升社会生产力水平的理论逻辑看，只有融入了人类劳动且能够发挥经济效益的大数据才能称之为数据要素。在以数据为核心的非物质性生产劳动活动中，数据要素既作为劳动对象的数据要素，参与采集、存储、加工、流通、分析等环节；又作为劳动工具，通过融合应用提升生产效能。

综上所述，数据要素是数字经济时代的新型生产要素，产生于非物质性的数字劳动过程而具有使用价值和价值，它能够为数字经济时代生产力发展带来了新动能并催生新生产关系的出现。

2. 数据作为新的生产要素的特征

从本质上说，数据成为新的生产要素，是数字经济时代经济发展过程中生产力与生产关系矛盾运动的结果，也是数字经济浪潮下生产力和生产关系的重构，数据作为新的生产要素显现出有别于传统生产要素的独有特征：

一是数据作为新的生产要素具有提升其他要素效率的依附倍增性。数据以电子化的非实体形式存在，不像土地、资本要素可以单独发挥作用，但它与其他传统要素的依附程度极高，可以与其他传统生产要素相结合产生乘数作用，提升传统要素的生产效率。比如"数据+土地"实现对田间数据的精准测量，促进对可用耕地进行合理规划，获取最高产量与最大经济效益；"数据+劳动"加快人力资本积累，便于人们学习先进的知识和技术，提高劳动生产效率；"数据+资本"制定科学投资决策，引导资本流向高收益部门；"数据+技术"发挥技术创新优势，促进先进技术的传播扩散，带动全社会生产力水平提升。由此，数据要素作为新的生产要素，通过依附其他要素发挥作用，实现要素间资源的优势互补，并带来单一生产要素的倍增效应。

二是数据作为新的生产要素具有减少稀缺要素损失的集约替代性。随着数据采集技术和存储能力的快速提升，数据呈现出指数型增长和积累，表现为不同于传统生产要素的非稀缺性，同时这一非稀缺性要素可以部分替代稀缺性要素，有效缓解传统生产要素资源紧缺的压力。比如：在替代土地要素方面，利用汇聚水、土、气、生的土壤基础数据搭建土地时空数据全景，大幅度节约实体土地空间；在替代劳动要素方面，形成以生产数据管理系统为核心的自动化智能化生产流程，部分甚至全部替代劳动力的使用；在替代资本要素方面，收集不同投入组合的动态模拟数据以实现精准生产，降低资本的试错成本。因此，具有非稀缺性的数据要素，在很大程度上可以通过替代具有稀缺性的土地、劳动、资本要素，破解我国要素资源紧缺的发展困境。

三是数据作为新的生产要素具有促进多元主体协作的网状共享性。相较于传统生产要素，突破了物理空间限制的数据要素流动性最强，其速度、深度、广度均优于同为虚拟形态的技术要素；并且它的复用难度低且复用效率高，表现出更为明显的非竞争性和非排他性，数据流动和使用的边际成本几乎为零，从而使得多个主体可以同时使用数据要素投入生产，网状共享程度加深。比如：以数据为基础的信息网络构建了网络连接、平台型企业、数智化企业、智能化管理等数字生产关系；通过数据共享，支持多元主体参与生产全过程的各个环节，以"外包""众包""皮包"的形式进行协作化生产。由此可见，数据作为新的生产要素催生了新型生产关系，形成了多元主体共同参与协作的生产方式，打破了信息壁垒，从而有利于构建灵活开放的共享生态。

四是数据作为新的生产要素具有按照贡献参与配置的分配特殊性。数据作为新的生产要素因其自身的独特性质而在分配过程中表现出特殊性。一方面，数据作为新的生产要素存在产权归属的特殊性，由于数据具有原始形态和加工形态的区别，即劳动者有原始数据提供者和加工数据处理者之分，使得数据产权主体、内容、责任等方面变得复杂，增加了数据要素分配的困难程度；另一方面，数据作为新的生产要素存在贡献界定的特殊性，由于数据对其他要素的依附性强，数据要素对生产的贡献极易与劳动、资本等生产要素的贡献相混淆，因而其贡献成果在一定程度上将被掩盖。依此看，数据作为新的生产要素在产权归属和贡献界定等方面产生了新问题，导致其在参与分配时表现为一定的特殊性。

（二）新质生产力形成中数据要素市场化的形成机制

随着数据成为关键的生产要素，在大力发展数字经济的时代背景下，新质生产力主要表现为数字新质生产力。在与传统生产力相比，数字新质生产力以数据要素为基础，包括智力、算力、算法、数据等无形的创新生产力，以技术创新和数据要素双轮驱动赋能生产力变革。作为新质生产力的重要方面，数字新质生产力利用关键核心技术和颠覆性技术的突破，实现与劳动者、劳动对象、劳动资料等生产力要素的不断结合，体现了数字技术新突破、数字经济新发展、数字产业新升级的有机统一。总体来说，数字新质生产力是摆脱了传统增长路径、符合我国经济高质量发展要求的生产力，也是数字时代更具融合性、更体现新内涵的生产力。

在数字经济背景下，形成新质生产力需要数据要素的合理流通和充分利用，以充分释放数据要素的价值，推动数据要素的价值创造，而这些都需要数据要素市场支撑。完善数据要素市场化的形成机制，为形成新质生产力的数据要素流通交易、市场主体平等参与竞争提供了平台。在新质生产力形成中，数据要素市场化的形成机制指数据资源在市场机制的作用下实现有效配置和价值最大化的过程。

1. 数据要素的市场化配置的机制

数据要素市场包括数据要素、数据主体、数据载体和制度机制四个维度，数据要素市场化配置的本质是四个维度间多元组合形成的运行机制，数据要素与数据主体间的相互作用反映的是数据要素流通问题，数据要素与数据载体间的相互作用反映的是数据要素集聚问题，制度机制则贯穿数据要素市场化配置的全过程。与传统生产要素相比，数据要素可以通过互联网平台实现交易流通，克服了时空限制，促进了资源优化配置，推动形成新质生产力。

2. 数据与其他生产要素相互组合中的市场化配置机制

数据要素本身并不能独立形成生产力，数据要素形成新质生产力需要与其他生产要素相结合，才能带来实际的物质财富增长或服务改善。随着技术进步对生产率贡献水平的提升，技术要素逐渐内生化，形成了要素之间的组合。在数字经济背景下，数据要素只有和其他要素组合才能产生生产力的力量，从而形成新质态的生产力。

（三）新质生产力形成中高标准数据要素市场化建设的目标

随着数据的价值化发展，我国数据要素市场格局逐渐明晰，正在形成包含数据交易主体、数据交易手段、数据交易中介、数据交易监管的"四位一体"市场格局。面对形成新质生产力的新要求，必须明确形成新质生产力的高标准数据要素市场化建设的目标。

1. 提升数据要素供给质量，实现高标准的数据要素供给

现代经济系统的运行过程会产生大量数据要素，数据要素的供给质量是形成新质生产力的关键。首先，数据要素的高质量供给可以有效提高生产效率。运用大数据、物联网收集原材料采购和产品制造等环节的数据信息，对生产环节进行全方位管理，提高生产工具的利用效率。其次，数据要素的高质量供给可以有效提高管理效率。面对激烈的市场竞争和不断变化的外部环境，企业的组织结构呈现出平台化、网络化、扁平化、柔性化，可通过一系列既相互独立又相互联系的节点进行数据传输，在进行分散决策的同时实现数据的高效传递，提升企业部门间的协同性，提高管理环节的资源配置效率。最后，数据要素的高质量供给可以有效提高企业专业化分工水平。当前，平台经济高效连通了社会信息网络，显著地降低了企业间的信息不对称问题，极大地降低信息搜寻成本、合同履约成本等外部交易成本，从而推动企业专业化水平提升。与发达国家相比，我国数据要素供给质量仍然较低。必须将提升数据要素供给质量作为形成新质生产力的高标准数据要素市场的目标要求之一，实现高标准的数据要素供给，推动数据要素成为形成新质生产力的关键要素。

2. 探索数据要素确权机制，实现高标准的数据要素配置

数据要素的确权机制可以使数据资产具备可控制性，有利于加快数据要素的流通配置速度，决定了数据要素动能释放的程度。数据确权并非单纯的所有权归属问题，而是一个产权问题，重点强调公共数据的共享收益和私人数据的隐私保护，需要从数据利益归属的角度考虑哪些利益应该受到保护。首先，明确数据要素确权机制可以有效避免数据垄断。数据产权的明确界定可以改善数据市场交易环境，避免企业为参与数据竞争而过度收集数据，从而稳定数字经济市场秩序。其次，明确数据要素确权机制便于数字治理和行业监管。政企间的数据确权是政府有效行使监管职能、提供公共服务的前提，数据确权将极大提升国家对数据要素的安全管控能力，强化国家对关键数字资源的部署，推动数字中国建设。最后，明确数据要素确权机制有助于个人信息保护。在数据利用方式转为精准用户营销的当下，数据确权可以有效保护个人信息免受侵害，避免过度采集信息、侵害用户权益的问题。完善的产权制度是推动我国数据要素市场化配置的基础前提，必须将明确数据要素确权路径作为形成新质生产力的高标准数据要素市场的目标要求之一，以实现高标准的数据要素配置。

3. 搭建数据要素交易场所，实现高标准的数据要素流通

搭建数据要素交易场所是数据要素流通的重要手段，也是推进数据要素成为形成新质生产力的重要手段之一。首先，数据要素交易场所的建立可以有效降低数据交易成本。数据要素产权界定需要考虑市场主体多方面的利益，由于数据要素市场中存在严重的信息不对称，交易主体的权责界限往往是模糊不清的。数据交易平台可以有效降低市场交易中不确定性所导致的供求双方面临逆向选择和道德风险，显著降低市场交易成本。其次，数据要素交易场所的建立有助于促进高质量数据要素供给和经济发展实际需求的衔接匹配，打通数据要素自主流动配置的梗阻。最后，数据要素交易场所的建立有助于明确数据要素的价格机制，形成清晰的基于多元主体参与的价格指导原则和方法，破除传统产业领域内数据要素流动的障碍，必须将搭建数据要素交易平台作为形成新质生产力中建设高标准数据要素市场的目标要求之一，以实现高标准的数据要素流通。

4. 强化数据要素交易监管，实现高标准的数据要素监管

强化数据要素交易监管包括完善数据要素交易监管规则、加强数据要素监管执法、提高数据要素监管能力。首先，数据要素交易监管规则是确保数据要素市场交易有序运行的基础制度安排。全面的数据要素交易监管标准包括数据要素质量标准、数据交易合规性要求和隐私保护规定，在保护消费者信息安全与数据安

全、防止个人信息泄露或被滥用的同时，确保交易数据要素的质量和可信度，提高交易参与者对数据的信任度。其次，数据要素监管执法是确保数据要素市场交易有序运行的关键举措。通过配备专业人员对数据要素交易市场进行监测和调查，建立健全有效的执法机制，可以及时发现和打击违法违规行为，为数据要素交易市场提供公平、稳定的发展环境，维护市场秩序和参与者的合法权益。最后，数据要素监管能力是确保数据要素市场交易有序运行的重要保障。在制定监管规则、加强执法力度的基础上，积极开展与相关行业专业机构的合作并引入科技监管。必须将强化数据要素交易监管作为形成新质生产力中建设高标准数据要素市场的目标要求之一，以实现高标准的数据要素监管。

（四）新质生产力形成中高标准数据要素市场化建设的体系框架构建

新质生产力是一种高水平的生产力，需要高标准的数据要素市场使数据要素融入生产力体系。从形成新质生产力的要求出发，需要加快构建高标准数据要素市场的供给体系、流通体系、应用体系、监管体系和基础设施体系，由此形成新质生产力的高标准数据要素市场建设的体系框架。

1. 高标准数据要素市场供给体系

开放有序的供给体系是建设高标准数据要素市场的先决条件，是数据要素资源化的重要途径。一方面，构建开放共享的市场供给。构建政务数据公开透明的数据要素市场供给体系。以政务数据发挥带头作用，推动跨层级跨部门数据资源共用共享模式。构建企业数据多元化发展的数据要素市场供给体系。鼓励拥有数据资源的企业与数据交易机构合作，探索数据合作开发模式，提升数据供给效能。构建多主体共建的数据要素市场供给体系。数据供给的主体有政府各层级部门、大型互联网企业和数据服务商三类，推动数据要素供给主体由政府主导向社会主导发展，实现社会多主体共建发展。另一方面，建立明晰的数据要素"资源化"流程。数据要素"资源化"通过对数据要素进行整合和分析，使原本无序混乱的数据要素得以转变为有序、有使用价值的高质量数据资源。保证数据要素来源的多样性，充分利用大数据等数字技术，从各数据源中收集有效数据。对采集到的数据进行处理和筛选，以确保数据的准确性和完整性，并辅以整合和数据分析，提取有用的信息和见解。开发数据检测算法，明确数据检测流程，制定统一的数据检测标准，确保数据的准确、一致、可靠。

2. 高标准数据要素市场流通体系

高效畅通的流通体系是建设高标准数据要素市场的流通基础，是数据要素市场化的重要途径。一要构建边界清晰的数据要素市场流通体系。要明确数据要素流通和交易的法律边界，为数据交易提供有力的法律保障，鼓励数据资源的有效利用和流通。同时,数据要素的流通和交易要符合相应行业的交易标准和监管要求,要明确数据的权利和义务,规定数据的使用范围和目的。二要构建路径畅通可溯源的数据要素市场流通体系。制定统一的数据标准,完善数据交易接口,便于不同主体和领域的数据共享,提供可溯源的数据要素交易环境,强化风险管理和合规性监管。三要构建交易场所规范的数据要素市场流通体系。建立数据便捷互通的数据要素交易平台,着力培育为交易市场各参与方提供数据咨询、数据分析服务的大型数据服务商,增加数据资源的商业化价值,形成开放共享的数据流通生态,提高数据要素流通速率。四要构建区域协作的数据要素市场流通体系。鼓励不同区域的企业间开展数据要素交易的业务合作,增强地区数据能力和公共服务水平,进而利用数据优势推动区域产业升级。

3. 高标准数据要素市场应用体系

数实融合的应用体系是建设高标准数据要素市场的关键抓手。一要构建以公众需求为导向的数据要素市场应用体系。需求是创新的重要动力,数据要素市场的应用体系需要以公众需求为切入点,梳理公众数据需求清单,强化公共数据资源开发利用与公共数据要素需求协调发展的互动机制,并跟踪数据要素需求变化进行调整和优化。二要构建以应用场景为依托的数据要素市场应用体系。聚焦重点领域,引导市场主体丰富数据要素在智能制造、智慧城市等领域的重大应用场景,深化场景数据开发利用,构建以数据为驱动的多元化场景化应用,推动数据要素价值与应用效益转化。三要构建以技术创新为核心的数据要素市场应用体系。发挥数据要素的乘数效应必须创新数据要素应用场景,探寻解决问题的新方案与新实践。建立数据开发利用激励机制,加快打造数据要素创新应用场景,促进数据要素在各行各业的共享与创新性应用,丰富数据产品、服务及数据价值创造模式。

4. 高标准数据要素市场监管体系

安全导向的监管体系是建设高标准数据要素市场的治理保障,是数据交易市场环境公开、公平、公正的基础。一要构建监管全流程覆盖的数据要素市场监管体系。对数据要素进行全流程实时监控,确保数据要素来源合法、处理合规、传输安全、交易合法。成立专门的市场监管部门,对数据要素市场进行监督管理和执法监督,明确监管机构的职责范围,包括市场准入、交易监管、信息披露等各个环节。同时,建立数据要素市场风险预警机制,及时发现和应对潜在风险规定风险事件的处置措施,保障市场稳定和投资者利益。二要构建合理适配的数据要素市场监管体系。对内,根据企业所属行业的合规要求制定数据安全监管目标;对外,综合考虑跨国公司面临的多种数据安全法律制约,有针对性地设计符合多地法律体系的数据安全监管规则。三要构建多方协同治理的数据要素市场监管体系。探索形成政府部门、数据要素服务商、行业协会等多主体参与的数据要素市场监管协调机制，强化跨区域、跨主体的数据公开透明，打破"信息孤岛"。

5. 高标准数据要素市场基础设施体系

创新高效的基础设施体系是建设高标准数据要素市场的外部支撑，是数据要素汇聚、处理、流通、应用和安全保障的关键底座。一要构建高效便捷的数据要素市场基础设施。加快建设算力基础设施建设，为数据要素参与主体提供存储、计算、分析功能，消除阻碍数据要素跨部门、跨平台、跨地区流通的壁垒，为数据要素交易提供跨区域、跨行业的低成本、高效率流通环境。二要构建创新融合的数据要素市场基础设施。依托国家数据中心强化高质量数据资源建设和场景应用，支持数据要素技术开发和数据产品研制，加强新型数据平台、超级计算机的开发力度，进一步挖掘数据要素在智慧医疗、应急管理、城市治理等重点领域的应用场景，实现创新基础设施的落地建设和创新性发展。三要构建服务完备的数据要素市场基础设施。加快培育数据要素市场第三方服务机构，支持第三方机构进行数据采集、参与质量检测标准制定、开展可信数据安全合规服务，有序引进数据要素合规认证、数据要素风险评估、数据要素价值评估、数据要素知识产权保护等服务机构。

（五）新质生产力形成中高标准数据要素市场化建设的路径

高标准的数据要素市场是全国统一大市场的重要组成部分，是促进数据资源利用效率最大化和价值实现的重要手段，是形成新质生产力的市场条件。根据形成新质生产力中建设高标准数据要素市场的框架，形成高标准数据要素市场建设的路径。

1. 建立数据要素产权制度，重塑数据价值流动规则

建立数据要素产权制度是建设高标准数据要素市场的关键。首先，建立数据要素"三权分置"的产权制度。根据数据要素生产、流通过程中涉及的各参与主体及其合法权利，建立数据资源持有权、数据加工使用权和数据产品经营权分置的产权机制，为数据要素的流通和处理奠定基础。其次，对数据要素进行分级确权授权。对于公共数据，加大对公共治理相关的数据资源的供给，对与产业发展相关的数据可以适当有偿供给；对于企业数据，鼓励国有企业和互联网平台企业向中小微企业双向公平授权；对于个人数据，规范对个人信息的收集和处理，禁止平台利用冗长艰涩的条款或一揽子授权条款强制收集个人信息，推动个人信息匿名化处理。最后，开展数据要素产权登记。加强对数据要素产权的保护力度，明确数据要素产权登记证书的效力，使其在行政和司法保护中有据可循，防范可能的侵权行为。

2. 培育数据要素交易流通生态，推进数据要素高效流通

培育数据要素交易流通生态，需要加强数据要素质量标准、交易场所、流通规则等方面的顶层设计，为数据要素的高效流通创造条件。首先，加强数据质量标准化建设，提升数据要素供给水平。面对更高层级的数据要素需求，需要更高效的数据要素生产，为经济提供标准化、高质量的数据要素产品。在对公共数据、各行业企业数据进行调研的基础上，借鉴国际成熟的实践经验和相关标准，制定数据要素标准分类规划，定义数据标准及相关规则，建立全国统一的数据质量标准体系、数据安全标准体系和数据交换标准体系。其次，建立规范的数据要素交易场所。统筹全国数据交易场所规划布局和建设，建立多元化的数据要素交易平台，贯通数据要素生产、交易、定价、应用的全流程，充分利用市场化配置汇聚多维度数据，最大化发挥数据要素参与生产的规模经济，提升数据要素报酬递增的区间。最后，完善数据要素交易制度。出台交易场所管理办法，规范数据交易管理细则，从规则、市场、生态、跨境四个方面构建适应我国制度优势的数据要素交易制度。建立数据交易分级管理机制，鼓励数据商参与交易，培育第三方数据服务机构对数据资产进行评估、撮合交易、登记结算、解决争议，提升数据资产价值释放潜力。

3. 促进数据要素与实体经济深度融合，实现数据要素资产化

数据要素的应用加快了数字产业化和产业数字化的发展，数字经济的发展又对数据要素产生更高的需求，在推动形成新质生产力中有利于拓宽数据要素资产化的路径。首先，推动数据要素与其他生产要素的深度融合。数据要素需要与其他生产要素结合才能创造价值，如通过即时收集、传输、分析数据信息，发挥数据要素对物质流、资金流的引导功能，提高企业生产和运营管理环节的资源配置效率，加速经济循环。其次，拓宽数据要素在实体经济中的应用场景。对数据要素进行实质性加工得到的数据产品是数据要素参与实体经济运行的重要载体，要培育数据驱动型产品研发新模式，提升企业创新活力。加强区域间数据资源协同，充分运用各地区产业优势，实现价值链延伸，加速数据要素在实体经济的全链条覆盖。最后，加快实体企业数字化转型。充分利用数据要素通过数据资源和数字技术对传统企业的数字化赋能作用，将围绕数据要素进行分析和挖掘形成的业务作为传统企业数字化转型的新突破口，提高企业数字化程度，充分挖掘数据要素价值。

4. 完善数据要素参与分配的制度安排，激发数据主体活力

构建体现效率、促进公平的数据要素收益分配机制，激发数据要素各主体的创新活力，加快数字经济发展，推动形成新质生产力。首先，健全数据要素按价值增值贡献决定分配的机制。充分发挥市场在数据要素资源配置中的决定性作

用，在初次分配阶段，按照"谁投入、谁贡献、谁受益"的原则，兼顾数据采集、加工、流通应用不同环节主体的利益分配，让全体人民共享数字经济发展成果。其次，扩大数据要素参与分配的渠道。完善数据要素收益二次分配和三次分配的调节机制，更好发挥政府在数据要素收益分配中的引导调节作用，推动数据要素收益向数据价值创造者合理倾斜，确保数据来源者直接或间接享有数据权益，重点关注对弱势群体的帮扶，鼓励大型数据企业承担更多社会责任。最后，探索数据要素价值收益共享的新方式。围绕数据价值开发全过程，通过竞价交易、协作分红等多种方式，平衡兼顾数据内容采集、加工、流通、应用等不同环节相关主体之间的利益分配。

三、打造数据应用场景，发挥"数据要素×"效应*

党的二十届三中全会提出，"促进各类先进生产要素向发展新质生产力集聚，大幅提升全要素生产率"。充分发挥海量数据和丰富应用场景优势，构建以数据为关键要素的数字经济，促进数据高效流通使用、赋能实体经济，推动数字经济和实体经济融合发展。国家数据局等17部门联合印发《"数据要素×"三年行动计划（2024—2026年）》（以下简称《行动计划》），把握一条主线，做好三方面保障，实施五大举措，推动十二项行动，促进我国数据基础资源优势转化为经济发展新优势。数据是新型生产要素，作为独特的技术产物，具有虚拟性、低成本复制性、主体多元性、非竞争性、潜在的非排他性、场景异质性、无限增长和供给等技术—经济特征，相对于土地、劳动、资本、技术创造价值的机理和逻辑，数据如何创造价值更加复杂。实施"数据要素×"行动，需要全面理解和准确把握《行动计划》的时代背景和内在逻辑。

（一）从"互联网+"到"数据要素×"

新质生产力与"数据要素×"两个概念先后提出，有其历史必然性和内在逻辑联系。中央提出了"新质生产力"的概念，这是因为老的"三驾马车"（即投资、贸易和消费）已经拉不动庞大的中国经济"马车"了，有效需求不足、部分行业产能过剩、社会预期偏弱、风险隐患仍然较多，外部环境的复杂性、严峻

---

* 欧阳日辉，中央财经大学中国互联网经济研究院副院长、中国市场学会副会长，教授、博士生导师。

性、不确定性上升。有效应对和解决这些问题，需要新的动能，需要新的理论来指导新的发展实践。发展新质生产力是推动高质量发展的内在要求和重要着力点，要摆脱传统经济增长方式、生产力发展路径，必须继续做好创新这篇大文章，以颠覆性技术和前沿技术催生新产业、新模式、新动能。发展新质生产力无疑是一个复合性系统工程，创新起主导作用，科技创新和产业创新需要引入新要素、实现新组合，不断解放和发展社会生产力、激发和增强社会活力。

技术—经济范式（Techno-Economic Paradigm）用于分析数字经济的发展趋势和规律是有说服力的。卡萝塔·佩蕾丝（Carlota Perez）提出的技术—经济范式是理解技术革命对经济和社会变革的一个重要理论框架。技术—经济范式指经济上的最佳惯行方式，技术革命提供了一套相互关联的、同类型的技术和组织原则，引导经济行为者密集地采用更强大的新投入品和新技术，促进经济活动的潜在生产率的量子跃迁，生产体系得以更新，从而使生产效率提高到一个新的高度。在技术—经济范式中，技术革命是与技术创新集群交织在一起的，一般包括一种重要的、通用的低成本投入品，这种投入品往往是一种能源，有时是一种重要的原材料，再加上重要的新产品、新工艺和新的基础设施。每次技术革命都把新产品和新产业结合在一起，新要素、新技术、新产品、新产业、新基础设施不仅影响特定时期的经济活动，也决定了创新的方向和产业的演变，必须调整现有规则，建立充分利用技术革命的社会—制度框架。

数字经济的兴起和发展主要得益于计算机和互联网两项关键技术。回顾数字经济的演进过程，经历了信息经济、知识经济、网络经济、互联网经济等不同阶段，主导数字经济发展的核心技术的范围也在扩大。自20世纪40年代起，信息化将"连通"的思想引入经济发展的理念中。此时，技术的主要任务是连通市场主体，从而更高效地传递信息。其也因此具有两个维度的发展路径：一是连通中的节点——终端设备，如集成电路、计算机、移动电话等硬件设施；二是连通中的通道，主要包括阿帕网（Arpanet）与TCP/IP协议。节点与通道技术，激活了互联思想的萌芽，孕育了数字经济的早期形态。20世纪90年代以后，与信息化高度相关的互联网技术走向大众，其在产业层面的应用产生了计算机辅助制造、计算机辅助设计、物料需求计划、企业资源计划等自动化系统，产生了电子商务、即时通信、信息服务等新型商业模式。2000年以后，数字经济迎来了一波发展浪潮，主要诱致因素是数字经济发展的核心技术再次改变了——从早期的信息通信技术，到互联网技术，再到大数据、云计算、区块链、人工智能、5G等关联技术。互联网等技术培育了共享经济、直播电商、即时零售、智能制造、数字农业等模式，不断迭代数字经济发展动力。所以，欧盟委员会（2013）、英国计算机协会（2014）、Charoen（2015）等将数字经济的内涵归纳为"基于数字技术的经济"。

数字技术被实体产业广泛应用，技术开始从助力社会经济发展的辅助工具向引领社会经济发展的重要生产要素转变，数据作为一种独立的生产要素逐步融入实体经济运行之中，产生了一种新的技术—经济范式，促进产出增加和效率提升，进而催生一种新的经济范式——数字经济。佩蕾丝的技术—经济范式中的技术一般指单一技术或相近技术对经济产生的影响，在过去的五次技术革命的核心技术可以概括为机械化技术、蒸汽机技术、电力技术、大规模制造（汽车工业）技术以及信息技术。然而，传统"技术—经济"范式并不能很好地将数字经济发展的一般规律囊括入内，也难以回答数字技术如何影响经济增长这一问题。传统范式在数字经济中的失效使我们思考，是否有一种不受时间因素制约的分析范式，即从现象的横截面入手，同时将技术跃迁、产业融合等看作相互联系的动态过程，分析技术变革、要素变革等产生怎样的产业影响与增长效应。

佩蕾丝特别强调了"转折点"（Turning Point）的概念，即从一种技术—经济范式中导入期向展开期过渡时，反思、调整和彻底转变的关键时刻。佩蕾丝主要从经济和金融的视角看待转折点，将产生转折点归因于结构性问题产生的泡沫破灭——革命性产业产生的真实财富增长速度不及投资者集体信念创造资本收益的速度，转折点是技术创新从由金融资本及其目标引导的强烈探索时期，发展到遵循生产资本标准的市场巩固和扩张阶段。在数字经济中，技术—经济范式的转折点不仅仅依赖于技术，在技术创新与应用中也出现了数据这个新的生产要素，数字技术和数据要素同时作用于技术—经济范式。或者说，数据成为关键生产要素，才是数字经济技术—经济范式出现的关键。据国际数据公司（IDC）测算，我国拥有的数据量将从 2018 年的 7.5ZB 增长到 2025 年的 48.6ZB，占全球27.8%，远高于美国的 17.5%。这一期间，数据要素的开发利用和数据资本的积累对数字经济乃至整个国民经济的发展起到了核心驱动作用。据黄益平（2023）及其团队的研究显示，2012～2018 年，数字经济部门对 GDP 增长的贡献达到了 74.4%。

我国政府把握规律和趋势，及时出台了支持政策，实现数字经济动能转换。2015 年，国务院印发《关于积极推进"互联网+"行动的指导意见》，推进"互联网+"发展，重塑创新体系、激发创新活力、培育新兴业态和创新公共服务模式。基于数据要素在促进数字经济深化发展的核心引擎作用，2017 年 12 月，习近平总书记提出，"要构建以数据为关键要素的数字经济""要深入实施工业互联网创新发展战略，系统推进工业互联网基础设施和数据资源管理体系建设，发挥数据的基础资源作用和创新引擎作用，加快形成以创新为主要引领和支撑的数字经济"。党的十九届四中全会提出："健全劳动、资本、土地、知识、技术、管理、数据等生产要素由市场评价贡献、按贡献决定报酬的机制"，首次将数据与劳动、资本、土地、管理、技术和知识并列为七大生产要素。2022 年 1 月，国务院颁布的《"十四五"数字经济发展规划》提出，数据经济发展"以数据为关键要素，以数字技术与实体经济深度融合为主线"，"充分释放数据要素价值，激活数据要素潜能"。2022 年 12 月颁布的《中共中央 国务院关于构建数据基础制度更好发挥数据要素作用的意见》，又进一步提出"激活数据要素潜能，做强做优做大数字经济，增强经济发展新动能，构筑国家竞争新优势"，进一步从制度上明确了数据要素的作用。2023 年 12 月，国家数据局等 17 部门印发《"数据要素×"三年行动计划（2024—2026 年）》，推动形成数字技术和数据要素双轮驱动经济社会高质量发展的新态势。

（二）"数据要素×"的定义与内涵

"数据要素×"是政府部门提出的新概念，在概念提出过程中，专家们经过了充分论证。《行动计划》中没有对"数据要素×"作出界定，只是在解读政策时，国家数据局沈竹林提出，"数据要素×"行动是要通过推动数据在多场景应用，提高资源配置效率，创造新产业新模式，培育发展新动能，从而实现对经济发展倍增效应。"数据要素×"的三个特征：一是从连接到协同，也就是从基于数据生成和传递的互联互通，转变为基于数据有效应用的全局优化，进一步提升全要素生产率；二是从使用到复用，也就是从千行百业利用互联网技术，转变为基于行业间数据复用的价值创造，拓展经济增长新空间；三是从叠加到融合，也就是从数据汇聚支撑的效率提升，转变为多来源、多类型数据融合驱动的创新涌现，培育经济增长新动能。

笔者参与了《行动计划》的起草工作，在确定这个概念时经过了激烈的讨论。政策起草过程中，曾经提出了三个概念，即倍增效应、倍乘效应、乘数效应。经济学中的倍增效应指，在给定经济周期中，各类生产要素通过规律性的协同整合进入经济系统，产生的经济总量远大于（数倍于）单一生产要素产出的现象。倍乘效应指两个或更多因素在一起时，其效果比单独使用时更为强大的现象，多用于营销、心理学、教育等领域。比如，广告传播的倍乘效应，不仅是一种传播效应，更是一种心理效应，只能在收视率高到一定程度，事件影响较大的情况下发生。乘数效应是宏观经济学中比较成熟的概念，指经济活动中某一变量的增减所引起的经济总量变化的连锁反应程度，通过循环和因果积累这种作用不断强化放大、不断扩大影响。比如，财政政策乘数是研究财政收支变化对国民经济的影响，其中包括财政支出乘数、税收乘数和平衡预算乘数。

经过充分讨论，《行动计划》起草组采用了"乘数效应"这个概念。主要出于三个方面的考虑：一是数据要素是新型生产要素，与经济增长密切相关，相比于倍增效应、倍乘效应，使用乘数效应反映数据要素在经济增长中的作用符合经济学逻辑，可以用于表示数据要素进入经济系统和生产函数中对经济总量的变化；二是数据要素具有不同于传统生产要素的技术—经济特征，可以对经济增长有直接作用和间接作用，提升传统单一要素生产效率、优化传统要素资源配置效率、激活其他要素替代传统要素的投入和功能，可以成倍地提高劳动、资本等其他要素的投入产出效率；三是"加"是指简单再生产，"乘"是指扩大再生产，数据多源多方协同、多主体复用、多场景应用，创造新的信息和知识，为实体经济赋能，催生新产品、新技术、新产业、新业态、新模式，数据要素乘数效应正是揭示数据这种新型要素价值释放机理的关键所在，产生了放大、叠加、倍增效果。

综合各方的论述，"数据要素×"是数据融入生产、分配、流通、消费和社会服务管理等各环节，发挥协同、复用和融合作用，对其他生产要素、服务效能和经济总量产生扩张效应，提升效率、释放价值和创新发展，推助构建以数据为关键要素的数字经济。这个定义的内涵包括：一是数据要素是数据生产要素的简称，数据要进入经济系统，与社会生产经营活动，成为维系国民经济运行及市场主体生产经营过程中所必须具备的基本因素，可为使用者或所有者带来经济效益；二是"数据要素×"发挥作用的机理是协同、复用和融合，后文详细论述这三条机理；三是"数据要素×"的效果有两个方面，一方面是直接效应，体现在对其他生产要素、服务效能和经济总量产生扩张效应，另一方面是间接效应，体现在提升效率、释放价值和创新发展；四是"数据要素×"是数字经济时代的宏观效应，目标是推助构建以数据为关键要素的数字经济。在《行动计划》讨论中，笔者还提出，使用"数据要素×"表明了政府政策的连续性，互联网等数字技术是数字经济发展前期的主要驱动力，当前已经形成数字技术与数据要素双轮驱动数字经济创新发展的新局面，这是顺应市场规律的政策创新。

（三）发挥"数据要素×"效应的三个机理

《行动计划》提出协同优化、复用增效、融合创新三个机理，阐释了"数据要素×"。"互联网+"的核心是连接，把消费者、商家、生产者连接起来，促成供需的精准匹配，连接产业，互联网+各个传统行业，跨界融合，连接产生信息交互，通过网络效应推动主体之间的协作，催生出平台经济，形成更广泛的以互联网为基础设施和实现工具的经济发展新形态。从"互联网+"到"数据要素×"的转变，是从用户汇聚到数据汇聚的转变，从连接到协同优化、复用增效、融合创新的跃升。"数据要素×"是以推动数据要素高水平应用为主线，拓展数据应用范围和应用深度，通过促进数据要素的多场景应用，提高资源配置效率，创造新产业新模式，更好发挥数据要素的放大、叠加和倍增作用。

1. 协同优化提高全要素生产率

《行动计划》提出，实施"数据要素×"行动，"就是要发挥我国超大规模市场、海量数据资源、丰富应用场景等多重优势，推动数据要素与劳动力、资本等要素协同，以数据流引领技术流、资金流、人才流、物资流，突破传统资源要素约束，提高全要素生产率"。"协同"包含三个不同的层级，业务协同、主体协同和要素协同。其中，业务协同和主体协同在过往数字化转型的实践中已经被反复讨论，但不同要素之间的协同是伴随数据要素而产生的新视角和新探索。

业务协同在企业或者机构内部指多部门协作，融合多部门数据，对数据要素进行加工利用，推动相关的部门、人员、设备全链路协同，让所有的要素共享互通、高效协作、快速创新。当前，企业在数据要素流通时面临数据资源供给不足、数据价值挖掘不足、数据应用构建困难、数据合规顾虑重重这四大难题，是基于数据的业务协同待解决的。笔者调研发现，瓴羊智能科技有限公司提供"寻—买—管—用"一站式数据服务，并在制造行业、汽车行业、乳品行业、生鲜蔬果等领域开展实践。在某全球化的中国汽车零部件集团，瓴羊智能科技有限公司通过开展数据汇聚治理、分析应用及建立数字化运营平台等工作，最终企业单报价时长缩短了70%，数据维护管理过程提效90%，单体工厂月结时间缩短50%，所有数据支持分钟级追溯查询，充分实现数字化改造目标。

主体协同是在企业或机构外部通过数据开放、共享、交换和交易，不同主体之间加强协同，能够显著降低信息不对称影响，从而优化资源配置、提高市场运行效率。不同来源数据集进行融合匹配后可能产生更多有效信息，为生产经营带来更大的价值提升。例如，工业生产中存在降低成本、提高效率、满足定制的"不可能三角"，但数据驱动的大规模定制模式、智能工厂和产业链协同，向消费者提供个性化产品，打破了工业生产的"不可能三角"。

数据要素的协同效应，还可以是不同要素之间的协同，提升投入产出效率。数据可以在生产函数中直接作用于劳动、资本、技术等传统生产要素，通过改善微观主体的决策效率提高全要素生产率。比如，对于劳动者而言，数据要素进入专业知识领域，与领域知识结合，有助于发现新规律、新知识，劳动者通过掌握更先进的知识和技术，提升人力资源素质，提高劳动生产效率；对于资本而言，数据可以通过辅助投融资决策，优化资本投入产出效率，更精准地服务实体经济；对于技术而言，数据可以通过促进先进技术的传播扩散，带动全社会生产力水平提升。总之，数据与人才、资金、技术、产业等要素间建立联动机制，围绕产业链，以数据链重构创新链、资金链、人才链，推进"五链协同"，实现协同创新、协同育人、协同创投、协同发展。

综上所述，协同是"要素×"，通过从数据中挖掘有用信息，作用于其他要素，放大倍增资本、技术或劳动效率，能够找到企业、行业、产业在要素资源约束下的"最优解"，提高全要素生产率，解决过去解决不了的难题。

2. 复用增效扩展生产可能性边界

《行动计划》提出，"促进数据多场景应用、多主体复用，培育基于数据要素的新产品和新服务，实现知识扩散、价值倍增，开辟经济增长新空间"。数据在不同主体、不同场景低成本、规模化重复使用，真正做到"数尽其用"，在多次使用中不断提升数据质量，通过加速知识溢出与技术扩散，突破传统资源要素约束条件下的产出极限，节省成本，极大地缩短创新周期，拓展经济增长新空间。

复用是数据重复使用，同一数据集与不同行业、不同领域相结合将创造出新的数据应用和数据价值，包括一数多用、多数合用、存数新用。一数多用，即同一类型的数据用于不同主体、不同行业、不同领域，是数据低成本复制特性的价值延伸。例如，企业信用信息，监管部门用于掌握企业生产经营、行政处罚、抽查结果、经营异常状态等；行业部门可以基于企业信用数据实现政策精准推送、免申即享；对于金融机构，已经探索推出了"信易贷"等普惠金融服务。比如，制造业长期积累的大量工艺数据可以帮助众多企业改善产品质量，这是数据价值在主体之间的复用；医疗健康数据可用于临床诊断、药械研发和医疗保险，这是数据价值在领域之间的复用。当前，数字政府实现"一处填表，处处可用"并在各个领域发挥作用，也是数据复用增效的典型案例。

多数合用，即汇总多个渠道的数据源，面向用户需求形成新的数据产品和服务，在不同领域、不同场景、不同主体之间的复用可催生出新产品、新服务。比如，我国"一信两查"（启信宝、天眼查、企查查），通过整合全国企业信用信息公示系统、中国裁判文书网、中国执行信息公开网、国家知识产权局、国家版权局等公开数据，已分别成长为我国企业征信查询服务的龙头企业。此同时，数据在复用中不会出现损耗，反而会"越用越多""越用越好"。大模型通过与工作能力突出的员工进行交互，可以将技能"萃取"并编码成为数据，这一数据可以复用于其他组织成员、从而提升组织整体的工作效率。

存数新用，即深度挖掘企业、社会长期积累的存量数据，通过与其他数字技术结合，创造出新的利用价值。挖掘数据潜能，无疑是盘活全社会生产要素存量。云计算、人工智能技术将实现高效、高质数据处理，所有数据都将被加工、整理、再挖掘。例如，以 OpenAI 为代表的国内外人工智能大模型企业，利用人类社会长期以来积累的书籍、文章、网站信息、代码信息等进行模型预训练，带来了语音识别、自然语言处理、图像识别等领域通用大模型的突破性发展。

综上所述，复用即"应用×"，是多场景应用、多主体复用。如果说协同是互联网时代的特征，复用则是数字经济时代的特征。数据是知识的载体，数据在不同场景、不同领域的复用，将推动各行业知识的相互碰撞，创造新的价值增量，通过数据驱动的经济增长开启了乘数级数增长模式。

3. 融合创新培育发展新动能

《行动计划》提出，"加快多元数据融合，以数据规模扩张和数据类型丰富，促进生产工具创新升级，催生新产业、新模式，培育经济发展新动能"。融合强调众多主体多元数据，以量变推动质变，由此产生新模式新动能，成为数字经济深化发展的核心引擎。《2024数商产业场景调研报告》显示，74.2%的案例调用了企业数据，62.9%的案例调用了公共数据，近半数的案例调用了两种及以上类型的数据，12.3%的案例同时调用了公共数据、企业数据、个人数据。数据"融合"驱动的创新包括新产品新技术、新业态新模式、新产业新动能三个层级。

数据融合产生新产品新技术。数据已成为重要的创新要素。企业对研发、设计、生产、营销与决策各个环节进行数据清洗、分析、建模，支撑新产品研发，培育基于数据要素的新产品和新服务。融合政府、行业、科研院所的数据，利用AI技术学习、模拟、预测和优化自然界和人类社会的各种现象和规律，推动科学发现和创新，研究出新的理论，创造新的知识或技术。人工智能大模型、新材料创制、生物育种、基础科学研究等都离不开数据的支撑。基于海量、多元生物数据构建起的人工智能算法模型，能在几天甚至几分钟预测出以前要花费数十年才能得到的、具有高置信度的蛋白质结构，颠覆了生命科学领域的研究范式。以人工智能为代表的新技术浪潮格外依赖数据规模和品类的增长，只有当模型规模和数据规模超过一定的临界值时，人工智能大模型才会出现新能力的"涌现"。

数据融合催生新业态新模式。大规模数据的积累和处理能够引发对数据的深入洞察，催生新的商业模式，推动数据要素价值创造的新业态成为经济增长新动力。比如，虚拟主播就是融合数据要素，通过虚拟现实、增强现实、人工智能、动作捕捉、实时渲染等技术手段制作的数字化人物形象。再比如，自动驾驶需要解决感知和决策两个方面的问题，自动驾驶的快速进展在很大程度上依赖于大量的数据集，这些数据集帮助自动驾驶系统在复杂的驾驶环境中变得稳健可靠。随着数据融合不断深化，赋能农业生产、工业制造、商贸流通、金融服务等领域，将使更多的行业和领域加快数据要素应用，并涌现出更多的新业态新模式。

数据融合培育新产业新动能。数据融合需要培育一批创新能力强、成长性好的数据商和第三方专业服务机构，形成相对完善的数据产业生态。数据产业是具有增长潜力的新兴产业。据《数字中国发展报告（2022年）》数据显示，2022年，我国大数据产业规模达 1.57 万亿元，同比增长 18%。中国数据产业快速发展，2013~2023 年，中国数商企业数量从约 11 万家增长到超过 100 万家。未来制造、未来信息、未来材料、未来能源、未来空间、未来健康等未来产业发展，必须依赖数据，离不开数据产业高质量发展。数据融合推动产业数字化转型，提升产业创新发展能力，这是数据要素乘数效应的主要阵地。根据国家工业信息安全发展研究中心测算，数据要素对 2021 年 GDP 增长的贡献率和贡献度分别为 14.7% 和 0.83 个百分点。未来数据融合将不断提升传统产业跨区域、跨场景、跨行业的协同创新水平，提升产业发展的质量和效益，摆脱传统的增长方式。

综上所述，融合是动能的"乘"，是技术创新推动产业创新，孕育出新产品新服务，催生新业态新模式，培育经济新动能。不同类型、不同维度的数据融合，将推动不同领域的知识渗透，促进生产工具创新升级，加快培育新质生产力。

（四）推动数据在不同场景中发挥千姿百态的乘数效应

数据的价值在于应用，应用的关键在于场景。只有和应用场景相结合，解决实际问题和业务痛点，才能充分释放数据要素价值。未来应坚持需求牵引，聚焦重点行业和领域，引导广大市场主体丰富数据应用场景，挖掘高价值数据要素应用场景，通过试点示范充分展示数据要素的乘数效应。

第一，坚持需求牵引，大胆探索公共数据应用场景。需求是创新的根本动力，迫切的需求激发重大的创新。发挥数据要素的乘数效应必须以应用场景为基础，运用大数据的理论、技术探寻解决问题的方案与实践。当务之急是，建立公共数据开放激励机制，加快打造公共数据开发利用的应用场景，强化公共数据资源高效汇聚和公共服务能力持续提升的良性互动机制，丰富公共数据价值创造模式。

第二，建立适应数据特征、符合数据要素价值实现规律的数据资源供给体系，打造数据融合应用典型案例。发挥数据要素的乘数效应必须在供给和应用两端下功夫。一方面，公共数据率先做好供给，探索企业数据和个人数据多元化供给模式，有效维护市场主体的数据利益，提升数据供给效能。另一方面，促进数据整合互通和互操作，加快探索政企数据统一对接与合作机制，创新公共数据、社会数据和个人数据融合应用模式；探索央地协同开发利用机制，推动跨层级跨部门数据资产共用共享模式等，形成丰富的应用实践案例。

第三，数字技术和数据要素双轮驱动"数实融合"，打造数字经济新动能。数字经济和实体经济深度融合，是数据要素发挥乘数效应的主阵地。一要推动互联网、大数据、云计算、人工智能等数字技术加速创新融合，深化隐私计算、可信数据空间、区块链等技术应用，促进数字技术与实体经济的深度融合。二要加快"上云用数赋智"进程，在智能制造、现代农业、商贸流通、金融服务等行业，促进数字经济和实体经济深度融合，充分释放数据要素的倍增作用。三要加大力度培育应用型数商，为实体经济提供数据开发利用工具、数字化转型服务等，促进数据在不同主体、不同场景用起来。

第四，加强数据要素基础理论研究。我国数据要素的理论研究滞后实践，在"数据要素×"方面的研究刚刚起步。建议政府支持学界和实务界开展联合研究，政产学研用协同创新，重点研究数据作为新型生产要素的经济学原理、数据要素与其他生产要素的协同联动及其对全要素生产率的作用机理、数据要素的新生产函数、企业数据资产化对上下游企业和同行业的溢出效应、数据要素乘数效应的机理等问题。

第二章　基础制度

一、我国数据要素制度体系的构建[*]

过去十年来，我国对数据的认识程度逐步加深，相关的制度设计逐步完善。最初以大数据作为创新产业的技术与发展方式，而后通过"互联网+"行动计划使数据应用推广至全国。当前，数据的财产价值进一步被挖掘，以数据资源、数据资产的形态展现出来。这不仅促进了数据的充分有效利用，也赋能实体经济发展，具有良好的发展潜力和未来趋势。因此，为更好发挥数据要素价值，有必要构建完善统一的数据基础制度体系。

（一）我国数据要素基本制度的发展演变

1. 数据作为新的生产要素

在数据要素时代，数据规模大、市场空间大的优势被进一步放大与利用，数字经济与实体经济的深度融合被进一步强调（2021年，《"十四五"大数据产业发展规划》与《"十四五"数字经济发展规划》），培育自主可控和开放合作的产业生态，打造数字经济发展新优势，为建设制造强国、网络强国、数字中国提供有力支撑；同时，结合人工智能、区块链等Web 3.0技术的研发应用，培育新一代信息技术、高端装备、生物医药、新能源汽车、新材料等新兴产业集群（《2019年政府工作报告》）。在中共中央、国务院于2022年12月印发《中共中央 国务院关于构建数据基础制度更好发挥数据要素作用的意见》（以下简称"数据二十条"）之前，数据资源利用的试点工作已经展开，例如，2018年1月

---

* 陈吉栋，同济大学法学院副教授。

中央网信办、国家发展改革委、工业和信息化部联合印发的《公共信息资源开放试点工作方案》提出，试点工作以充分释放数据红利为目标，旨在进一步促进信息惠民，促进信息资源规模化创新应用，推动国家治理体系和治理能力现代化。中共中央、国务院印发的《关于构建更加完善的要素市场化配置的体制机制的意见》正式确立了数据与土地、资本、劳动力、技术并列的第五大生产要素地位，"数据二十条"以数据产权、流通交易、收益分配、安全治理为重点，初步搭建我国数据基础制度 20 条政策举措，强调了数据资源价值与权属界定、数据要素市场培育与数据安全保护，这些构成了数据基础制度的重要方面。

2. 数据要素市场建设制度

在数据被确认为生产要素后，我国积极推进在数据要素市场化配置基础制度建设方面的探索。2022 年 1 月，国务院办公厅印发的《要素市场化配置综合改革试点总体方案》中提到，从完善公共数据开放共享机制、建立健全数据流通交易规则、拓展规范化数据开发利用场景、加强数据安全保护四个方面探索建立数据要素流通规则。同时，数据要素市场成为统一的要素和资源市场中的重要组成部分。2022 年 3 月，中共中央、国务院印发的《关于加快建设全国统一大市场的意见》中明确指出，要加快培育数据要素市场，建立健全数据安全、权利保护、跨境传输管理、交易流通、开放共享、安全认证等基础制度和标准规范，深入开展数据资源调查，推动数据资源开发利用。

3. 数据八大基础制度确立

2023 年 3 月，国家数据局依据《党和国家机构改革方案》组建，主要负责协调推进数据基础制度建设，统筹数据资源整合共享和开发利用，统筹推进数字中国、数字经济、数字社会规划和建设等。国家数据局局长刘烈宏在 2024 全球数字经济大会上表示，国家数据局 2024 年将陆续推出数据产权、数据流通、收益分配、安全治理、公共数据开发利用、企业数据开发利用、数字经济高质量发展、数据基础设施建设指引共 8 项制度文件。上述文件是数据的八大基础制度的规范依据，8 项制度文件的出台预示着我国数据制度体系的体系化工作进入新的阶段。

（二）数据要素基础制度的基本框架与特征

1. 数据的可计算性特征

数据制度的建设，目的在于调整数据价值实现的各类行为。因此，对于数据及其事物本质的认识不可或缺。"可计算性"是数据的本质，可计算区别于民法所保护的其他对象，也影响着数据的价值实现方式，值得在法学视野中进一步考量。可计算性是数据科学的三大核心原则之一，也是数据全生命周期的重要技术依赖，包括从原始数据收集、清洗到模型构建、评估等一系列数据处理过程。可计算成倍地扩大了数据的利用价值，数据产品、算法模型也是数据可计算性的有益结果。例如，在数据产品的形成过程中，数据产品可以被购买方用于清洗、重构、与其他数据融合并最终产生新的分析，数据的维度、颗粒度、观测量等指标越多，可计算性越强，价值越高。因此，实现数据价值的方式是利用，而计算是一种重要的利用方式，若数据不流通则难以被真正有需求的主体所利用，不同的数据计算结果对于不同主体的价值也不同。在不同场景下，不同主体对数据内容的需求有所差异，计算的数据越详尽则分析结果价值越高。可计算还影响着数据权益设置、交易规则、安全保护与收益分配制度的设计，是数据制度设计的基本前提与支撑。

2. 基础制度的内在逻辑

数据基础制度是与数据产权、流通、交易、使用、分配、治理、安全等基本规律相适应的一系列制度安排，是充分发挥数据要素作用的最根本的制度规范。国家数据局对于八大数据基础制度的设想构成了数据管理、使用、保护和共享的基础性规则，这些制度相互联系、相互支撑，共同构成了数据治理的框架。具体而言，数据产权制度是八大基础制度的基石，确定数据的归属，即谁拥有数据的法律权利，这是数据治理与开发利用的起点；定价机制是数据要素市场化配置的支撑，还涉及收益分配、不同主体间的利益划分问题；"公共数据开发利用、企业数据开发利用"等属于数据流通利用的中间环节，属于数据流通方式认定的范畴；安全保障是数据要素市场中的重要组成部分，支持一切数据治理与价值利用环节。

3. 基础制度的框架体系

数据基础制度为我国的数据治理提供了框架性指引。数据基础制度的框架体系主要包括四个方面内容：一是数据产权。为此"数据二十条"提出了数据产权的结构性分置方案——"三权分置"、数据分类分级确权授权使用办法等内容。二是数据要素流通交易。数据流通的目的是数据要素的价值实现，各级数据交易所作为场内交易平台，需要为场内集中交易和场外分散交易提供低成本、高效率、可信赖的流通环境。例如，《上海市数据条例》第 67 条确认了上海数据交易所的定位与职责，《上海市数据交易场所管理实施暂行办法》明确了数据交易场所在多层次市场交易体系中的职责，建立数据交易场所与数据服务商、第三方专业服务机构功能分离的制度，构建多层次市场交易体系。三是数据要素收益分配。在数据权属确认的基础上，各级政府及各级数据交易所应当制定场内数据交易的收益分配机制，建立多样化、符合数据要素特性的定价模式和价格机制。四是数据安全治理。数据要素治理格局应当采取由政府、企业、社会多方协同治理模式。一方面，要充分发挥政府有序引导和规范发展的作用，打造安全可信的数据要素市场环境；另一方面，要明确企业主体责任和义务，同时，鼓励行业协会等社会组织积极参与数据要素市场建设。上述四大方面构成了我国数据基础制度建设的基本内容，由此数据基础制度得以具体展开，最终服务于数据要素市场建设。当前，我国对数据基础制度的认知不全，有待市场进一步探索。

（三）数据产权配置制度

国际上就数据权利的设计和在不同主体之间的协调分配已经有了部分探索。比较典型且有示范意义的是欧盟对于数据权利的界定和英国的"数据信托"模式。《通用数据保护条例》（General Data Protection Regulations，GDPR）对数据产权尤其是数据访问权的明确，突出了数据开放和主体间互用对于数据流通和激发数据价值的重要意义；数据信托则从一种数据流通管理模式上力求调和个人信息安全与数据利用效率间的矛盾，突出信任机制在协调各方数据权利间的重要关系。

1. 欧盟：所有权-知识产权-访问权

欧盟的数据产权配置制度经历了从数据所有权、知识产权保护到访问权的发展演变，其发展脉络反映了数据治理理念的逐步转型和调整。

早期的欧盟数据治理以"数据确权"为基础，试图通过确立数据所有权实现数据保护与利用的平衡。1996年，《数据库指令》出台，首次将无独创性的数据库纳入知识产权体系，设立了"数据库特殊权利"，以保护数据库生产者的投资。这一阶段的制度设计体现了对数据作为经济资产的重视，但由于产权化的制度框架过于强调排他性，未能有效激励数据的流通与共享，反而造成了数据资源的封闭。

进入21世纪后，欧盟在数据产权化的道路上进行了第二次尝试，试图通过设立"数据生产者权"进一步强化数据的排他性使用权。2017年，欧盟在大数据背景下推动"数据生产者权"立法，拟通过对数据生产者的排他性保护来促进数据生成和利用。然而，该尝试面临学术界和产业界的强烈反对，主要因为这种立法路径阻碍了数据的开放共享，不利于数据经济的发展，最终未得到广泛应用。

数据访问权的确立与"去产权化"转型。2018年，欧盟通过了《通用数据保护条例》（GDPR），确立了数据主体的访问权，推动了个人数据的保护与流通。这一阶段的核心在于将数据的开放使用作为制度设计的基础，通过访问权代替传统的产权概念，强调数据的自由流动和再利用。2020年，《欧洲数据战略》发布，进一步强化了数据再利用的经济价值，并推动建立数据敏捷经济。《数据治理法》（2022 年）和《数据法案》（2023 年）的相继出台标志着欧盟数据治理从产权私有向权益共享模式的转型，确立了数据使用权和访问权为核心的治理框架，促进了公共和商业数据的开放共享。

2. 英国：介于物债之间的制度选择

英国在数据治理领域进行了多项创新探索，其中，数据信托（Data Trust）制度尤为引人注目。这一制度旨在解决数据所有权与使用权分离的问题，通过引入第三方受托人，确保数据的安全有效共享与创新使用。英国政府在《人工智能的独立审查》中首次提出数据信托概念，强调通过信托模式增加数据共享的信任度。同时，开放数据研究所（ODI）等机构联合开展试点项目，评估数据信托的潜在作用。

英国启动"数据信托倡议"，推动数据信托从理论走向实践。多个试点项目获得资助，探索数据信托在实际应用中的挑战与解决方案。2021 年，《数据：新方向》咨询文件发布，标志着政府对数据信托的正式关注，强调其在保护数据主体权益、促进数据共享与创新利用方面的作用。

英国政府继续推动数据信托的发展，通过立法和政策指引明确其法律地位及操作规范。未来，有望通过法律进一步明确数据信托的功能和受托责任，确保数据使用过程中数据主体利益的有效保护。英国的数据信托制度为数据治理提供了新的思路和方法，通过分离数据所有权与使用权，结合受托人的信托责任，既支持了数据的创新使用，又在法律层面为数据保护提供了坚实保障。

3. 中国：结构性分置方案及其展开

2022 年，我国印发的"数据二十条"强调推行数据要素产权的结构性分置政策，提出建立"数据资源持有权、数据加工使用权、数据产品经营权等分置的产权运行机制"，为数据产权制度提供了基础性政策指引。

2022 年，"数据二十条"在国家政策层面决定"跳出所有权思维定式"，以"权利束"为底层观察视角理解和呈现数据上的权利样态。数据要素生产过程复杂且特殊，其生成常是多方主体协作的结果，一宗数据承载多元主体利益期待，各主体可分别主张并行不悖的数据权益，沿用"所有权"概念会增加公众理解负担。

首先，"数据二十条"明确区分"法定在先权益"与"数据财产权益"，前者包括个人信息权益、商业秘密、知识产权等，主要归属于信息来源者；后者主要归属于数据处理者，且其行使应以尊重和保护"法定在先权益"为前提。

其次，依法推进各参与方的权益配置，维护数据各方的平等权利，保护数据来源者、处理者等各类数据权益主体的合法数据权益。对于数据来源者，自然人、法人和其他组织享有获取、复制或者转移由其促成产生数据的权益。对于数据处理者，目前国家政策保护数据处理者在数据处理活动中形成的合法权益，探索建立数据持有权、使用权、经营权结构性分置机制。数据处理者依法享有以下权益：①对合法获取的数据进行实际持有或者委托他人代为持有、依法进行自主管控并排除他人干涉的权益；②基于合法持有或者合同约定通过特定方式使用数据的权益；③通过转让、许可或者设立担保等方式对外提供数据的权益。数据持有权、使用权、经营权等权益可以同时为不同主体享有，同一主体可以享有一项或者多项权益。

"数据二十条"提出的数据产权"三权分置"结构具有重要意义。对于原始生成数据的企业，因原始数据生成行为同时取得三权，享有最广泛的数据产权；后续通过合同交易取得数据产权的人，根据合同约定享有部分或全部权利。确立数据产权有助于激励数据生产和流通，为数据资产入表奠定基础。

此外，为解决数据交易中的信任问题，促进数据流通复用，"数据二十条"提出研究数据产权登记新方式、建立健全登记及披露机制，各地也纷纷开展数据登记实践，构建数据流通服务生态系统。

（四）数据流通交易制度

1. 数据流通交易的法律构造

数据流通是数据价值实现的基本方式。数据流通的主要方式是数据交易，数据交易主要以数据许可（License）的形式发生。数据许可的对象是数据使用权，数据持有者通过转让数据使用权的方式获取相应对价。就数据许可的法律性质而言，相较于知识产权许可这类典型许可，数据许可缺乏是作为许可前提的绝对权利基础，因此数据许可被称为非典型许可。实践中，数据许可的排他性基础是依托持有人对于数据的技术控制；如何区分许可合同与转让，仍是困扰数据交易实践和理论研究的问题。在数据许可制度设计中，学界注意到数据许可与数据许可合同的不同法律效力。数据许可是纯粹的债权性许可，基于数据许可所创设的数据使用权是纯债权性权利，不产生具有对世性的排他性的物权法律效果。数据许可也无必要设置继受保护规定（即转让不破许可）。此外，在个人数据的价值利用上存在个人同意、授权等相邻概念。数据许可与数据授权（Authorization）均具有数据使用权让与的法律效果，二者与个人同意的法律效果区分尚存争议：有学者认为同意能够产生许可或授权的法律效果，也有学者进一步区分了个人数据授权与知情同意的法律效果。但是，数据许可可以产生使用数据的积极权利，且被许可人的权利义务也会受到影响，因此数据许可的可转让性、次级许可、继受保护、被许可人是否享有对第三人的独立诉权等"物化"效果的问题仍需要继续研究。

2. 公共数据的流通交易制度

公共数据的流通交易方式包括共享、开放与授权运营。首先，公共数据共享旨在打通政府之间的数据流通与共享。汇聚方式可分为物理汇聚和逻辑汇聚，二者区别在于是否建立统一的数据流通平台。物理汇聚指通过中心化的汇聚模式，把分散存储的数据集中放在统一的数据库中存储、使用，逻辑汇聚指分布式汇聚，即数据分散存储在政府的各个部门的系统或平台上，可以通过目录交换的方式进行数据的获取和使用。其次，公共数据按照开放属性可分为无条件开放、受限开放（或有条件开放）和禁止开放（或非开放）三种类型。具体而言，涉及个人信息和隐私、商业秘密的，开放后可能损害公共或国家利益的，或根据法律法规不得开放的，属于禁止开放的公共数据；受限开放的公共数据主要包括那些对数据安全和处理能力要求较高、时效性较强或者需要持续获取的数据；其他公共数据属于无条件开放类。最后，授权运营是公共数据资源利用的方式之一，在实践中体现为授权、收益分配以及监督等机制，是一种基于公物特别使用的数据开发利用方式。授权运营相较于开放，基本定位是在保障安全的前提下对于公共数据价值的市场化开发利用。目前各地实践多样，要解决的核心问题包括：①授权的主体是谁，是数据主管机关还是数据的持有主体；②授权的法律构造，是特许经营还是一般的许可；③授权的内容，是运营还是涉及公共数据的具体权益内容。现阶段由于财政部对于数据资产管理的提倡，目前的授权运营还需要注意国有资产的管理问题。

3. 非公共数据流通交易制度

非公共数据主要包括企业数据与个人数据，相比于公共数据的流通利用方式而言，非公共数据的流通受限更少，包括场内市场建设与场外市场发展。对于企业数据，国有企业与中小微企业应共同合理使用数据，鼓励并规范第三方机构、中介服务组织加强数据采集和质量评估标准，推动数据产品标准化，发展数据分析、数据服务等产业，同时强调企业的数据合规责任，规范个人信息采集与处理行为。对于个人数据，应依据《中华人民共和国个人信息保护法》（简称《个人信息保护法》）对承载个人信息的数据的规定，合理界定权属分配规则，并促进企业等主体对个人信息合理利用，鼓励数据处理者按个人授权范围采集、持有和使用数据。

（五）数据收益分配制度

"数据二十条"从数据产权、流通交易、收益分配、安全治理四个方面明确了数据基础制度体系的基本框架。其中，数据要素收益分配制度是该体系的核心内容，涵盖参与数据收益分配的各方主体、授权运营主体获利的合法性依据，以及实践中面临的诸多问题。

1. 数据收益分配的主体

厘清主体范围是数据要素收益分配制度的核心工作，主体在价值链中所扮演的角色安排是整个制度的重中之重。当前我国学者在相关参与主体上形成的共识如下：

（1）党政机关、具有公共服务职能的企事业单位：持有公共数据原始数据和数据资源，此主体持有的数据来源于因行政事务、依法履行或者提供公共服务过程中产生的数据流通，该主体是公共数据的原始持有者。

（2）数据运营主体：该主体属于公共数据一级授权对象，行政主体将公共数据授权给运营主体进行处理活动，这类授权主要基于授权运营协议的方式得以实现；授权运营主体的职能不仅仅局限在向市场主体开放数据或者提供数据，还包括数据治理、加工、应用、管理、收益等经营行为。因此，对运营主体资质和能力的要求提出了更高标准：包括但不限于数据安全管理体系是否健全完善、数据运营行为是否规范、数据运营能力是否充分。

（3）市场主体：该主体属于二级授权对象，在数据运营主体方获取了数据资源或者数据产品之后，在加工、分析、应用的基础上，可以向市场继续提供服务和产品。

（4）个人数据主体是否享有收益权是学界一直争论的话题，支持者基于劳动赋权理论，认为个人的网络活动应被视为劳动，因而享有收益权。然而，反对者指出，数据价值的生成机制复杂，个人在数据价值链中的贡献相对有限，赋予个人收益权缺乏合理性。也有学者认为，可以采取"原则否定，约定例外"的立法态度。即在法律上不直接承认个人数据主体的法定收益权，但允许个人通过合同与企业约定收益分配。这种方式既尊重市场机制，也能保护个人的在先权益。

2. 数据收益分配的实践问题

在实践层面，收益分配的问题主要涉及数据产品服务的生产成本难以核算，数据运营单位与政府部门之间进行收益拨付的沟通问题，数据流通体系中的监管核算职能不明确。为解决这些问题，可以从明确各方主体的角色定位着手，通过优化更为合理的角色安排来解决当前收益分配制度中存在的一些问题。

第一，将数据运营单位作为收益拨付主体，完成从市场到政府的收益拨付，财政部门负责政府内部之间以及政府到数据关联主体的收益拨付。这种利益分配制度设计有利于帮助数据运营单位避免反复地和不同政府部门进行沟通，能够显著提高收益分配的效率和公平。

第二，明确监管核算主体。数据管理部门作为整个数据流动体系的中枢，同时相较于其他部门具有更强的专业性，可以将其作为监管核算的统一主体。通过整合数据流通各阶段的监管核算体系可以明确各主体的投入贡献，形成清晰的收益分配账单。

第三，将政府各部门统一为一个收益主体。可以将财政部门作为一代表整个政府的投入贡献主体，并由其接受数据运营单位的收益拨付，至于数据提供部门和数据关联主体作为投入贡献主体所应接受的拨付，由财政部门负责。

3. 数据收益分配的制度基础

数据要素收益的制度基础主要围绕"数据资源持有权"展开，其核心在于数据使用者是否具备保有数据收益的合法性。在数据经济中，数据要素收益初次生成于数据使用者处，数据使用者的收益保有权基于"数据资源持有权"，而这一权利建立在合法使用行为的基础上，涵盖使用利益、劳动经营利益和反射利益。此外，关于个人数据主体人格权的附属财产价值，不应认为其具有数据财产权利的性质，但基于对其人格要素的控制性利益，可以享有补偿请求权，从而将人格权的使用利益合理分配。

有观点认为，发展数据要素市场不仅需要明确数据权属问题，还要进一步以所有权为原型确认数据财产权。更有学者认为，可以通过权能分割理论设计出用益权与所有权的二分结构。还有学者认为，以权利束为理论基础，构建数据权益网状结构，包容权益主体的多方性和权利内容的多元性。

可以确定当前取得的共识是，数据要素的高效流通需要建立有效的激励机制，从最基础的法律关系开始判断，数据要素收益主要集中于数据主体和数据使用者、数据使用者与数据使用者之间进行分配。为了确保数据要素的高效流通和合理分配，需要通过用益补偿规则，将数据收益在数据主体与使用者之间，以及不同使用者之间进行合理分配。用益补偿规则不仅要平衡个体权利与社会福祉，还应根据不同的价值标准分配数据收益，确保社会整体的正义与公平。

（六）数据安全监管制度

近年来，人类正高速跨入数字化社会。但物联网、大数据、人工智能和云计算等新技术的应用，导致企业的受攻击面不断扩大，传统的网络边界持续瓦解，对数据安全提供法治保障提出迫切的要求。我国的数据安全监管制度可被归纳为以下几方面：

1. 安全技术

安全技术在数据安全监管中扮演着重要的角色，为数据的法律合规性、伦理责任和风险控制提供了坚实基础。通过加密、访问控制和零信任模型等安全措施，安全技术不仅确保了数据的安全性和隐私性，而且促进了数据治理的透明度和公正性。

（1）加密技术是数据安全的核心，它通过算法将原始数据转换成不可读的格式，只有拥有正确密钥的人才能解密。对称加密如 AES 使用同一密钥进行加密和解密，速度快，适用于大量数据；非对称加密如 RSA 使用一对公钥和私钥，公钥加密的数据只能用私钥解密，适用于安全传输密钥。哈希算法如 SHA-256 用于验证数据完整性，一旦数据被篡改，哈希值将发生变化。

（2）访问控制确保只有授权用户才能访问特定数据。它基于用户身份进行权限分配，如基于角色的访问控制（RBAC）根据用户的角色分配权限，基于属性的访问控制（ABAC）则根据用户属性如部门、职位等进行权限控制。访问控制还涉及身份验证，如多因素认证（MFA），它要求用户提供多种身份验证方式，增强账户安全性。

（3）零信任安全模型是一种新兴的安全理念，它不再假设内部网络是安全的，而是对每个访问请求都进行严格验证，无论请求来自哪里。这种模型要求持续的认证和授权，以及对网络流量的实时监控和分析。零信任模型通过最小化数据暴露面，限制潜在的攻击范围，提高了系统的安全性。

总而言之，加密技术保护数据不被未授权访问，访问控制确保只有授权用户才能访问数据，而零信任模型则提供了一种持续验证和监控的机制，共同构建了一个全面的安全防护体系。

2. 核心机制

近年来，分类分级监管制度、安全审查制度、数据安全责任制度等一系列制度在我国数据安全治理的实践中形成，并最终演化为我国数据安全治理的基本制度。

（1）分类分级监管制度。"安全"作为一个外延相对模糊的法律概念，只有对其展开类型化分析方能被精准度量。基于此，我国在近十年逐渐形成了对不同风险类别的数字活动施行差别化监管的分类分级监管制度。分级的内容极为广泛，这里选取平台分类分级、人工智能风险分级和算法分类分级进行介绍。

其一，对平台进行分类分级，其主要目的是根据平台的规模大小与角色定位来确定其对应的安全责任并进行相应监管。2018 年 4 月，召开的全国网络安全和信息化工作会议指出要"压实互联网企业主体责任"，为我国互联网安全治理提供了指导思想。2021 年 10 月，《互联网平台分类分级指南（征求意见稿）》和《互联网平台落实主体责任指南（征求意见稿）》发布，将我国的互联网平台分为超级平台、大型平台、中小平台三级，并课以不同程度的安全保障义务。例如，鉴于超级平台具有"超大用户规模、超广业务种类、超高经济体量和超强限制能力"，《互联网平台落实主体责任指南（征求意见稿）》对其采用了不同于大型平台、中小平台的规制方式，明确超级平台应当做好数据安全审查、设置合规部门、每年至少进行一次风险评估等安全义务。

其二，以风险为中心的分级管理在人工智能领域尚未在国家层面确立，上海、深圳出台的人工智能产业条例对此进行了探索。例如，上海于 2022 年 9 月出台了《上海市促进人工智能产业发展条例》，其第 65 条明确将人工智能产品和服务分为高风险和中低风险两类。对于前者实行"清单式管理，遵循必要、正当、可控等原则进行合规审查"。而对于后者则采用"事前披露和事后控制的治理模式，促进先行先试"。总的来说，无论是上海还是深圳经济特区的人工智能条例，虽然都确立了分级监管，但并未展开进行更为具体、明确的制度设计。原因是分级监管制度设计的核心在于不同主体的权益配置，在我国的立法体制下，属于中央事权的范畴，地方立法探索的空间有限。另外，两地立法都具有浓厚的产业立法的特征，治理法的成分不足，可能是有意为之的理性选择。

其三，算法被视为数字经济的核心驱动力，在赋能数字经济发展的同时也引发了诸如算法黑箱、算法歧视、算法操控等诸多问题，因此，完善算法分类分级的治理机制已成为数字安全治理的应有之义。2021 年 11 月，《互联网信息服务算法推荐管理规定》公布，提出根据算法具体应用场景或其引发的风险等级进行区别判断的分类治理思路，为引导算法向善，保障数字安全提供了积极指引。未来，应注重算法治理与数据治理和平台治理的有机联结，注重平台分类分级、数据分类分级与算法分类分级的适当结合。

（2）安全审查制度。2012 年，中国电信设备制造商华为和中兴先后在美国以"未通过安全审查"为由遭到调查，客观上促进了我国安全审查制度的完善。在随后的 10 年间，我国逐渐形塑了以国家安全审查、数据安全审查和网络安全审查为主要内容的安全审查体系。我国国家安全审查制度集中体现于《中华人民共和国国家安全法》（简称《国家安全法》）第 59 条至第 61 条，主要涉及审查主体、审查范围等内容。其中第 59 条明确规定了我国对"网络信息技术产品和服务"进行国家安全审查，为网络安全审查和数据安全审查制度的建立提供了依据。在《国家安全法》第 59 条的基础上，《中华人民共和国网络安全法》（简称《网络安全法》）《网络安全审查办法》等规范性文件，从审查主体、审查范围、审查对象、审查程序以及审查决定的救济等方面为我国实施网络安全审查提供指引。《中华人民共和国数据安全法》（简称《数据安全法》）与《关键信息基础设施安全保护条例》等法律法规则搭建起我国数据安全审查制度的大致框架。前者第 24 条明确规定对影响或者可能影响国家安全的数据处理活动进行国家安全审查。后者第 19 条也对采购网络产品和服务可能影响国家安全的运营者设置了数据安全审查的义务。

安全审查制度在不断完善的同时，其内部各种具体审查制度之间的关系还有待进一步梳理。2022 年 2 月实施的《网络安全审查办法》第 2 条将"网络平台运营者开展数据处理活动"纳入网络安全审查的适用范围。对此，有学者对数据安全审查之于网络安全审查制度的独立性提出怀疑，认为网络安全审查与数据安全审查是包含与被包含的关系。诚然，数据安全审查与网络安全审查在启动条件、审查主体等方面确有重叠，但这并不妨碍数据安全审查成为一项独立的安全审查制度。一方面，数据安全审查有其独立的法律依据，《数据安全法》第 24 条可为数据安全审查制度的独立性提供了法律层面的依据；另一方面，网络安全与数据安全并非同一事物，两者在内涵上有部分重叠，但并非简单的包含与被包含的关系。相应地，网络安全审查并不能完全涵盖数据安全的全部内容，确立独立的数据安全审查制度确有必要。当然，目前与数据安全审查相配套的启动条件、审查流程、对审查决定的救济手段等内容尚不明确，亟须在未来的数据立法中予以完善。

3. 重要数据

《数据安全法》根据对"国家安全"的影响效果，将数据分为"重要数据"和"一般数据"，并对重要数据的处理者提出了更高程度的数据安全保障义务。如何认定重要数据，是一个值得深思的问题。重要数据并不是一种从组织内部出发、基于业务的数据分类，而始终站在数据背后的重要价值的保护之上。区别于一般数据，重要数据一旦被泄露、损毁、篡改、滥用，可能会带来严重后果，其背后更多牵涉的是国家安全和重大的公共利益。2022 年 1 月公布的《信息安全技术重要数据识别指南》（征求意见稿）便体现了这一思路，从是否"直接影响国家主权、政权安全、政治制度、意识形态安全"，是否"直接影响领土安全和国家统一"等 14 个方面认定重要数据。

二、数据分类确权规则体系[*]

自 2019 年党的十九届四中全会通过的《中共中央关于坚持和完善中国特色社会主义制度 推进国家治理体系和治理能力现代化若干重大问题的决定》明确将数据确定为一种与劳动、资本、土地、知识、技术、管理相并列的生产要素以来，国家多项政策文件强调了完善数据产权规则的重要性。在此基础上，中共中央、国务院《中共中央 国务院关于构建数据基础制度更好发挥数据要素作用的意见》（以下简称"数据二十条"）提出探索数据产权结构性分置，建立公共数

---

[*] 包晓丽，北京理工大学法学院助理教授。

据、企业数据、个人数据的分类分级确权授权制度。但是，既有研究主要从安全角度或者合规角度对数据进行分类，而以权利配置为目标展开数据分类确权的研究较少。正如传统对物权和知识产权的研究需要对客体进行类型化区分一样，对于不同类型的数据而言，其权利配置与权利行使规则也不尽相同。一维、线性的权利逻辑在数据场景中难以有效展开，必须构建多维、矩阵化的分类确权规则体系。

（一）数据司法纠纷反映的争议问题

近年来，数据权属纠纷的数量呈现快速增加趋势，但数据产权法律规则的缺位导致司法裁判面临案由不明确、认识不统一、依据不充分等问题。同时，司法案例作为反映数据要素市场各参与方利益冲突的缩影，为构建现实可行的数据产权法律规则，提供了鲜活的案例参考。既有司法裁判反映出来的争议问题体现为三个方面：

第一，既有讨论在概念使用上存在混乱重叠、逻辑不清的问题。无论"数据二十条"还是既有司法裁判，都习惯使用个人数据、企业数据和公共数据这三个概念，但这三个概念在并用时总会出现某种紊乱。个人数据一般指与个人相关的各种数据，其争议尚不突出。然而，企业数据和公共数据均具有两种以上的可能含义。企业数据一是可以表示关于某企业的数据；二是指由企业收集、加工、传输、分析的数据。公共数据面临相同的问题，它一般指由公共部门在履行行政管理职能过程中控制或处理的数据，但有时又指来源于公共领域的数据，如气象、地理等自然资源数据，还有可能指为了公共目的处理的数据。个人数据、企业数据、公共数据的概念界定之所以出现内涵不清、关系错乱问题，是因为未能坚持统一的分类标准，导致概念的定义维度不同。尽管企业数据和公共数据有多重可能的概念解释路径，但服务于判断不同数据处理者法定义务的差异，本部分从处理者身份的公私属性差异出发定义公共数据与企业数据。

第二，数据财产的确权规则和流通规则缺乏法律规定，导致各方对数据处理者的权利范围及其保护方式存在认识分歧、法官自由裁判空间大。审判中，数据原始处理者主张自己对数据的收集、存储付出了时间与金钱成本，因此享有数据财产权，第三方数据企业不得肆意爬取或者不正当攫取数据原始处理者收集开发的原始数据和衍生数据。但是，第三方数据企业主张数据原始处理者收集的原始数据不过是个人信息的汇总，并且依据"法无禁止即自由"的民法基本原则，其只需获得个人授权即可通过技术手段从原始处理者处获取并使用数据。数据上的多元主体和多重权利特征，使以所有权为核心构建的物权理论难以适用。数据产权法律规则的缺位空白，直接导致了法官在促进数据共享流通与保护原始数据者权益之间进退两难。虽然《反不正当竞争法》可以在一定程度上解决数据纠纷，但也难以回答非竞争关系和数据担保情况下的数据权属争议问题。

第三，已公开公共数据的处理规则尚未确立。与企业数据不同，公共数据的规范重点并非明确权属，而是在确保安全的前提下最大限度促进数据开放共享、发挥数据要素价值。如今，公共数据特别是与个人信息无关的公共数据蕴藏的巨大开发价值已经被企业敏锐察觉，如企查查、墨迹天气等应用软件利用已公开公共数据提供专业信息查询服务。在此过程中，存在数据授权规则不清、数据质量保障义务和安全保障义务缺乏等问题，导致了产业发展引领在先，法律规则略显滞后的局面。《数据安全法》已经意识到公共数据的要素开发价值，而非信息监督价值，因此就公共数据分类分级和一般公共数据的开放利用问题作出原则性规定。但是，这些规定不能回答利用公共数据进行商业化开发是否需要付费、向谁付费以及数据准确性与安全性保障义务等问题。数据产权规则应进一步明确不同类别公共数据的开发利用规则。

（二）法律关系视野下的数据权利主体

法律规则是通过界定人与人之间的法律关系，从而划定人在外在世界发展中所需的安全与自由的空间。换言之，当需要构建一种法律规则时，其实是在分析其中的法律关系。数据问题也不例外，最核心的同样是明确数据法律关系主体、客体和内容。基于此，本部分从不同参与者在数据生产、流通、加工利用全生命周期中扮演的角色差异入手，细化评述"数据二十条"中的数据来源者和数据处理者，并以此为基础回答公共数据、企业数据、个人数据如何分类确权的问题。

1. 数据来源者：区分个人与非个人主体

就数据来源主体而言，在《民法典》确立了主体以是否具有生物属性为区分标准，且《个人信息保护法》就自然人个人信息权益作出特殊规定的背景下，数据来源主体可被划分为自然人主体与非自然人主体。数据来源实际上是数据"关于"的对象，是对特定对象的描述。数据来源的判断不以数据来源的载体形式为标准，而以内容指向或联系的对象为标准。对于来源于个人的数据，数据来源者可以依据《民法典》与《个人信息保护法》的规定主张个人信息权益，包括知情同意、查询、复制、可携带等积极权能，也包括更正、删除、反算法与自动化决策等消极权能。然而，个人数据来源者能否主张财产权益或言报酬请求权，既有研究存在较大分歧。

除自然人以外，数据来源主体还包括法人、非法人组织等各类组织（如企业工商登记数据、行政处罚数据、税收缴纳数据等）以及自然界（如气象数据、空气质量数据、天体数据等）。既有法律条文尚未就非个人来源者的法定在先权益作出规定，但既有司法裁判已就非来源个人的数据发展出"数据来源合法、注重信息时效、保障信息质量与敏感信息校验"等四项数据处理的基本原则。

2. 数据处理者：区分公共与非公共主体

根据数据处理者身份的公私属性，可以将处理者区分为公共数据处理者与非公共数据处理者。相应地，公共数据是国家机关、法律法规授权的具有管理公共事务职能的组织和提供公共服务的国有企事业单位等具有公共属性的主体在履行公共管理和服务职责过程中产生、获取的数据。非公共数据是企业基于经营需要或者通过用户授权的方式产生、收集的数据。

就数据处理者权利的原始取得而言，目前学界达成了高共识，即数据处理者在数据收集完成时取得数据财产权。关于数据来源差异对数据处理者权利的影响，既有研究在区分"数据是否承载个人信息"和"数据是否已公开"的基础上展开。对于个人数据，企业享有控制和使用数据的权利，但并不当然享有处分、收益的权利，权利范围需要结合用户意思表示的内容加以判定。对于非个人数据，企业享有较为完整的权利内容，但不得不合理地限制非个人数据来源者的查询、复制、更正和在合理范围内请求转移相关数据的权利。对于已公开数据，第三方数据处理者享有进一步分析和利用数据的自由，但该权利同样受制于竞争法和合理对价规则的限制。对于半公开或未公开数据，数据原始处理者可以主张企业商业秘密或者数据库权利。

（三）分类确权模型下的权利结构与权利内容

"数据二十条"在区分数据来源者与数据处理者的基础上配置相应的数据权利。相应地，确权是明确各方主体的权利边界及其内容，并在总结交易实践基础上抽象出标准化权利模块。与物权不同的是，除人格利益、公共利益等法定在先权益以外，数据财产权并不奉行法定主义，而以当事人约定优先。"数据二十条"关于数据产权结构性分置的规定，仅发挥提示指引与鼓励交易的作用。当事人可以约定"数据二十条"规定的持有权、使用权和经营权以外的其他数据权利，也可以约定数据处理者只享有数据三权中的部分权利。

1. 数据来源者的权利结构与权利内容

对于来源于个人的数据而言，一个重要的争议问题是原始处理者向他人提供个人数据时，是否需要取得个人的再次同意？根据《个人信息保护法》第23条的规定，数据原始处理者通过整体转让、许可使用等方式向他人提供原始数据的，已经超出了用户授权处理者在自有平台加工处理信息以换取对应服务的真实意思范围，需要获得个人的单独同意。可见，对于非公开个人数据而言，企业的权利类型和权利内容以授权范围为限，即企业究竟仅限自用还是可以再授权他人使用数据，取决于用户与企业之间的约定。在双方没有约定或者约定不明的情况下，个人数据原始处理者的经营权仅限于衍生产品经营的范畴；对外提供原始或者简单去标识化处理后的个人数据的，应当取得个人单独授权。①

对于已公开的个人数据而言，《个人信息保护法》第 27 条已明确了数据处理者可以在合理的范围内处理个人自行公开或者其他已经合法公开的个人信息，而无须取得个人的授权同意。结合新近裁判意见不难发现，在已公开个人数据的利用场景下，微博脉脉案提出的用户再同意规则已被改变。《个人信息保护法》第 27 条最终条文也放弃了"符合初始公开用途"的限定要件，转而采用了"合理范围"的表述。关于合理范围的认定规则，欧盟采用了"适当性标准"，美国则适用"场景中合理标准"。根据我国《个人信息保护法》，我们不妨从反面理解何为合理范围，即第三方的处理数据行为符合个人隐私预期、未对个人带来重大不利负担、不对数据原始处理者财产利益带来重大不利影响。

对于来源于企业的数据，根据《企业信息公示暂行条例》，拟获取企业未公示信息的，必须取得企业的同意；企业有权查询和复制已公开企业信息，若发现信息不准确的，可以请求更正；企业信息涉及国家秘密、商业秘密或者个人隐私的，不得公开；企业被移出严重违法企业名单后，可主张"被遗忘权"以使企业免受长期性负面评价。

对于来源于自然界的数据，我们难以径直得出来源于自然界的数据属于国家所有这一结论，不妨从有效规制数据处理者行为的角度，完善数据采集、加工和经营活动的制度流程。《数据安全法》明确提出数据分类分级的规制目标，这意味着，等级越高的数据，数据处理者负担更严格的安全保障义务，并具化为采集资质审批、成果汇交的形式、成果使用的涉密程度等方面的差异化要求。

2. 数据处理者的权利结构与权利内容

"数据二十条"提出对数据处理者配置数据持有权、使用权、经营权的三权分置产权框架。一定程度上消解了前文提到的理论研究和司法裁判关于规制数据处理者是采用赋权模式还是行为规制模式的纷争。不过，仅有三项概括性权利概念尚不能有效解决现实问题，尚需细化权利的对象及权利的边界，方能为司法实践更好地提供裁判指引。

一是以"控制"为核心的数据资源持有权。就企业收集的数据而言，无论是经专门的数据交易取得，还是在提供网络服务过程中顺带获得的数据，抑或是

---

① 对个人数据处理者经营权进行限制尽管会在一定程度上降低现有可流通数据的数量，但这同时会增强个人的信赖和安全感，并在未来增加总的数据供给量。以基因检测数据为例，当前阻碍用户进行基因检测的一个重要原因即在于用户不知道自己的基因数据后续会如何被经营流转，如果明确数据处理者经营权特别是对外经营权的行使必须以用户明确授权为前提条件，可以在一定程度上增加基因检测的人数，提高总的数据供给量。

自行开发的衍生数据产品，数据处理者都基于实质性投入而对相应数据享有事实上的持有权。未经数据处理者同意或者非履行法定职责或法定义务所必需，他人有义务尊重数据处理者对数据事实上的持有状态，而不得随意访问、复制、篡改、破坏或者删除，否则应当承担侵权责任。

在承认数据处理者持有状态自主可控的前提下，为了避免在先持有人囤"数"居奇的现象发生，法律有必要赋予特定第三方企业对数据的强制许可使用权，并通过《民法典》第494条规定的强制缔约规则来促进数据要素的合理流动。为构建良性的市场竞争环境，国务院反垄断委员会《关于平台经济领域的反垄断指南》第14条和第21条明确规定了，控制平台经济领域必需设施的经营者具有强制缔约的义务，处于被支配地位的第三方因此取得必要数据资源的强制许可使用权。

二是以"加工"和"自用"为重点的数据加工使用权。"数据二十条"所称的数据加工使用权，可以进一步区分为数据加工权与数据使用权。我们将数据放置到生产要素的高度，正是基于使用数据能够提高生产效率，推动经济社会高质量发展。相应地，数据加工使用权成为数据处理者的一项重要权利，它体现的是数据处理者自用而非许可他人使用的权利。一方面，从文义解释来看，"使用"二字本身就蕴含了自己使用之义，而许可他人使用更多体现的是获利的范畴。另一方面，从体系解释来看，数据使用权对应于自用、数据经营权对应于他用正好完整构建了数据价值实现的全流程体系。数据的使用价值体现在以数据处理者为观察对象的降本增效、开发利用活动中，主要是为数据处理者自身带来福利。数据的他用价值体现在以数据处理者为圆心向外辐射的经营活动中，既包括数据流通产生的收益，也包括数据产品销售产生的收益，关注数据为原始处理者以外的第三方带来的好处。

三是以"营利"与"非营利性"为两翼的数据经营权。"数据二十条"所谓的"数据产品经营权"实际上并不能充分展现数据要素的各类经营形态，主要有三个方面的缺憾：第一，权利人不仅可以就数据衍生产品进行经营性活动，还可以对部分原始数据进行直接经营性行为。第二，除营利性经营外，公共数据表现为非营利性运营。第三，除权利性处分外，对数据的处分行为还包括物理性处分。权利人既可以对数据作不可逆的修改、不可逆的删除，也可以对数据进行让渡性处分。

梳理既有交易实践我们发现，数据经营权的具体行权方式包括五类典型场景：数据整体转让、数据许可使用、衍生数据产品销售、数据质押融资和数据出资入股。在经营对象上，既包括经过分析处理的衍生数据产品，也包括经过匿名化处理的结构化数据集，还包括取得数据来源者同意或者非来源于个人的原始数据。至于数据继受处理者是否享有经营收益的权能，需要区分继受取得的方式进行判断。通过数据整体转让方式获得数据的，继受处理者当然取得数据经营收益权。通过许可使用方式获得数据的，继受处理者的权利范围取决于许可使用合同的约定。若合同约定继受人有权经营数据的，受让人取得数据经营权；反之，不享有数据经营权。通过质押担保方式取得数据期待利益的，满足担保权行权条件的情况下，质权人获得处分数据以偿还主债的权利。

三、公共数据授权运营机制建设[*]

为有效破解公共数据要素配置困境，2021 年 3 月以来，陆续出台的《中华人民共和国国民经济和社会发展第十四个五年规划和 2035 年远景目标纲要》《全国一体化政务大数据体系建设指南》《中共中央 国务院关于构建数据基础制度更好发挥数据要素作用的意见》《中共中央办公厅 国务院办公厅关于加快公共数据资源开发利用的意见》等系列政策文件均提出探索开展公共数据授权运营。在国家战略部署下，学界和各地方政府从理论和实践两个层面积极探索公共数据授权运营机制，初步明确其主要内容，但在实践中，授权运营机制建设存在部分问题，需要从多个方面促进授权运营机制，以促进未来发展。

（一）公共数据授权运营机制建设主要内容

公共数据授权运营机制包含产权运行、产品定价、产品供需、收益分配、考核评估以及安全保障等机制，覆盖公共数据授权运营全流程。

1. 产权运行机制

"数据二十条"提出分类分级确权授权制度，并明确指出根据数据来源和数据生成特征，分别界定数据生产、流通、使用过程中各参与方享有的合法权利，建立数据资源持有权、数据加工使用权、数据产品经营权（以下简称"三权"）等分置的产权运行机制。"数据二十条"发布后，学者们围绕产权结构性分置下一般的数据权利配置以及针对公共数据的确权授权已经形成一批开创性成果。一是"三权"的内涵，当前的研究和多地实践从理论层面初步厘清了三种权利的内涵。数据资源持有权的概念旨在明确数据的初始归属主体，确认数据生

* 张会平，电子科技大学国家治理与公共政策研究院副院长、公共管理学院教授；李晓利，电子科技大学公共管理学院硕士研究生。

产者在数据生产活动中的贡献，并赋予其对数据的实际控制与支配权，而不完全等同于传统意义上的所有权、控制权或使用权。数据加工使用权指被授权实体对原始数据进行处理和分析以提取信息或生成新数据集的权利，需在确保数据内容一致性及满足安全要求的前提下行使。数据产品经营权允许数据运营单位将加工处理后的数据以多种形式进行商业化运营并获取经济回报。二是"三权"的分置，已有研究基本上都是主张数据提供单位，也就是政府部门和负责（或参与）提供公共服务的企事业单位享有数据资源持有权，而数据运营单位享有公共数据的加工使用权以及形成产品和服务的经营权。基于已有研究以及"数据二十条"和地方公共数据授权运营管理办法，构建公共数据授权运营产权运营机制，如图2-1所示。

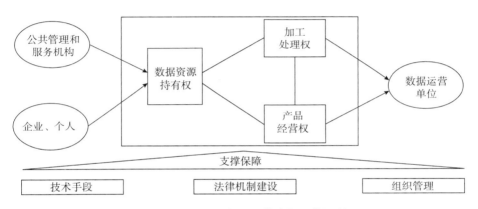

图2-1 公共数据授权运营产权运营机制

资料来源：根据公开资料绘制。

2. 产品定价机制

定价是公共数据产品交易的前提和关键，由于公共数据要素的复杂性，目前公共数据授权运营实践面临着"定价难"困境。"数据二十条"指出"支持探索多样化、符合数据要素特性的定价模式和价格形成机制，推动用于数字化发展的公共数据按政府指导定价有偿使用"。在"数据二十条"的指导与支持下，地方公共数据产品定价实践逐渐形成了政府指导定价、政府备案定价、市场调节定价三种定价机制。政府指导定价指政府根据公共数据授权运营的目标和产品特性制定定价规则，运营单位据此确定具体价格。尽管这种机制在实践中占据主导地位，但对于具体规则的制定者及方法，各地仍在探索中。市场调节定价是通过买卖双方在市场交易中自主协商确定价格。例如，《海南省公共数据产品开发利用暂行管理办法》规定，数据产品交易定价遵循市场化原则，允许交易双方通过协议、竞争或第三方评估来定价。政府备案定价介于上述两者之间，即运营单位自主定价，但需将定价依据、应用场景等信息向政府备案。这种方式既赋予了运营单位一定的灵活性，又保持了政府的监管作用。

3. 产品供需机制

公共数据授权运营的供需机制由需求机制与供给机制组成（见图2-2）。需求机制包含需求产生、获取、申请及审核四个环节。需求产生基于实际应用导向，通过对地方公共数据授权运营办法的不完全统计，医疗、交通、金融、文旅等领域的数据需求最为突出。需求获取可通过使用单位提交、运营单位收集或市场挖掘等方式实现，实践中通常需要多种方式协调形成组合拳。需求申请机制要求运营单位将模糊需求转化为具体用数需求，并依规向相关部门提出申请，此过程涉及申请对象、方式及原则的确定。需求审核机制由相关单位对申请进行审查，确认合法合规后提供数据，依据审核主体数量分为单主体审核和联合审核两种模式。供给机制涉及数据供给、质量完善与供给激励等方面。数据供给方面，地方在实践中通过多元措施提高数据供给能力，如构建公共数据共享平台、建立公共数据资源目录体系、建立数据分级分类制度以及推动公共数据资源归集管理等。质量完善是确保数据资源有效利用和价值提升的重要环节，由数据质量监测和评价机制、问题数据纠错机制与异议核实与处理机制组成。供给激励为公共数据和数据产品持续供给提供动力，通过正负双轨驱动，有效激活数据提供主体的积极性。正激励机制聚焦于收益分配与评估奖励，负激励机制则通过严格的监管措施实施约束。这些机制相互联系、相辅相成，最终构成供需机制整体。

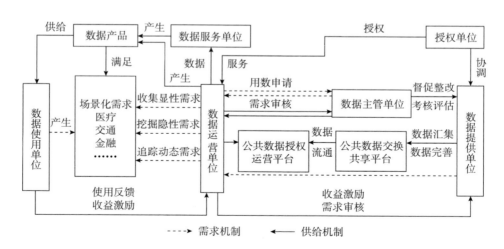

图2-2 公共数据授权运营产品供需机制

资料来源：根据公开资料绘制。

4. 收益分配机制

收益分配机制是公共数据授权运营中的敏感问题，合理分配数据产生收益，平衡各方利益诉求，是确保运营持续发展的关键。近年来，深圳福田区通过不断实践探索，形成一条收益分配机制的可行路径。福田区采取"非税收收入+补偿服务"收益分配机制（见图2-3）。在《福田区公共数据授权运营暂行管理办法》中规定了"依据国家和省、市有关规定，遵循'用于公共治理、公益事业的公共数据有条件无偿使用，用于产业发展、行业发展的公共数据有条件有偿使用'的原则，区公共数据主管部门会同财政、价格等主管部门，开展公共数据资源有偿使用的研究"。对于此，公共数据授权运营产生的非税收入按照《福田区政府非税收入管理办法》规定，实行"收支两条线"管理，通过国库单一账户体系收缴、存储、退付、清算和核算。授权运营单位按照公共数据授权运营协议约定，在授权范围内对相应公共数据资源进行加工处理、产品开发，对投入实际劳动和技术产生的公共数据产品和服务可获得相应市场收益。法律另有规定或者当事人另有约定的除外。公共数据授权运营服务平台可视情况采取有偿使用机制，应以平台基础设施的资源消耗，以及数据脱敏、模型发布、结果导出服务等成本核算为基准，具体在平台服务协议中明确。对于调取量较大、更新频率较高、数据质量要求较高的公共数据资源，区公共数据主管部门、数源部门、授权运营单位可在公共数据授权运营协议中约定数源部门提供公共数据资源相应的补偿方式，包括提供社会数据或技术服务等。

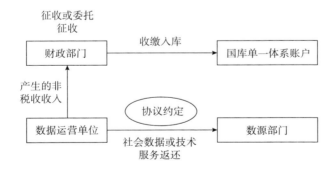

图2-3　深圳福田：非税收收入+补偿服务收益分配机制

资料来源：根据公开资料绘制。

5. 考核评估机制

考核评估机制是衡量公共数据授权运营效果的重要手段。通过梳理现有公共数据授权运营管理办法可以发现，目前对公共数据授权运营"评估"多于"考核"，大部分都不设置关于任何主体的考核机制。"评估"虽多，但都集中在关于数据运营单位的评估上，而关于数据应用场景的评估，对数据提供和数据监管的评估甚少提及。经过文本的统计分析得知，公共数据授权运营对考核机制并未十分关注，对评估的设置也仅在于运营单位的选择以及场景应用上。这符合公共数据授权运营当前运行的思路，先保证其在合理规范的轨道上运转起来，再保证其能高效有力地运行。考核评估机制的作用正在于此，当前虽较少设置有相关考核评估，但在后续的运行中，考核机制却是促进授权运行高效平稳的软约束。考核机制的作用有三个方面：一是在设置或加强数据供给考核评估机制的前提下，保证数据运营中存续有可运营开发的高质量的数据源泉；二是在关注数据运营的考核评估，不仅是为了数据运营单位的考察以保证运营服务的安全性，更是为了保证数据运营的具体成效；三是对于数据监管机制来说，考核机制设立有助于提高监管的动力进而促进运营合规透明。

6. 安全保障机制

安全保障机制是确保公共数据授权运营顺利实施的必要条件。安全保障机制重点关注数据运营、数据提供和数据开发利用等方面的安全。首先，数据运营从平台和单位两个维度出发构建安全保障机制，平台层次上加强了数据管理及运行维护的支撑保障，单位层次上强化了应用场景和重点领域的安全守护。其次，数据提供的安全保障，强调数据提供的主体即公共管理和服务机构或主管部门能做好本领域内部公共数据的治理、申请审核和安全监管。最后，数据开发利用的安全建设，做法上贯通了数据开发利用的模型审定、数据通道的安全审核机制以及数据产品的审查机制这一流程，保障开发利用端的数据、产品和开发利用通道的安全。在实践层面，主要形成了两种安全保障机制的总体建设思路：一种是成都市建立的数据提供、汇聚、运营和使用"四段式"安全管理机制，分别由数据提供单位、大数据中心、公共数据运营服务单位、数据使用单位（或个人）负责；另一种是浙江确立的各方按照"谁采集谁负责、谁持有谁负责、谁管理谁负责、谁运营谁负责、谁使用谁负责"的原则，落实数据安全责任，确保数据安全。

（二）公共数据授权运营机制建设存在问题

在公共数据授权运营机制建设过程中，面临着数据供给管理挑战、基础制度框架不健全及生态系统构建障碍等关键问题，这些问题共同作用制约了数据要素市场的健康发展与数据要素价值的有效释放。

1. 数据供给管理面临挑战

在推进公共数据授权运营的过程中，面临着数据供给动力不足、数据质量参差不齐以及数据分级分类标准难以统一等多重挑战，不利于数据要素的有效利用与价值释放。

（1）数据供给动力不足。当前，数据提供单位在缺乏足够激励的情况下，参与积极性不高。由于收益分配机制尚不完善，数据提供单位担心投入的成本得不到相应的回报，甚至可能因为数据泄露而遭受损失，因此不愿意主动参与到数据共享和开放的进程中。这不仅影响了数据的供给量，也限制了数据的多样化应用，进而影响了公共数据授权运营的整体效果。

（2）数据质量参差不齐。数据质量参差不齐制约了公共数据授权运营的效果。尽管部分地区已建立数据质量管理机制，但在全国范围内，数据质量提升仍是一个长期任务。低质量数据不仅影响可用性，还可能导致服务或产品存在缺陷，削弱公众信心。数据提供单位对质量把控不一，部分数据存在缺失或错误，这些问题需要通过更严格的质量管理机制解决。

（3）数据分级分类困难。不同部门和行业对于数据的认识和管理方式存在差异，导致数据分级分类标准难以统一。这不仅增加了数据管理的复杂性，也使数据在不同部门之间的流转变得困难，影响了数据的综合利用效率。随着数据量的增长，如何有效地对海量数据进行分类分级成为一个技术上的挑战，需要依靠先进的技术手段和统一的标准来解决。

2. 基础制度框架亟待健全

建立健全的基础制度框架是公共数据授权运营的关键，当前亟须解决数据产权不明、产品定价不合理以及安全保障不足等问题，以促进数据要素市场的规范化发展。

（1）数据产权制度不明确。尽管"数据二十条"提出了数据资源持有权、数据加工使用权、数据产品经营权等分置的产权运行机制，但在实际操作中，公共数据的权属划分仍然模糊。特别是在涉及个人信息和企业数据时，权属归属复杂，导致数据提供单位担心数据泄露带来的安全风险和法律责任，从而降低了参与意愿，阻碍了数据的有效供给。明确数据产权是推动数据要素流通的前提，需要进一步完善相关法律制度。

（2）产品定价原则不明确。在公共数据产品定价方面，缺乏明确兼顾公共性和经济性的定价原则，导致各地在公共数据产品定价实践中有所偏差。合理的定价机制应既考虑数据的公共属性，保障其普惠性，又需体现经济价值，激励数据的流通和利用。然而，当前各地在定价实践中未能平衡这两个方面，导致定价机制缺乏一致性，影响了数据要素市场的健康发展。

（3）安全保障制度不完善。现有的安全保障制度尚不完善，各地在数据安全监管的执行力度和效果参差不齐。缺乏有效的数据安全监管机制，无法确保数据在授权运营过程中的安全性和隐私保护。因此，需要进一步完善数据安全管理机制，确保数据在各个环节的安全可控。

3. 生态系统构建存在障碍

构建公共数据授权运营的生态系统面临多重障碍，包括生态构建内在矛盾、政企角色不清及区域行业差异，这些问题阻碍了多方参与和市场活力的激发，需要综合施策加以解决。

（1）生态构建存在矛盾。公共数据授权运营需要构建一个包含多个参与方的良好生态，但同时需要限制数据运营单位的数量。市场主体多样，需求各异，理想的生态应包含产品开发商、数据中介商和产品运维商。然而，出于安全考虑，各地在确定数据运营单位时非常谨慎。如成都最初仅选择了一家国资公司作为数据运营单位。数量有限的运营单位在生态构建上面临巨大压力，需承担多条产品线和服务团队建设任务，尤其在收益不多的情况下，前期投入较大。此外，缺乏竞争不利于生态构建，这影响了产权运行机制的构建。

（2）政企关系尚未理顺。政府与企业在公共数据授权运营中的角色和职责尚未明确，导致合作机制不顺畅。政府需确保数据安全和合规使用，而企业需提供高效的数据产品和服务。然而，在现行机制下，政府与企业在数据共享、数据使用等方面缺乏明确的职责分工和协作机制，导致数据运营单位在实际操作中面临诸多不确定性和风险，影响其参与积极性。

（3）区域和行业生态系统尚未成熟。区域和行业生态系统尚未成熟，不同地区和行业的发展阶段和特点决定了它们在推进公共数据授权运营时面临的挑战各不相同。区域生态系统的发展受到地方政策支持、基础设施建设、数据共享平台建设等因素的影响。而行业生态系统更多依赖于行业自身的数据需求及技术能力。由于不同地区和行业的数据需求及技术水平差异较大，导致生态系统构建难以形成统一的标准和模式，影响了整体推进的效率。

（三）公共数据授权运营机制建设发展路径

构建公共数据授权运营机制需从完善数据供给管理、健全基础制度框架及形成良好生态系统三个方面着手，以促进数据要素市场的规范化与可持续发展。

1. 完善数据供给管理

完善数据供给管理需通过增强供给动力、强化质量和推进分级分类实现，旨在建立一个高效、安全且可持续的数据生态环境，促进数据资源的优化配置与利用。

（1）提升数据供给动力。提升数据供给能力需要从正面激励和负面保障两个方面同时加强。在正面激励方面，将收益分配机制、评价考核机制与激励机制挂钩，使数据提供单位可以依据数据供给情况在数据授权运营中直接获益。在负面保障方面，通过多手段保障数据安全，减少数据提供单位的后顾之忧。

（2）强化数据质量管理。为提升数据质量，需建立全面的数据质量管理机制。具体措施包括制定统一的数据质量标准，确保数据的准确性、完整性和时效性；加强数据治理能力，提升数据提供单位的质量把控水平；通过定期审核和评估，确保数据符合标准；利用先进技术手段，如数据清洗和验证工具，消除数据中的缺失或错误。高标准的数据质量管理不仅能增强数据的可用性，还能提升公众对数据服务的信任，促进数据的广泛应用。

（3）推进数据分级分类。为提高数据管理效率和安全性，需推进数据分级分类。具体措施包括制定统一的数据分级分类标准，确保数据管理的一致性和规范性；利用先进的技术手段，如自动化分类工具，提高数据分级分类的效率和准确性；明确不同级别和类别数据的处理流程和权限，减少数据管理的复杂性；通过培训提升数据管理人员的能力，确保数据在不同部门间的高效流转。统一的数据分级分类标准有助于提升数据利用效率和安全性。

2. 健全基础制度框架

健全基础制度框架是公共数据授权运营的核心，需明确数据产权、合理定价并完善安全保障，以此构建起稳定、公正且安全的数据要素市场环境。

（1）明确数据产权制度。为解决公共数据授权运营中权属划分模糊的问题，需进一步明确数据产权制度。具体措施包括细化数据资源持有权、数据加工使用权、数据产品经营权等分置的产权运行机制；通过立法明确数据权属，降低数据提供单位的安全风险；完善相关法律制度，保障数据提供单位的合法权益，提高其参与数据共享的积极性；确保数据产权运行机制得到有效落实，推动数据要素的流通和利用。明确的产权制度是数据要素市场健康发展的前提。

（2）明确产品定价原则。为确保公共数据产品定价的合理性，需明确兼顾公共性和经济性的定价原则。具体措施包括制定指导性文件，明确公共数据产品的定价标准，确保其普惠性和经济价值的平衡；建立动态调整机制，根据市场变化适时调整定价策略；通过立法确立定价规则，确保定价机制的透明度和公平性；强化数据使用效益评估，确保数据产品和服务的价格既能反映其市场价值，又能保障公共利益。合理的定价机制将促进数据市场的健康发展。

（3）完善安全保障制度。为确保公共数据授权运营过程中的安全性和隐私保护，需完善安全保障制度。具体措施包括提升数据安全监管的执行力度，确保数据在各个环节的安全可控；制定统一的数据安全标准，规范数据处理流程；通过立法和技术手段，强化数据加密、访问控制和审计追踪等安全措施；定期进行数据安全培训和演练，提高相关人员的安全意识和应对能力；建立数据泄露应急预案，及时发现并解决安全隐患。完善的保障制度能够有效提升数据安全水平，增强各方参与的信心。

3. 形成良好生态系统

形成良好的公共数据授权运营生态系统，需平衡安全与发展的关系，发展新型政企合作关系，并推动区域和行业生态系统的成熟，以促进数据市场的多元化与协同化发展。

（1）平衡安全与发展的关系。构建公共数据授权运营生态系统需平衡安全与发展。在确保数据安全的前提下，需促进生态系统的健康发展。具体措施包括合理限制数据运营单位的数量，确保数据安全的同时，鼓励适度竞争，激发市场活力。通过选择资质优良的运营单位，如成都最初选择一家国有企业，确保数据管理的专业性和可靠性。同时，建立综合监管框架，促进数据共享与创新应用，减轻运营单位的前期投入压力。平衡安全与发展，既能增强数据使用单位信心，也能推动数据市场繁荣。

（2）发展新型政企合作关系。在公共数据授权运营生态系统中，政府与市场行动者需紧密合作。政府负责公共数据的安全提供与监管，而数据运营单位依据市场需求提供数据产品和服务。双方虽存在监管关系，但更多的是合作关系，尤其是在数据产品和服务的形成过程中，需数据提供、管理和运营单位的共同协作。数据使用单位的参与也需多方配合与支持，才能确保数据安全使用。推进公共数据授权运营需逐步形成共同治理逻辑，明确治理目标、方式、边界、规则与工具，促使各主体共同参与，推动生态系统健康发展。

（3）推动区域和行业生态系统的成熟。为推动区域和行业生态系统成熟，需针对不同地区和行业的发展阶段和特点制定相应策略。具体措施包括加强地方政策支持，推动基础设施建设和数据共享平台建设，提升区域生态系统的整体水平；根据不同行业的数据需求和技术能力，制定行业标准和最佳实践，促进数据的高效利用；通过跨区域合作，共享资源和技术成果，提高数据管理的一致性和有效性；鼓励行业内部的协同创新，形成统一的标准和模式，提升整体推进效率。这些措施有助于不同区域和行业形成成熟的生态系统，促进数据要素市场的健康发展。

第三章　流通交易

一、数据流通交易市场建设与发展[*]

早在 2015 年，国务院颁布的《促进大数据发展行动纲要》中就已经提及"鼓励产业链各环节市场主体进行数据交换和交易，促进数据资源流通"。近年来，我国多次在重大政策文件中，部署加快培育数据要素市场的有关任务。2022 年，《中共中央 国务院关于构建数据基础制度更好发挥数据要素作用的意见》发布，提出加快构建数据基础制度，促进数据合规高效流通，为数据要素流通交易指明方向，数据流通交易市场日渐活跃。

（一）数据流通交易市场发展现状

1. "数据二十条"及地方数据流通交易政策

"数据二十条"首次明确提出"建立合规高效、场内外结合的数据要素流通和交易制度"，包括完善数据全流程合规与监管规则体系、统筹构建规范高效的数据交易场所、培育数据要素流通和交易服务生态等。其中，数据全流程合规与监管规则体系提出，建立数据流通准入标准规则、建立数据分类分级授权使用规范、探索开展数据质量标准化体系建设、加快推进数据采集和接口标准化等规则；明确开放、共享、交换、交易这 4 种数据流通方式；统筹构建规范高效的数据交易场所提出，统筹优化数据交易场所的规划布局；建立健全数据交易规则；突出国家级数据交易场所合规监管和基础服务功能；构建多层次市场交易体系，推动区域性、行业性数据流通使用；构建集约高效的数据流通基础设施等。培育

* 沈婧怡，上海数据交易所研究院研究员。

数据要素流通和交易服务生态提出，培育一批数据商和第三方专业服务机构；通过数据商，为数据交易双方提供数据产品开发、发布、承销和数据资产的合规化、标准化、增值化服务；有序培育数据集成、数据经纪、合规认证、安全审计、数据公证、数据保险、数据托管、资产评估、争议仲裁、风险评估、人才培训等第三方专业服务机构，提升数据流通和交易全流程服务能力。

在国家政策引领下，北京、上海、浙江、福建、广东等地，根据区域发展需求和特点陆续出台了相应的地方性政策法规，鼓励、促进数据流通交易，为数据流通交易市场的发展提供了更为具体的政策指导和支持，具体政策如表 3-1 所示。

表 3-1　地方数据流通交易相关政策（部分）

地区	发布时间	政策名称
浙江	2022 年 10 月 19 日	《浙江省推进产业数据价值化改革试点方案》
北京	2022 年 11 月 25 日	《北京市数字经济促进条例》
	2023 年 6 月 20 日	《关于更好发挥数据要素作用进一步加快发展数字经济的实施意见》
	2023 年 7 月 21 日	《北京市贯彻落实加快建设全国统一大市场意见的实施方案》
	2023 年 11 月 10 日	《北京数据基础制度先行区创建方案》
上海	2023 年 7 月 25 日	《上海市促进浦东新区数据流通交易若干规定（草案）》
	2023 年 8 月 15 日	《立足数字经济新赛道推动数据要素产业创新发展行动方案（2023—2025 年）》
湖北	2023 年 3 月 2 日	《湖北省数字经济促进办法》
	2023 年 8 月 8 日	《湖北省数据要素市场建设实施方案》
	2023 年 11 月 7 日	《湖北省数据交易管理暂行办法（征求意见稿）》
	2024 年 7 月 23 日	《湖北省数据条例（草案送审稿）》
天津	2022 年 1 月 30 日	《天津市数据交易管理暂行办法》
贵州	2022 年 12 月 23 日	《贵州省数据流通交易管理办法（试行）》
	2023 年 7 月 23 日	《贵州省数据要素市场化配置改革实施方案》
	2023 年 7 月 25 日	《贵阳贵安推进数据要素市场化配置改革支持贵阳大数据交易所优化提升实施方案》
	2024 年 7 月 31 日	《贵州省数据流通交易促进条例》
广东	2023 年 4 月 4 日	《广东省数据流通交易管理办法（试行）（征求意见稿）》
	2023 年 6 月 8 日	《广东省人民政府关于进一步深化数字政府改革建设的实施意见》
	2024 年 6 月 24 日	《关于构建数据基础制度推进数据要素市场高质量发展的实施意见》

续表

地区	发布时间	政策名称
深圳	2021 年 7 月 6 日	《深圳经济特区数据条例》
	2023 年 2 月 21 日	《深圳市数据交易管理暂行办法》
福建	2021 年 12 月 15 日	《福建省大数据发展条例》
	2023 年 9 月 19 日	《福建省加快推进数据要素市场化改革实施方案》
广西	2024 年 1 月 23 日	《广西数据交易管理暂行办法》

2. 数据交易市场规模不断扩大

2016 年以来，我国数据要素市场发展迅速。据测算（见图 3-1），数据交易市场规模年均复合增长率超过 34.9%，2022 年数据要素市场规模达到 876.8 亿元，2025 年将突破 2046.0 亿元。伴随数据交易机构的设立和数据交易需求的发展，围绕数据采集、数据治理、数据产品开发、数据管理、数据存储、数据应用等数据流通交易相关业务，数据商企业增长迅猛。据《全国数商产业发展报告（2023）》，2013~2023 年，数商企业数量从约 11 万家增长到了超过 100 万家，特别是 2023 年，数据服务相关企业的新注册量达到高峰，超过 50 万家。这一现象反映了我国企业对于数据要素市场潜力的充分认可，并纷纷投身其中。

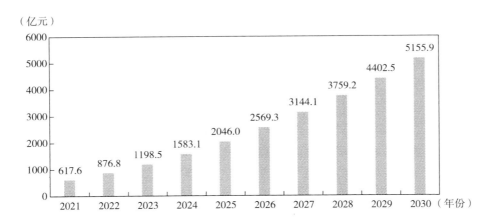

（亿元）

图 3-1 中国数据交易市场规模预测

资料来源：《中国数据交易市场研究分析报告（2023 年）》。

3. 数据流通交易应用呈现多元化

数据流通是数据资源、数据产品等在供需双方之间交换与转移的过程，包括开放、共享、交换、交易等方式。

（1）数据开放，是指提供方无偿提供数据，需求方免费获取数据，没有货币媒介参与的数据单向流通形式。这种方式通常是在互联网上通过开放数据门户或平台实现的，主要提供数据浏览、下载、API调用等功能。从数据来源看，包括各级党政机关、企事业单位依法履职或提供公共服务过程中产生的可开放的公共数据，以及社会组织、企业或个人等的一些可公开的数据。

（2）数据共享，是指在组织内部或不同组织之间共享数据资源，以实现更广泛的数据利用和获得更大价值的过程。从主要的数据共享主体看，包括政府部门之间的数据共享（政务信息共享），以及企业内部基于业务的部门之间数据共享、基于具体项目合作的跨企业或跨组织的数据共享等。

（3）数据交换，是指在不同组织之间的交换数据资源，通常涉及双向的数据流动，即数据在多个系统或平台之间进行传输。在数据交换过程中，有一定数据安全保护需求，需要采取加密、签名等安全措施保障数据的传输安全，确保数据能够在不同的系统或平台间正确、高效地流动，但不涉及数据权属划分等权益。

（4）数据交易，是指在数据供方和需方之间以数据商品作为交易对象，进行的以货币或货币等价物交换数据商品的行为。数据商品可以是原始数据，也可以是经过加工处理后的数据衍生产品。其中，数据交易方面，目前主要的数据交易方式有点对点交易、基于平台的交易、基于产业链上下游的联盟式交易。场外数据交易较为旺盛，主要以点对点方式进行，数据供需双方通过直接协商实现数据的采购和流转。现阶段，点对点的场外数据交易已具规模。以金融行业为例，大型商业银行每年向征信机构、运营商、公共部门采购超百亿元的外部数据。场外交易效率高但缺乏有效监管。场内数据交易正在稳步发展，许多地方政府以设立数据交易机构为抓手，鼓励集中式、规范化的场内数据交易。

（二）全国主要数据交易机构发展分析

1. 数据交易机构发展情况

从各地数据交易机构的建设看，大体上可总结为第一次爆发—降温—第二次爆发的三阶段特征。

2015~2016年，是数据交易机构建设的第一次爆发，各地政府和国有企业抓住契机，先行探索数据交易的机制和产品服务，一共成立了17家数据交易机构。最具代表性的是贵阳大数据交易所，在成立半年后达成了6000万元的交易额。

2017~2020年，各地建设数据交易机构的步伐放缓，4年间仅成立9家机构。

同时，早先成立的交易机构大多没有形成可应用可复制的商业模式，交易量明显下滑，部分机构停止运营或转变经营方向，优质数据供应商和大型互联网企业更倾向于搭建自己的数据交易渠道。据数据交易网统计，2015～2020 年成立的 26 家数据交易机构中，只有 5 家交易机构的最新动态更新到 2022 年 10 月。

2021 年至今，数据交易机构的建设进入新一轮热潮。截至 2024 年 3 月底，全国共计成立 49 家政府背景的数据交易机构，分布在 25 个省份。基本按照"国有控股、政府指导、企业参与、市场运营"的模式进行组建。

2. 数据交易机构发展特征

（1）打造特色交易板块。一是部分交易机构依托于区域基础和需求，打造特色交易板块。着力形成特色和比较优势，以此集聚企业、投资方和中介机构等主体，促进交易机构健康发展。例如，贵阳大数据交易所推出了气象数据专区、算力专区、政府数据开放专区等，基于当地灵活就业者较多的特点探索个人数据交易。西部数据交易中心基于重庆产业基础，上线全国首个汽车数据交易专区。广州数据交易所探索解决部分地区小微企业、个体户降本增效问题，基于打造陶瓷数据空间、众陶联交易证据链证书等产品，解决行业性难题。二是不同的交易所基于业务侧重也展现出不同特点。例如，在金融领域，北京国际大数据交易所为贯彻北京"深入推动数字金融创新实践，聚焦国家金融管理中心功能建设"的核心发展战略，金融数据专区构建以场景为牵引，主要是助力企业解决融资难题，为金融机构提供风险洞察、信用评估支持。上海数据交易所重点围绕交易前、交易中、交易后三大阶段，着力打造全链新型数商生态，为金融机构参与金融数据要素市场、金融数据要素高效流通，提供数据交易全链路保障和定制化增值服务。

（2）注重生态建设和同业合作。一是交易机构间加强数据产品互通互认。为推动数据统一大市场，提高数据流通交易效率，降低数据流通交易成本，越来越多数据交易机构开始探索数据产品等的互认互通，通过加强生态建设，建立朋友圈、联盟等形式，加强合作。例如，上海数据交易所联合数商协会，培育数商主体，建立数据交易链，推进十余省市实现"一地挂牌、全网互认"。深圳数据交易所联合开放群岛开源社区，建立数据要素服务工作站，推进数据产品对接、数据商主体交流合作。二是各大交易机构纷纷借力"赛会论展"多位一体的创新形式持续扩大影响。通过举办各类数据场景应用创新大赛、创新成果发布、主题展、高峰论坛等主题活动，加强数据交易机构间的信息互通、业务合作，持续提升数据交易渠道，扩大影响力。

（3）交易路径形式趋于一致。一是入场交易规则流程大体一致，大致分为八个流程：企业认证，数据卖方根据数据交易场所的指引进行企业登记、认证，申请交易凭证开通数据交易业务；产品合规评估、登记，数据卖方根据数据交易机构要求，对数据产品进行合规评估并登记；产品挂牌，数据卖方所售产品需具备数据交易机构要求的条件；交易准备，正式交易前数据卖方、买方需提供交易所需的相关信息，数据交易机构对提供的相关信息进行审核；交易磋商，买卖双方进行交易磋商，数据交易机构提供"在线撮合+服务"；交易合同的签订，由数据交易机构对交易合同进行审核及备份存证；交付结算，由数据交易机构建立交易资金第三方结算制度，由交易资金的开户银行或非银行支付机构负责交易资金的结算；争议解决，由数据交易机构制定、公布争议解决规则。二是数据交易形式以数据集、API查询调用为主。一般来讲，数据交易标的主要包括数据集、数据产品、数据服务、数据工具等。当前阶段，据天翼智库统计，截至2023年8月，数据交易所的交易以数据集、API为主，其中，API接口调用产品占比39.4%、数据集占比13.6%、数据应用占比8.4%、数据报告占比5.9%、其他占比36.1%。

（4）围绕数据产权登记、数据资产等积极探索。我国数据交易所就模式创新和可持续发展展开积极探索。各大数据交易所正积极探索数据资源化、资产化、资本化改革路径，努力构建产权制度完善、流通交易规范、数据供给有序、市场主体活跃、激励政策有效、安全治理有力的数据要素市场体系，打造数据流通交易产业生态体系。例如，在确权上，贵阳大数据交易所发布了全国首套数据交易规则体系，率先探索解决"数据确权难""数据定价难""数据监管难"，从交易主体登记、交易标的上架、交易场所运营、交易流程实施、监督管理保障五个方面进行规范，突出"数据供给有序、产业生态丰富、交易场所规范、安全保障有力"。

3. 数据交易机构发展面临的问题

（1）入场量有所增长，但活跃度有限。随着数据要素市场的加速发展，数商入驻和数据产品挂牌量持续增长。从入场数商数量看，截至2023年12月，上海数据交易所完成数商对接超1000家；截至2023年4月，深圳数据交易所入驻数商725家；截至2024年8月，贵阳大数据交易所入驻数商885家。从交易标的来看，头部交易所的挂牌量均突破1500+（见表3-2）。但从成交量看，据中国信通院等统计，2022年场内数据交易规模约为37亿元，2023年上半年，场内数据交易规模约为76.905亿元。预计到2025年，我国将出现数个百亿元交易规模的数据交易所。然而，绝大多数挂牌产品处于有价无市、无人问津的状态，数据供需双方无法达到有效对接，场内交易形式大多是先挂牌，再寻找潜在数据需求方，很大程度上降低了数据供需的匹配效率，同时存在信息差。部分交易机构处于半停运状态，数据交易机构整体交易量不足全国数据交易量的5%。

表 3-2　我国主要数据交易场所交易规模

机构	成立时间	交易规模（亿元）	入驻数商（家）	交易标的（个）
上海数据交易所	2021年11月	29.6（2024.07）	1000+（2023.12）	3000+（2024.07）
深圳数据交易所	2021年12月	105.39（2024.06）	725（2023.04）	1900（2023.12）
北京国际大数据交易所	2021年3月	45（2024.06）	500（2023.11）	2000+（2024.06）
贵阳大数据交易所	2014年12月	47.87（2024.08）	885（2024.08）	2194（2024.08）
广州数据交易所	2022年9月	52+（2024.10）	—	1500+（2024.2）

注：各家交易所数据产品的范围口径存在差异。

资料来源：根据公开资料整理。

（2）交易产品和场景相对集中，存在同质化竞争。数据产品供给区域化特征明显，一般本市本省居多，其他以北上广深、沿海地区等为主。据南方财经统计，比如，截至 2024 年 3 月，来自广东的数据商在广州数据交易所占比达 74%，来自北京的数据商在北京大数据交易所占比达 53%，来自上海的数据商在上海数据交易所占比达 61%，来自广东的数据商在深数所占比达 36%，来自贵州的数据商在贵阳大数据交易所占比达 39%。

从数据交易场景看，调研发现，金融行业和互联网营销行业的交易规模较大，占到近 70%。从数据提供方看，各级政府、电信运营商、大型国有企业、大型互联网公司聚集了海量经济社会、行业、用户数据，通过数据接口、数据产品、数据服务等形式可满足大量企业的数据需求。数据需求方主要集中在金融机构、零售企业等机构，希望通过获取外部数据来优化业务。以银行信贷业务为例，为降低审贷成本、优化客户画像和风控模型，银行产生大量同业和跨行业的用户数据需求。互联网行业中，许多头部企业已对外提供众多数据接口或数据产品，以满足中小企业或其他行业研发应用、精准营销、智能服务等用途。

当前阶段，数据交易机构数量较多，均处于市场探索阶段，存在重复建设、同质化竞争现象。当前市场交易体系难以满足全国性及跨区域、跨行业交易需求，多数在各数据交易机构上架和成交的数据产品较为相似。

（3）数据交易规则不一，交易成本较高。由于国家层面尚未出台相对统一的流通交易规则和标准，数据交易机构基于市场分析和自身基础，制定了不同形式的数据交易规则、标准等，彼此之间未实现互认，一定程度上造成市场主体参与场内交易的成本过高。主要体现在以下几方面：一是产品合规认证等方面缺乏统一标准，无法满足数据实时性要求，且合规评估结果不互认。当前数据交易机构联合律所的合规评估方式具有"进场一次，评估一次"的特性，单个产品的成本一般过万甚至数万，产品上架需要几个月甚至半年时间，同一供应商同一产品在不同交易场所展示时，存在描述维度差异大、数据分类不一致、功能介绍详略不一等问题。二是评估定价各有规则，当前数据产品价格很难根据统一的标准衡量，各类数据交易主要采取卖方定价、协议定价等方式，双方的反复报价议价过程中耗费了大量时间成本，无法形成标准化、大规模、高效率的价格发现机制。三是数据商和第三方专业服务机构尚无统一资质认证，市场存在信任壁垒，其身份缺乏公信力且效力限于本地，需点对点与各交易机构进行合作，导致大量重复投入。四是交易机构的基础设施技术标准不一，数据互操作和兼容共用难，不同技术产品在各数据交易机构间无法互认、互用，同一供应商同一产品在不同平台上架或更新需逐一对接。

（三）上海数据交易所流通交易实践

上海数据交易所成立于 2021 年 11 月，是由上海市人民政府指导下组建的准公共服务机构。上海数据交易所的成立是贯彻落实中央文件《中共中央 国务院关于支持浦东新区高水平改革开放打造社会主义现代化建设引领区的意见》的生动实践，是推动数据要素流通、释放数字红利、促进数字经济发展的重要举措。上海数据交易所以构建数据要素市场、推进数据资产化进程为使命，承担数据要素流通制度和规范探索创新、数据要素流通基础设施服务、数据产品登记和数据产品交易等职能。

上海数据交易所贯彻落实"数据二十条"和国家数据局"数据要素×"等相关政策要求，锚定建设国家级数据交易所的定位，把握我国培育数据要素市场的重点领域和关键环节，在制度规范、交易组织、合规指引、基础设施上多措并举积极活跃数据交易。

1. 构建数据交易规则体系

上海数据交易所作为国家数据交易所的定位，一直致力于推动数据要素高质量流通发展。现行的交易规则体系搭建了"办法—规范—指引"三个层级的交易制度结构，形成包括数据交易流程、信息披露、跨境业务、数商管理等在内的"1+9+6"（一项管理办法、九项规范、六项指引）的制度体系。

2. 加强典型应用场景建设

上海数据交易所在数据要素流通实践中，将数据应用场景分为金融、交通、教育、医疗、商业、工业、农业、文娱、公用事业共 9 个重要领域，其中每个领域根据实际数据要素流通情况，具体细分了两级应用场景目录，其中应用场景一级目录共 24 个、二级目录共 55 个，包含了"数据要素×"行动中的 12 个重点行业和领域，加强数据产品的优质供给。上海数据交易所挂牌产品中，应用场景一级目录前十场景为银行、保险、证券、智能制造、城市交通、市场洞察、商业分析、应急管理、智慧农业、科学研究。应用场景二级目录前十场景为信贷风控、客户营销、投资研究、产业投资、智能核保、理赔反欺诈、投保营销、智能生产、环境保护、商业选址。

3. 建设数据基础设施

上海数据交易所自主研发数据交易链一体机，内置数据交易链平台，可支撑各区域及行业数据交易场所安全、可靠、快速接入数据交易链，实现数据交易场所的数据产品登记、挂牌、交易等全流程上链，以及联盟数据产品全链可见和数据交易全链可溯等功能。同时，基于数据交易链一体机的数据存储、可信流通、数联网、数据交易等丰富应用生态，为行业提供一站式的数据流通交易能力，快速构建可信数据空间推动数据可信、高效流通，为全国多层次数据要素市场体系的构建注入强大科技动能。数据交易链一体机采用超融合云架构，高度整合计算、存储、网络、安全等基础资源，深度融合区块链、内生安全、隐私计算、模型算法、专用芯片等软硬件技术，具备内生可信、硬件加速、自主可控、开箱即用等特点。数据交易链一体机采用一体化整机交付模式，并支持模块化部署。

4. 探索数据资产创新应用

数据要素化的发展路径是不断演进的过程，经历从数据资源到数据产品再到数据资产的三个阶段。为促进数据要素市场与资本市场的高效联动，上海数据交易所积极探索数据资产入表、数据资产增信、数据资产质押融资、数据资产信托、数据资产保理、数据资产保险、数据资产作价入股以及数据资产通证化等创新应用。2023 全球数商大会上，上海数据交易所发布数据资产质押融资、数据资产增信融资等典型案例。2024 年 6 月 28 日，上海数据交易所正式启动全国首个数据资产交易市场的试运行，与金融机构深入合作落地 11 个"数易贷"实践案例，授信金额已突破 1 亿元，有效促进了金融市场服务潜力与企业数据资产创新活力的对接，创新企业融资途径。

（四）数据交易市场高质量发展的重点

虽然数据交易市场发展迅速，但也存在数据要素交易流通制度体系缺失、市场参与主体不够多元、数据有效供给不足、数据需求场景有待进一步发掘、数据交易流通生态体系有待培育等亟待解决的问题。加快推进我国数据交易市场高质量发展，应围绕"建机制、统定位、强供给、扩需求、壮生态"五个方面开展工作，明晰发展路径。

1. 建机制

国家层面亟须建立数据要素交易流通体系建设，激发数据要素价值的统筹协调机制，在涉及数据交易的法律法规、标准规范、机制规则等方面承担牵头抓总的职责，特别要解决主管部门统筹机制、数据交易合规性、数据交易标准规范、数据产权、数据交易规则、数据定价规则等掣肘问题。

2. 统定位

从全国布局看，现有数据交易机构多集中建设在沿海发达地区和中部省市，可能形成区域壁垒和产业壁垒，造成多个区域分割市场。就区域布局看，一省之内多家数据交易机构如果不做好统筹、错位发展，容易出现同质化竞争，也容易造成资源浪费和数据孤岛，形成新的数据割据局面。因此，针对全国的数据交易机构建设与发展，需要按照"全国一盘棋"的方式进行统筹和布局，结合不同区域的交易所发展实际和特色优势，给予不同的发展定位，在进一步深化探索中形成错位发展，实现各区域的数据交易机构之间良性互动、协同发展。

3. 强供给

当前，我国数据供给的动力机制尚不完善，数据流通活力不足。以公共数据为例，政务服务、教育、医疗、交通、能源等领域还存在大量沉睡数据，如能充分开发利用，可进一步带动更大范围的数据交易流通，对于支撑促进经济社会发展具有重要意义。因此，应从供给侧进行发力：一是加快公共数据开放共享。统筹政务数据共享和公共数据开放，整合建立统一的公共数据共享开放机制，深化公共数据的社会化增值利用，推动高价值数据进入市场流通。二是推动数据存算设施互联互通。推动数据资源标准体系建设，提升数据管理水平和数据质量，探索面向业务应用的共享、交换、协作和开放；加快推动各领域通信协议兼容统一，打破技术和协议壁垒，加强数据存算设施的互联互通互操作，形成完整贯通的数据链。

4. 扩需求

从需求侧看，在医疗、教育、交通等众多关乎民生的领域，数据要素推动相关应用向数字化、智能化方向发展，数据交易流通所创造的价值，越来越多地体现在促进降低生产成本、提高生产效率、改善生活水平等方面。然而，总的来说，当前的数据要素应用场景仍然主要集中在金融、通信、医疗等领域，农业、工业等领域的数据应用场景仍有很大开发潜力。因此，应进一步激发各个领域的应用需求，构建跨行业、跨领域的应用场景生态，加快数据应用场景融合创新。

5. 壮生态

数据要素流通交易服务生态是数据交易市场健康运行的必要前提，是打通交易上下游全流程各个环节的保障条件。这在客观上要求有专业的服务机构以及良好的技术支撑。然而，当前我国的数据服务体系尚有待建立。一是数据服务商数量不足且良莠不齐，在数据交易磋商、资产定价、合规评定等方面缺乏规范化、专业化的服务支撑。二是人才支撑不足。数据市场相关从业人员的技能水平缺乏评价标准，人员水平参差不齐。三是技术应用不够，目前主要是头部数据交易平台在做相应的技术拓展，应用还有待进一步深化。因此，应围绕促进数据要素合规高效、安全有序的流通和交易需求，培育一批数据商和第三方专业服务机构，厚植数据产业根基，激活互联网平台企业、中小微主体创新数据应用场景活力，加快培育一批数据密集、知识密集、技术密集、人才密集型企业，供数据要素市场必需的各类流通交易服务。支持隐私计算、区块链、数据水印等数据交易的相关技术研发创新、标准完善和应用推广。鼓励数据交易机构建设功能完善、标准兼容的数据交易系统，较好支持数据登记、结算等交易关键环节，并为后续各数据交易机构互联互通提供重要支撑。完善人才培养体系，加快培育梯次性数据产业人才队伍。

二、数据交易中的合规风险与应对*

习近平总书记强调，"数据是新的生产要素，是基础性资源和战略性资源，也是重要生产力"，"要加快建设数字中国，构建以数据为关键要素的数字经济，推动实体经济和数字经济融合发展"。在当下，数据更是新质生产力的代表，数据的价值需要在流通交易、融合利用中才能显现。国家为了启动"数字经济"这台潜力巨大的"发动机"，从产权侧、财政侧、资产侧等方面出台了诸多有力政策，引导数据要素市场高速高质量发展。但数据产业仍然面临数据持有者"不愿开放""不敢开放""不会开放"的现实难题，从阻碍数据流通交易效率的角度来讲，数据流通交易中蕴含的复杂且多变的数据风险可能是其中最大的"拦路虎"。从风险类型的角度而言，数据风险可以被划分为合规风险、产品风险、安全风险等，而这些风险都可能会导致数据安全问题的发生。在梳理数据流通交易风险特征与主要问题之后，发现解决数据流通交易风险的主要抓手在于组织的合规能力，组织合规能力的高低与数据流通交易风险的大小在逻辑上呈现反比关系。宜依托数据交易场所逐步提升组织合规能力，通过规范化的场内交易规则与安全可信的数据交易基础设施开展数据流通交易行为，最终保障数据流通交易风险可防可控。

＊ 吴霄天，上海数据交易所合规高级经理。

（一）数据流通交易的风险特征

数据流通交易的风险因数据的流通而产生，所以只有充分认识数据流通交易的特征与本质，才能深入探究数据流通交易风险的特征。从数据与流通交易的特征讲，因其流通而产生跨组织的特征，因数据的不断流转而产生多链条的特征，因为数据要在场景流转中体现价值、数据使用边界因场景而确定，故而产生场景化的特征，因数据流通以技术为载体，所以技术性也是数据流通的主要特征之一。

1. 跨组织：由静态转向动态的风险

数据流通交易因其跨组织的流动性而产生了鲜明的动态风险的特征。在传统的数据生产使用的过程中，由于数据采集清洗过后，往往服务于组织内部的业务需求，数据跨组织流动的需求并不强劲。在此情况下，企业一般基于商业秘密保护、知识产权保护、信息系统安全等角度出发，通过制度流程的搭建、知识产权的申请确权与系统安全防护的投入保障企业自身数据安全可控，企业更加关注自身数据的合法持有与防范泄露，是一种静态的数据风险。随着商贸活动的繁荣与数字化转型浪潮的兴起，数据的作用越发受到重视，而数据的核心特征便在于通过跨组织流通释放最大价值。在有体物的交易市场中，产权人是通过取得物品的排他性占有（即所有权）来对其施加控制与确定使用方式。但数据没有所有权的概念且天生具有泛生性，数据复制的成本趋近于零，不如实体资源一般不可再生。一旦跨组织流通交易，数据供方不仅在事实上失去了对数据的物理控制，而且要承担流通后可能产生的安全风险。数据流动后，数据风险也由静态转向动态，风险维度也由单一转向复杂。在数据流通交易的语境下，企业除关注自身安全情况外，还需要对数据流通与后续使用风险施加格外重视，以确保动态风险可防可控。

2. 多链条：角色竞合后的风险传染

数据生产链条包括多个参与主体，导致数据流通交易链条一般较长，上一环节的数据需方在完成数据产品开发后，在下一环节可能演变为数据供方，导致数据流通交易因为"角色竞合"而可能导致风险传染。从数据交易流通主体合规义务的角度进一步观察数据交易合规，可以看到更丰富的风险面向。以数据交易供需方为例，数据交易是交易各方以数据流通利用的权限为边界构筑数据流通的范围，而数据流通呈现出多链条的特征。从数据供方的合规义务看，数据供方应保障数据本身的合规性，并就数据后续的流通利用作出充分要求，这进而延伸出两项主要义务：一是注意义务。数据供方应就数据主体的适格性、数据来源的合法性、数据业务本身的合规性等予以注意与保障，确保所提供的数据合法合规，数据交易不因数据本身的合规性而产生法律效力上的瑕疵。二是提示义务。数据供方应充分提示数据需方数据流通利用的权限与边界，并将此提示契约化，通过相应技术措施辅助其落地。从数据需方的义务看，数据需方的重点应是遵从数据供方的要求，在契约范围内合理使用数据，并保障数据利用的安全性，防范数据安全事件的发生。鉴于数据流通交易的多链条特征，数据流通交易主体往往在不同交易中可能分饰供方与需方的角色，所以需要同时关注上述义务的实践落地，不然可能因为违反相应义务而产生数据风险，进而影响到后续链条中数据流通交易的合规性，导致风险传染。

3. 场景化：基于使用边界的越权风险

数据应用场景是数据流通交易的基础，脱离了具体应用场景，数据价值就无从谈起，数据也不可能实现有效流通。数据使用的权限也因为数据应用场景的确定而确定，如在金融征信场景下使用数据，则数据使用的边界也应确定为用于征信活动之内，权限进而锚定。同样，数据风险随数据应用场景变化而变，不同应用场景中数据流通，交易的风险差异也较大。主体多元、利益多元，组织内数据安全与发展、秩序与突破，诸多价值目标在这一问题上交织碰撞，如何在不同应用场景中满足上下游各方利益关系，实现数据流通利用和安全合规的平衡需求的满足度，防范数据流通中的越权滥用风险，成为保障数据安全流通交易的核心需求。从法律层面上讲，当前数据权属相关的法律法规和实施细则尚未颁布，在这样的前提下，作为数据使用者如何在应用场景中向外部组织或者个人的数据所有者落实数据管理义务，是组织亟须解决的需求。从实际落地层面上讲，作为数据持有者，通过交换、共享、委托等处理活动对外提供的数据流出了自己可控的安全域，对于此类数据的防范属于自身技术防护的"盲区"，很难对在后数据使用者的使用情况进行监督。作为数据使用者，在使用数据中，如何落实应用场景中其他组织的数据处理者提出的数据安全管理义务，并提供合规性检测证明，以及网络安全事件发生后的安全取证、责任鉴定等，以证明数据使用方没有违反相关权限，也是一大难题，数据流转过程需要"量体裁衣"的数据监管。

4. 技术性：技术载体产生的新风险

数据流通交易以技术为基础底座，主要包括数据存储、处理、传输和分析等环节所涉及的技术，如云计算、区块链、隐私计算等技术支撑。这些技术在提高数据流通交易效率和安全性的同时，也会产生技术本身存在的固有风险，而这些风险在流通交易中呈现出复杂的特征。一是风险的综合性。技术风险源于数据流通交易过程中涉及的复杂技术体系，涉及多源头的数据融合，包括数据采集、存储、处理、传输和分析等多个环节，不同环节需要不同的技术支持，进而在风险端呈现出一种综合性。二是风险的连锁性。一个环节的技术风险可能引发连锁反应，影响到整个数据流通交易的安全性和稳定性，如假设传输网络的加密协议存在漏洞，这个漏洞被发现并利用来截获和篡改传输中的数据，则后续数据质量难以保证，且如果截取的是个人数据，则个人隐私也将受到侵害。三是风险的隐蔽性。技术风险可能不易被发现，如软件中的漏洞、数据泄露、非法访问等情况，这些风险可能在没有明显迹象的情况下对数据安全造成直接的威胁。四是风险的技术依赖性。数据流通交易在很大程度上依赖于技术系统，尤其是可信数据流通交易更是以体系化技术支持的基础设施为平台，技术的不稳定性或故障可能导致交易中断或数据丢失，所以，点对点的数据交易后续逐步将因安全技术等问题而被平台化的规模数据交易取代。

（二）数据流通交易的主要风险问题

从数据流通交易的风险特征看，基于法律合规规则可能导致数据流通交易的合规风险，数据产品的动态流转与场景化应用可能导致数据产品产生产品的固有风险，数据流通技术可能导致数据的安全风险的产生，而这三类风险一旦变为现实，就会产生数据安全问题。另外，三类风险本身也呈现一定的交叉关系，下面从实践的角度就数据风险可能产生的风险问题进行简要分析。

1. 数据权属难以厘清

从传统经济学的角度来看，确权是数据进入市场流通、交易的重要前提。罗纳德·哈里·科斯认为，由于交易成本的存在，清晰的确权安排是实现要素市场有效运行的前提条件。从数据特性的角度来看，数据的无形性、非排他性等特征决定了有体物的物权规则无法直接适用于数据之上，从促进数据价值释放的角度讲，也不宜在数据之上界定出数据所有权的概念。《中共中央 国务院关于构建数据基础制度更好发挥数据要素作用的意见》中正是看到了数据的特殊性，所以对数据创设了三权分置的产权结构，以期最大限度提升数据流通交易的效率。但囿于市场实践、产业发展、法律制度供给等仍相对不充分，数据三权分置的模式仍在摸索阶段，对于数据要素市场主体而言，数据权属的相对不清晰仍然是禁锢数据有序高效流通的主要问题。对于数据流通交易而言，首要问题是要确认谁在什么环节对何等数据拥有什么权能的权利，这直接决定流通利用的合法性。如在重庆光某摩托车制造有限公司与广州三某摩托车有限公司侵犯商业秘密纠纷案〔（2022）渝 0192 民初 8589 号〕中，由于作为数据买受人的被告公司在应当知晓所购买数据极有可能构成原告公司商业秘密的前提下仍然实施了购买行为，进而被法院认定为侵犯商业秘密，导致其数据交易行为直接归于自始无效。这起案例的典型性在于：一是数据权属存在瑕疵的数据产品，其买卖行为合法性会直接受到影响；二是受到侵害的数据属主可以直接在司法侧越过数据供方而向需方追责。上述案例恰好说明，数据权属的清晰与否，是数据流通交易必须回答的问题。

2. 数据质量参差不齐

数据质量决定了数据需求方购买数据行为的有效性，是交易行为符合契约的一个重要方面，而目前限制于不同行业企业数据治理情况的迥异，数据质量也在多个维度呈现出具有差异性的情况。具体而言，数据流通交易中，数据质量可能面临多种问题，这些问题可能影响数据的可靠性、可用性和价值。一是异构数据难以匹配。数据可能因为格式不一致或缺乏统一的识别标准而难以匹配和整合。二是特殊数据难以识别。由于数据格式、编码或结构的问题，某些数据可能难以被系统识别和处理。三是数据收集冗余重复。数据可能因为收集或处理不当而出现重复，导致数据冗余。四是数据更新实效性不强。数据可能不是最新的，无法反映当前的实际情况，影响决策的时效性。此外，数据质量问题还可能包括数据的完整性、及时性、一致性和可靠性等方面的问题，尤其是在数据开放场景之下，数据可能因为不完整或不及时更新而失去价值，或者因为数据来源多样而出现不一致性，影响数据的可靠性。《信息技术 数据质量评价指标》（GB/T 36344—2018）规定了信息技术领域中数据质量的评价指标，包括数据的准确性、完整性、一致性、可靠性和时效性等方面，但此标准在规则层面仍然过于抽象，企业难以根据此标准对标提升数据质量，数据需求方也难以根据此标准验收所交易数据质量的好坏。

3. 数据定价无据可循

数据流通交易中的定价问题一直是非常复杂的问题，它关系到数据的价值评估、市场供需、交易机制等方面。以下是数据流通交易中定价问题的几个关键点：一是定价标准的缺失。数据作为一种特殊的商品，其价值很难用传统的方法衡量。目前，数据定价缺乏统一的标准和规则，导致数据交易中买卖双方难以达成一致，影响交易效率。二是数据价值的评估难度大。数据的价值高度依赖于使用场景和数据质量。不同场景下、同一数据集的价值可能截然不同，而且数据的实时性和准确性也会影响其价值。评估数据价值的复杂性增加了定价的难度。三是市场供需关系存在不确定性。数据流通交易市场中供需关系不稳定，某些数据可能在特定时间或场景下需求激增，而在其他情况下可能无人问津。这种供需关系的不确定性给定价带来了挑战。四是市场存在数据垄断问题。在某些情况下，数据可能被少数企业或组织所控制，形成数据垄断，这会影响数据的合理定价和流通。解决这些问题，需要建立合理的数据定价机制，制定可参照的定价规则（尤其是场内定价规则），同时利用技术手段提高定价的科学性和透明度。

4. 场景化风险问题

数据流通交易中数据风险的核心关注点在于场景化中数据流通的风险。目前，数据安全技术使用不够普及，区块链、隐私计算、同态加密等对业务的支撑没有广泛应用，主要原因是技术人员与业务人员割裂，技术与业务缺乏深度结合。随着数据要素市场持续健全和深化，数据交易、数据出境等数据共享新模式持续涌现，不同用户基于业务、访问途径和使用需求，会产生不同的使用场景，进而产生不同的场景风险。在保证数据被正常使用的目标下，应厘清基于不同的使用场景特点的数据风险暴露面，才能在数据权益得到充分保护的基础上，依法推动数据合理有效利用和依法有序自由流动。

（1）数据共享。数据合作共享场景对数据分发源单位和数据分发对象单位提出合规要求，仅靠书面契约难以实现对数据接收方的数据处理活动进行监控，极易造成数据滥用，应要求委托方和受托方均履行数据安全保护义务。数据合作共享环节实现跨组织的数据授权管理和数据流向追踪，需要满足数据流动安全防护的需求，通过动态变化的视角分析和判断数据安全风险，构建以数据为中心、连续的数据安全防护。在开展业务时，数据需要对外共享，数据一旦对外分发共享，则安全保护的责任主体变化，数据安全责任分不同场景以及过错情况等，承担责任不同，接收方与发送方均履行好各自承担的数据安全责任，如数据共享中的接收方在接收到数据后并没有对数据的安全保护起到应尽的责任，从而引发了数据二次扩散泄露事件。因此，对于数据分发后的安全性适宜通过数据流通平台与技术手段监管起来。

（2）数据交易。数据交易的主要风险问题可以从交易主体、交易产品与流通行为三个角度理解。在交易主体方面，数据交易的主要风险问题：一是数据交易主体可能不适格；二是数据交易主体安全防护能力不足导致极有可能发生安全事件；三是数据交易主体业务开展的资质问题。在交易产品方面：一是数据来源、数据权属应当链路清晰、合法合规，如产生问题则可能导致整体数据交易的效力归于无效；二是相关标的如果属于禁止流通或限制流通的情形，也将直接影响交易效力；三是所涉数据处理行为相关问题。在流通行为方面：一是可能因为对数据处理合同的违反而产生法律责任；二是流通方式的安全与否决定数据安全问题的发生可能。

（3）数据跨境。数据跨境事关国家安全、公共利益与个人权益，除去数据交易、数据共享中的风险问题，数据跨境的风险问题更为复杂。从数据出境的角度讲，其最大的风险在于部分数据或多源头融合的数据可能会反映出我国的国计民生、经济运行情况或其他重要信息，进而可能会被非法利用以致影响国家安全与社会秩序；从数据入境的角度讲，国家鼓励数据入境，但应遵守外资管制、进出口贸易等相关法规规则，并保障其境内经营展业行为的合规性。

（4）流通方式产生的问题。数据流通方式，指数据以何种技术手段流通，不同的技术手段可能存在的问题也有所不同。如区块链智能合约因为其本身具备的不可篡改性、透明性、去中心化、自动化执行和可审计性，提高了交易的安全性和信任度，但区块链合约的法律效力在司法裁判方面则呈现差异化的样貌；又如多方安全计算确保数据隐私，允许在不暴露个人隐私的情况下进行联合计算，它无须依赖可信的第三方参与，满足抵抗内部和外部攻击的安全性设置，适用于敏感数据的计算场景，但多方安全计算是否满足我国法律"匿名化"的要求仍然争议较大。

（三）以合规控安全：数据流通交易风险化解新进路

数据流通交易的形态如此多变、模式如此多样、风险问题如此复杂，需要找到其中的主要矛盾，才有可能真正实现数据流通交易的风险控制。从数据流通交易风险来看，产品的开发利用需要规则，数据治理、数据质量需要规则，数据安全技术需要规则，数据合规则本身在数据流通交易中指向了数据主体对法规标准的遵从能力，如果将上述规则的遵守理解为广义的合规能力，那么该等合规能力则可能是化解数据流通交易风险、解决数据安全问题的核心。

1. 数据流通交易风险的影响因素分析

如果我们回归本源，在理解数据流通交易风险特征与主要问题的基础上，从风险视域的角度拆解数据流通行为，则可以从产品风险、安全风险、合规风险三个因素中对应出数据产品成熟度、数据安全技术、数据处理行为三个风险影响因素，而这三个风险影响因素可能会直接影响到数据流通交易风险的大小。

（1）数据产品成熟度。数据产品成熟度，类似于《数据管理能力成熟度评估模型》（GB/T 36073—2018，DCMM）中的数据管理能力成熟度，指组织对数据进行管理和应用的程度。从数据产品发展的规律来讲，组织最先是在业务开展的过程中积累了一定量的数据，在产生数据意识后开始对数据进行清洗与初步加工，此时的数据往往处于原始状态，如与个人相关，其隐私风险、个人信息保护风险、数据安全风险很高。在对数据开始深度加工之后，经过不断地统计、分析、提取，原始数据逐渐产生衍生数据，而衍生数据的风险则逐步转向商业秘密、企业数据权益等维度，侵犯个人权益的风险明显下降。在相关数据已经被开发为较为成熟的数据产品后，数据产品输出的往往是处理分析结果，而该等处理结果就算在极端情况下发生泄露，一般也不会产生较高数据风险，此时数据产品的风险又下降一档。所以，数据产品成熟度的提高，在客观层面会逐步影响数据流通交易风险的下降。

（2）数据安全技术。从数据安全技术的角度，可以更好地理解数据产品因安全措施迭代后对应的风险样貌。数据产品的初始期，数据往往处于明文的状态，传输协议也未必采用安全协议，较易被破解、劫持。随着安全措施的引入，敏感数据的使用可能从明文演变为部分或全部脱敏，甚至采用加密算法对数据本身进行加解密，通过密钥对数据进行利用。在安全要求较高或隐私风险较高的情况下，可能通过联邦计算、多方安全计算等方式，保障"数据可用不可见"。所以，数据安全技术越强，则数据风险相对越低。

（3）数据处理行为。数据处理行为主要指数据处理的合规性。数据处理应遵守法律法规、监管要求、重要标准与在先约定。从组织发展的阶段讲，其业务规模越大，则合规投入越大，进而数据处理行为逐渐走向形式合规乃至实质合规。对法规要求遵守程度越高，则数据风险越低，数据安全问题发生的可能性也随之降低。

2. 数据合规与数据安全的关系分析

组织数据合规能力的提升有助于保障组织的数据安全。在我国《数据安全法》中，明确将数据安全定义为"通过采取必要措施，确保数据处于有效保护和合法利用的状态，以及具备保障持续安全状态的能力"。从核心立意来看，定义中核心强调的是数据开发利用与安全保护的统筹及平衡发展，一方面，数字经济的发展必须在数据安全的前提下开展，没有数据安全，数字经济的发展将失去有效的控制支撑；另一方面，数据的开发利用是促进数据价值释放之必然，不能由于数据安全的过度保护制约数据的流通与共享开放。从防护措施看，基于"统筹安全与发展"的数据安全核心立意，定义中强调了数据安全保护措施的必要性与持续性，必要性指面向数据处理活动与场景化需求，采取按需动态的管理和技术措施落实有效保护，持续性指伴随数据围绕业务发展快速变化，相应的保护措施也需顺应变化，落实常态化运维，保持持续安全状态。而数据合规中的合规规则，正是提炼数据安全问题后，将防范数据安全的规则上升为了合规的规则，并且持续将新型数据安全风险纳入规则体系中，二者间隐隐存在"因"与"果"的关系，数据合规能力的提升，本身就有助于数据的安全。

3. 合规能力——数据流通交易风险化解的核心

合规能力有广义与狭义之分。狭义的合规通常指组织在特定领域内遵守法律法规、行业标准和内部规章的行为。它更多地关注于确保组织的运营和活动不违反相关法律规定，避免法律风险和相应的监管处罚，而狭义的合规能力，便是组织遵守与落地法规标准的能力。而广义的合规，尤其是在数据流通交易语境下的合规，其"规"则指向为了防止数据流通交易风险而需要遵守的一切规则，这里既包含了组织需要遵守的数据交易相关法律法规、监管要求与相关标准，也包括数据开发利用、数据产品逐步成熟、数据质量、数据治理的规则，这些规则都服务于促进数据要素合规高效流通这一目标，服务于压降数据流通交易风险这一结果，而满足上述所涉规则的能力，便是数据流通交易领域的广义的合规能力。易言之，在数据产品层面，组织通过不断完善数据治理、提升数据质量、发掘应用场景以提高数据产品的成熟度；在流通技术层面，组织通过不断迭代数据流通的技术与安全防护的技术，为数据产品适配符合发展阶段的安全措施；在数据合规层面，组织通过不断提升自身对相关法规义务的遵守程度、规范数据处理行为，从"基准线"数据合规到"卓越线"数据合规，持续进化。在合规能力提升之下，数据流通交易的风险指数呈现反比式下降。另外，合规能力需要培养，合规能力的情况需要可信中立平台的有效鉴证。

（四）上海方案：培育组织合规能力，有序压降流通风险

数据要素市场的发展不能步入房地产市场粗放发展的情形，必须实现精细化、科学化发展，推动数据与实体经济深度融合，通过创新应用提升新质生产力。在此前提之下，组织合规能力的提升刻不容缓。从我国数据要素市场的布局看，应充分发挥作为数据要素基础设施的数据交易所的可信数据流通平台的作用；从市场主体合规能力培育的现状与问题讲，发挥数据交易所培育功能正当其时。上海数据交易所从产品、合规、安全三个维度出发，持续培育数据要素市场主体的合规能力。

1. 提升组织对数据资源的开发利用能力

为了精细化运营数据业务，落实浦东新区综合改革试点实施方案中关于"构建分类分层的新型数据交易机制"的要求，上海数据交易所创设数据产品登记业务，旨在通过以应用场景为引导的数据登记工作，进一步挖掘数据价值，推动高质量可流通交易数据产品的转化与形成。数据登记业务以"深度挖掘数据价值，拓展数据应用场景，助力转化高质量可流通交易数据产品"为目标，扩大数据产品资源池，帮助提升资源池内的数据产品成熟度，并推广数据产品成熟度提升的行业典型案例，最终促成场内数据交易。在数据产品成熟度提升的过程中，由于对数据资源利用方式同时发生改变，数据产品逐步获得可交易性，最终压降数据流通交易风险、保障组织数据安全。

2. 提升数据合规与安全能力

上海数据交易所从规则搭建、合规安全管理、合规实践等多个维度提升组织的数据合规与安全能力。在规则搭建方面，一是从主体、业务、治理三个维度建立健全数据交易规则；二是构建专门的数据合规安全规范与指引，并配套合规落地清单，帮助组织逐项对标，提升合规要求的可落地性。在合规安全管理方面，

数据产品交易挂牌前均需通过三方专业机构开展产品的合规安全评估，上海数据交易所配套法律意见书的模板、标明评估要点；在实践落地方面，上海数据交易所推动合规容错机制，联合检察机关、法院共建合规示范专项合作，帮助企业在入场接受合规培育的情况下逐步提升合规能力，最终保障场内交易的安全可控。

3. 提升数商生态的服务能力

上海数据交易所发挥数商生态培育市场主体合规能力的重要作用，形成良性循环。数商生态的作用在于形成良性循环的发展模式，合规数商在为市场主体提供合规服务时吸收、学习行业经验与商业实践，市场主体在接受合规数商服务时吸纳合规知识为自身合规能力，循环往复。另外，建立健全合规数商优胜劣汰机制，搭建合规数商的监督机制，以确保为市场主体提供优质合规服务。

三、数据跨境流动制度与实践探索*

数据跨境流动是数据流通交易国际化的关键环节，也是推动数字经济全球化和贸易发展的重要动力。具体来说，数据跨境使全球范围内的数据资源得以自由流动，企业能够跨越国界获取和利用更加多元和丰富的数据资源。这种流动有助于数据的优化配置，使数据能够在全球范围内实现最佳的价值创造。当前，全球范围内，各国正加速构建契合自身发展战略需求的数据跨境流通管理体系，导致全球数据跨境流动规则展现出多元化、复杂化、差异化的显著特征。西方国家正在基于信任关系构建排除我国的数据跨境流动自由圈，数据主权、数据安全、隐私保护等核心问题仍然制约着数据跨境流动全球治理与规则形成。

（一）数据跨境流动治理与规则的现状

1. 多边机制推动数据跨境流动原则共识形成

近年来，多边机制和国际组织高度重视数据跨境流动的跨国协调问题，联合国、世界贸易组织（WTO）、经济合作与发展组织（OECD）、亚太经济合作组织（APEC）、二十国集团（G20）、七国集团（G7）致力于协调各国监管要求、提升各国监管一致性、促进数据跨境安全有序流动，成为推动共识形成的重要平台（见表3-3）。如联合国于2023年5月发布《全球数字契约》，以开放、自由、安

---

* 杜国臣，商务部国际贸易经济合作研究院电子商务研究所所长；王荣，商务部国际贸易经济合作研究院电子商务研究所。

全为共同原则，致力于实现数字未来的可持续发展。另外，联合国先后举办了联合国互联网治理论坛（IGF）和联合国世界数据论坛（UNWDF），以深化在全球发展倡议框架下的国际数据合作。WTO 作为贸易协定的管理者和贸易立法的监督者，自创立以来便十分关注电子商务规则与数据跨境流动。2015~2023 年，不同成员国在多届部长级会议上相继发表《电子商务联合声明》，开启与贸易相关的电子商务多边谈判，推进制定高标准电子商务国际规则和搭建电子商务能力建设框架。但截至目前，WTO 电子商务谈判针对数据跨境流动议题分歧较大。OECD 开创了全球隐私保护和数据跨境流动规制的首次尝试。1980 年 OECD 发布《关于隐私保护与个人数据跨境流动的指南》，明确了个人数据保护和数据跨境流动的基本原则，成为全球制定隐私保护与数据跨境制度的重要参考。近年来，OECD 通过数字经济政策委员会及数据治理和隐私工作小组发布众多研究报告，及时总结整理全球前沿政策和规制方式，弥补各国监管体系和机构设置之间的差异性。APEC 由美国主导积极推进数据跨境流动治理。从 2005 年起，APEC 发布了《APEC 隐私框架》，并建立跨境隐私规则体系（CBPR）和数据处理者隐私识别体系（PRP），目前 CBPR 已有美国、墨西哥、日本、加拿大、新加坡、韩国、澳大利亚、中国台北和菲律宾共 9 个经济体或地区加入。G20 则有日本主导推进"基于信任的数据自由流动"的概念，不断推动各成员国形成共识，使数据能够可信任地跨境流动。《大阪数字经济宣言》标志可信的数据自由流动（DFFT）进入实践阶段，此后，借助 G7 平台，通过《DFFT 合作路线图》《促进 DFFT 行动计划》《DFFT 实施计划》，DFFT 概念得到不断推广和深化。

表 3-3 多边机制和国际组织关于数据跨境流动治理的相关举措

国际组织	代表性主张及措施	数据治理相关组织机制	相关研究报告
联合国	《全球数字契约》	联合国互联网治理论坛 联合国世界数据论坛	《数字经济报告》 《G20 成员国跨境数据流动规则》
WTO	《电子商务工作计划》 《电子商务联合声明》	部长级会议 非正式部长级会议	
OECD	《关于隐私保护与个人数据跨境流动指南》 "跨境数据流动宣言" "关于保护全球网络隐私的部长级宣言"	跨境数据流动与隐私保护研讨会 跨境数据障碍与隐私保护专家组 数字经济政策委员会 数据治理和隐私工作小组	《跨境数据转移的规制方式的共同点》 《评估数据流的全球政策和举措》报告 《新兴的隐私增强技术：当前的监管和政策方法》报告

国际组织	代表性主张及措施	数据治理相关组织机制	相关研究报告
APEC	《APEC 隐私框架》 跨境隐私规则体系（CBPR） 数据处理者隐私识别体系（PRP）	电子商务指导小组	
G20	"基于信任的数据自由流动" 《大阪数字经济宣言》	G20 峰会 拟启动"DFFT 伙伴关系机制性安排"（IAP）	
G7	《DFFT 合作路线图》 《促进 DFFT 行动计划》 《DFFT 实施计划》	数字技术部长会议	

资料来源：根据公开资料整理。

2. 区域贸易及数字经济协定破除数据跨境流动壁垒

在区域及双边框架下，各国通过缔结或加入区域或双边自贸协定及数字经济专项协定，并在协定中纳入数据跨境流动相关条款，破除各国间数据跨境流动壁垒，促进全球数据自由流动。目前，纳入数据跨境流动相关议题的区域及双边协定主要包括《美墨加协定》（USMCA）、《全面与进步跨太平洋伙伴关系协定》（CPTPP）、《区域全面经济伙伴关系协定》（RCEP）等为代表的区域或双边自贸协定，以及以《美日数字贸易协定》（UJDTA）、《数字经济伙伴关系协定》（新加坡—智利—新西兰，DEPA）、《新加坡—澳大利亚数字经济伙伴关系协定》（SADEA）、《韩国—新加坡数字经济伙伴关系协定》（KSDPA）为代表的数字经济专项协定，相关议题主要包括"个人信息保护""通过电子方式跨境传输信息""计算设施的位置"三个条款（见表3-4）。

表 3-4　区域贸易及数字经济协定中关于数据跨境流动的相关条款

议题	CPTPP	USMCA	UJDTA	RCEP	DEPA	SADEA	KSDPA
个人信息保护	第 14.8 条	第 19.8 条	第 15 条	第 12.8 条	第 4.2 条	第 17 条	第 14.17 条
通过电子方式跨境传输信息	第 14.11 条	第 19.11 条 第 17.17 条 金融章节	第 11 条	第 12.15 条 第 8.9 条附件一（金融服务）	第 4.3 条	第 23 条	第 14.14 条
计算设施的位置	第 14.13 条	第 19.12 条 第 17.18 条 金融章节	第 12 条	第 12.14 条	第 4.4 条	第 24 条	第 14.14 条 第 14.15 条

续表

议题	CPTPP	USMCA	UJDTA	RCEP	DEPA	SADEA	KSDPA
争端解决	适用，部分给予马来西亚和越南2年过渡期	适用	不包含争端解决专章	不适用争端解决机制	适用	适用	适用

资料来源：根据协定内容整理。

（1）促进各国个人信息保护制度的兼容性，便利数据跨境流动。个人信息保护是制约数据跨境流动的主要因素之一，区域或双边贸易协定通过引导各国建立基于共同原则的个人信息保护法律制度、促进各国个人信息保护制度的兼容性以便利数据跨境流动。主要贸易协定均要求各缔约方考虑国际组织关于个人隐私保护原则和指南的基础上，设立个人信息保护法律框架，并鼓励各缔约方建立促进各国个人信息保护制度兼容性的机制，便利跨境信息传输。USMCA、DEPA、KSDPA明确了个人信息保护应当遵循的原则，基本延续了OECD隐私保护指南中的八大原则。此外，由于各缔约方可能采取不同的法律方式保护个人信息，各国个人信息保护制度的不兼容、不互认将限制数据跨境流动，因此，大多数贸易协定都鼓励建立促进各国个人信息保护制度兼容性的机制。如CPTPP、DEPA、SADEA、KSDPA列举了可能的兼容性机制：对监管结果的互认、更广泛的国际框架、对各自法律框架下数据保护可信任标志或认证框架的互认。由于美国、墨西哥、加拿大、新加坡、韩国、澳大利亚均加入APEC的CBPR体系，因此，USMCA、SADEA、KSDPA均承认CBPR系统是保护个人信息的同时促进跨境信息转移的有效机制。值得关注的是，我国在《网络安全法》《个人信息保护法》《数据安全法》顶层法律以及配套实施细则和指南的规制下，建立了严格的数据出境安全管理制度。此外，虽然我国是APEC成员，但我国尚未加入CBPR体系。在我国主导的RCEP中，也并未包含鼓励各缔约方建立兼容性机制的条款。因此，我国在建立促进各国个人信息保护制度兼容性和可互操作性机制方面，与CPTPP、DEPA等高标准数字经济规则仍然存在差距。

（2）鼓励数据跨境自由流动及计算设施非本地化。目前，主要区域及双边自贸协定基本采取"数据自由流动+合法公共政策目标例外"的框架，即不得限制或禁止商业活动中的跨境数据流动、不得将计算设施本地化作为市场准入的条件，但可以为实现合理公共政策目标实施例外措施，前提是例外措施不得构成歧视和变相贸易限制或超过必要限度（即限制措施需满足非歧视性和必要性原则）。但各协定对例外条款的限制程度有所不同，由美日主导的USMCA、UJDTA

最为严格地禁止实施数据自由流动的限制性措施和数据本地化措施。一方面删除了各方可能有自己的监管要求的表述；另一方面将数据跨境流动和计算设施非本地化的范围扩大至金融服务领域。而 DEPA、CPTPP、SADEA 等均肯定各国对信息传输监管的权力，但对例外条款的容忍度也较低，仅允许有条件、有限度的例外。RCEP 对例外条款的限制条件则比较宽松，承认国家对数据跨境流动的监管主权，且除了合法公共政策目标例外以外，还增加了基本安全例外。对例外条款的限制更少，且赋予缔约方采取基本安全例外的禁止异议权，即其他缔约方不得对此类限制措施提出异议。可以看出，USMCA、UJDTA 对数据跨境自由流动例外情形的容忍度最低，其次是 CPTPP 及新加坡主导的 DEPA、SADEA，而 RCEP 对例外情形的容忍度较高，且扩大了例外范围，保留了更多的监管空间。总体而言，由美国主导的区域贸易协定积极推动数据自由流动和计算设施非强制本地化，新加坡主导的多个数字经济专项协定在肯定各国监管权力的基础上要求数据自由流动和计算设施非本地化，而由我国主导、代表我国最高开放水平的 RCEP 中，仍然以保障安全为主，与 CPTPP、DEPA 等高标准数字经济规则仍然存在差距。

3. 各国构建符合本国利益诉求的制度体系和规则主张

各国基于本国经济利益和监管诉求，构建了符合本国利益的数据跨境流动制度体系和规则主张，呈现"数据重商主义"特点。例如，美国基于自身数字技术、数字平台发展优势，在国际上高调呼吁推动数据跨境自由流动，但同时通过制定重要数据清单对一些涉及安全或关键技术的数据进行出境限制，呈现出"宽入严出"的特点。欧盟所推行的数据跨境自由流动则以高标准的个人数据保护为前提。欧盟对内以 GDPR 和《非个人数据自由流动条例框架》促进数据在各成员国之间自由流动；对外是通过设立高标准个人数据保护壁垒对内部数据流出进行严格限制，呈现出"内松外严"的特点。俄罗斯、印度则以数据本地化政策要求数据回流，以保护主义政策推动本国 IT 产业发展。中国和新加坡所主张的数据跨境自由流动以维护数据主权和保障国家安全为前提。各国根据实际利益制定不同的跨境数据流动规则来保护本国数字产业发展，全球数据跨境流动规则与治理呈现"数据重商主义"趋向。

4. 标准和技术驱动的规制工具提供数据跨境安全传输新范式

近年来，标准和技术驱动的规制工具为数据跨境安全传输提供了新选择。一方面，部分国家和国际组织探索制定和出台了监管数据跨境流动的标准和原则以处理隐私保护与数据安全问题。美国国家标准与技术研究院（NIST）发布了 SP 800-66《隐私权利和数据泄露通知标准》；国际标准化组织（ISO）制定了 ISO/IEC 27701 全球性隐私信息管理体系标准，为数据跨境流动中的隐私保护和数据安全制定标准。另一方面，近年来，区块链、隐私计算等技术的发展和数据中介的出现为数据跨境传输提供了新的范式。国际数据空间协会提出利用数据空间，基于开放、透明和标准的数据共享系统，以实现安全可信的数据访问和共享传输。目前数据空间的典型案例包括欧盟基于盖亚云（Gaia-X）建立的欧洲公共数据空间、日本数据社会联盟建立的数据交换平台（Data-EX）等。此外，隐私增强技术（PETs）、数据监管沙箱等也为数据跨境流动的应用实践提供了新的选择，如联合国 PET 实验室通过隐私增强技术为符合隐私保护的跨境数据传输提供技术解决方案。

（二）数据跨境流动治理与规则的趋势

1. 全球数据跨境流动规则制定政治化、阵营化

以美国、欧盟、日本为代表的国家基于信任关系或意识形态趋同推动构建数据跨境流动圈，全球数据跨境流动规则制定呈现政治化和阵营化趋势。美国正在通过强势的外交政策拉拢其盟友推动基于信任关系的数据自由流动，并针对中国、俄罗斯等"敌对国家"实行数据封锁，印度等国家和地区也在跟进对我国实行数据跨境流动限制。美国与欧盟、日本、韩国意识形态和政治利益趋同，是传统的政治、军事盟友，美国正在拉拢盟友将所谓"缺乏受信任"的国家政府排除在数据自由流动圈子之外。

2. 数据跨境流动规则呈现行业精细化趋势

各国针对重要行业、敏感领域、关键技术领域数据进行精细化分级分类管理，数据跨境流动规则呈现行业精细化趋势。欧盟、美国等都根据本国产业实际需要确立了重要数据目录清单并制定了具体细则，构建了数据跨境流动分级分类监管模式，旨在对涉及国家战略、商业秘密、国家安全、高科技等敏感数据的出境进行限制。如美国制定 CUI（非密受控信息）清单，对关键基础设施、国防、金融、移民、情报、国际协议、税收、核等 20 大类、124 子类，按照风险程度予以不同管控。美国还通过限制重要技术数据出口以及特定领域的外国投资进行数据跨境流动管制。2018 年 8 月签署生效的《美国出口管制改革法案》规定，出口管制不仅限于"硬件"出口，还包括"软件"，如科学技术数据传输到美国境外的服务器或数据出境，必须获得商务部工业和安全局（BIS）的出口许可。在外国投资审查方面，2018 年 8 月，美国通过了《外国投资风险评估现代化法案》（Foreign Investment Risk Review Modernization Act，FIRRMA），并建立了与 ECRA 之间的联动机制，进一步收紧了对外国投资的国家安全审查程序。该法案规定了外商投资中的数据出境行为。我国也在《网络安全法》以及相关行业规定中确立了数据跨境流动管理要求，以保障国家安全为导向，以数据出境安全评估制度

和数据分级分类管理机制为主导，并对金融、交通、健康、保险、征信、地图、网络出版等特定行业数据、科研性质特殊数据等核心数据严禁出境。

3. 数据主权、安全、隐私仍是数据跨境流动治理的核心关切

数据主权、数据安全、隐私保护问题仍是未来数据跨境流动治理面临的核心关键，如何协调各国监管要求、贸易利益同时促进数据跨境流动是未来须应对的难题。一方面，许多国家和地区都在推进数据主权战略部署，尤其针对重要数据、敏感数据、核心机密数据、特定行业数据出境进行严格管制。未来随着大数据、云计算、人工智能等新一代信息技术越来越广泛应用于经济社会、军事国防等各个领域，数据作为基础性、战略性资源的重要性将日益凸显，"数据主权"成为继边防、海防、空防之后的一个主权空间。另一方面，数据安全面临新技术冲击。5G、大数据、云计算、人工智能、物联网等数字技术的发展及应用，给数据安全、隐私保护带来新的威胁，隐蔽在新技术外衣下的数据泄露、数据贩卖、数据侵权等数据安全事件频发。如在使用 ChatGPT 的过程中，可能涉及个人信息、重要数据出境行为，如果使用不当，将对个人隐私、商业秘密、国家安全造成严重威胁。再如，大量数据通过各类传感器或终端采集，包括人脸数据、基因数据等个人敏感信息，及关键基础设施分布等关系国家安全的重要数据。相关机构估算，一辆自动驾驶测试车辆每天产生的数据量最高可达 10TB。随着数字技术的深入发展和应用，数据主权、数据安全、隐私保护等核心问题将更加突出，未来如何协调各国监管要求、贸易利益同时促进数据跨境流动成为难题。

（三）全球数据跨境流动治理与规则对我国的挑战

当前，各国加快构建符合自身发展利益的数据跨境流动制度体系，全球数据跨境流动规则呈现多样化、复杂化、差异化、行业精细化趋势。美西方国家正在基于信任关系构建排除我国的数据跨境流动自由圈，数据主权、数据安全、隐私保护等核心问题仍然制约着数据跨境流动全球治理与规则形成。在此趋势下，我国数字企业出海将面临越来越多的数据合规风险，我国数字产业发展国际合作面临数据封锁困境，我国数字贸易面临较高的政策不确定性。

1. 我国数字企业出海将面临数据合规风险

当前，我国数字企业正处于加速成长、出海拓展的关键时期，阿里速卖通、希音（Shein）、特募（Temu）、抖音海外版（Tiktok）等一批数字平台企业加速出海。西方国家泛化安全问题，我国出海数字企业面临越来越多的数据合规风险。当前西方国家正在主导建立基于信任关系的数据跨境流动自由圈，而我国作为"不受信任国家"被排除在外。近年来，美国以数据安全为由针对我国出海数字平台的打压持续不断。2023 年 4 月 14 日，美国美中经济安全审查委员会

（US China Economic and Security Review Commission，USCC）发布《Shein，Temu和中国电商：数据风险、货源违规和贸易漏洞》专项调查报告，提出 Shein 利用用户数据和搜索历史，通过 AI 算法预测时尚趋势，但 Shein 缺乏有效的用户数据保护措施。中国出海社交媒体平台 TikTok 更因数据存储安全和算法推荐操纵的问题受到美国制裁，目前美国蒙大拿州众议院已通过全面禁止 TikTok 的法案。在欧洲方面，自 2018 年欧盟 GDPR 正式落地实施以来，欧盟针对跨国数字平台企业数据合规的执法力度正在逐步加强。据统计，2021 年欧盟数据保护监管机构针对 GDPR 违规的罚单总金额约 10 亿欧元，2022 年 GDPR 罚单总金额达到16.4 亿欧元。如近年爱尔兰数据保护委员会对 Meta 分别处以 4.05 亿欧元、3.9亿欧元、12 亿欧元的巨额罚款，卢森堡数据保护委员会对亚马逊平台处以7.46 亿欧元罚款。而我国不在欧盟 GDPR 数据保护充分性认定白名单中。我国出海数字平台均涉及大量用户数据，随着我国数字平台企业在欧美市场的竞争力和影响力逐步增强，未来美欧势必不断泛化数据安全问题，对我国数字企业进行打压，未来我国数字企业出海如何规避数据合规风险成为亟须解决的难题。

2. 我国数字产业合作将面临数据封锁困境

我国关键数字产业面临着核心技术受制于人的困境，高端芯片、操作系统、工业设计软件等均是我国被"卡脖子"的短板。而我国关键数字产业实现突破创新将面临数据封锁困境。数据跨境流动规则的政治化、阵营化和行业精细化趋势，使我国数字产业发展国际合作面临数据封锁困境。芯片作为现代工业的基础、数字经济的引擎，已经深深嵌入到汽车、通信、能源、国防等许多行业的数字化进程中，也影响着人工智能、5G、边缘计算等关键数字技术的发展，决定了数字产业发展的未来。而芯片行业是资本、知识、技术密集型行业，是高度全球化、各国发挥比较优势分工协作的结果。如欧盟在芯片设计环节的核心知识产权领域和制造环节的生产设备领域具有优势，但在先进芯片制造环节依赖韩国等亚洲地区，芯片设计工具依赖美国。欧美等国基于产业利益和数据主权制定"数据重商主义"色彩浓厚、附带意识形态偏见、针对高科技敏感行业进行封锁的数据跨境流动规则，将阻碍我国融入全球开放创新生态和贸易投资网络，切断我国重要数字产业的供应链，可能会阻碍我国数字产业升级发展，导致关键数字产业难以突破底层核心技术，数字产业安全风险增加。

3. 我国数字贸易面临较高的政策不确定性

数据跨境流动规则所呈现出的碎片化、动态化、政治化、阵营化等趋势，导致出口企业面临的贸易政策不确定性显著增强，制约我国数字贸易创新发展。目前，各国基于自身利益诉求及监管目标制定本国数据跨境流动规则。我国则在《网络安全法》《个人信息保护法》《数据安全法》顶层立法及配套实施细则、指南的规制下，建立了严格的数据出境安全制度。严格且具有差异性的数据出境安全管理制度一定程度上造成了数字贸易发展壁垒，给数据密集型的跨国数字企业带来高昂的制度成本。主要国家对数据跨境流动监管的差异性也将带来数字贸易政策的不确定性，监管政策的动态发展会扰乱出口企业对未来收益与损失情况的权衡，提高企业面临的不确定性，阻碍我国数字贸易发展。

（四）我国数据跨境流动的机制与对策

我国于 2021 年正式申请加入 CPTPP 和 DEPA，正在积极推进谈判进程。加入 CPTPP 和 DEPA 将为我国数字企业出海、数字产业合作、数字贸易发展营造稳定制度环境。但 CPTPP 和 DEPA 在数据跨境流动议题上的开放标准较高，我国仍需进一步借助自由贸易试验区、自由贸易港等高水平开放平台，对标高标准规则，开展先行先试和压力测试。此外，应在推进数据跨境流动的同时增强数据安全保障能力，并主动参与全球数据跨境流动治理。

1. 试点探索数据跨境流动安全管理便利化机制

2024 年 3 月 22 日，国家网信办正式发布《规范和促进数据跨境流动规定》，赋予自由贸易试验区制定数据出境"负面清单"的权利。下一步应充分发挥开放平台制度创新优势，试点探索数据跨境流动便利化机制。如开展数据保护可信认证便利化试点，可借鉴新加坡数据保护可信任标志，在北京、上海等跨国公司集聚地，结合企业数据出境实际需求，率先探索推进数据保护可信认证便利化试点，为已部署数据保护措施并达到数据合规标准的企业提供便利化认证方式，并探索与新加坡实现数据保护可信任标志的互认。同时，依托北京国际大数据交易所、上海数据交易所等数据交易平台，提供数据跨境流动合规服务，如设立数据安全与治理公共服务平台，吸引一批有数据跨境需求的企业以及优质数据合规的服务机构入驻，为数据出境企业提供政策咨询、风险评估、安全培训、自评估报告完备性审查等数据安全合规服务。此外，应支持和鼓励各地数据交易所加快新技术新模式研究，应用数据空间、数据监管沙箱等新工具，探索数据跨境安全流动新方式。

2. 增强数据安全保障能力

推进数据跨境流动必须增强数据安全保障能力。一方面，支持建设数据安全监测系统。如支持上海数据交易所、北京国际大数据交易所等平台建立智能化数据安全监管系统，加强数据安全风险评估、信息共享、监测预警等技术能力建设；另一方面，强化前沿数据安全技术研发。支持上海数据交易所、北京国际大数据交易所等平台强化数据安全技术研发，针对数据跨境流动过程中可能的数据泄露、个人隐私风险、数据滥用等一系列安全风险，支持差分隐私、零知识证明、同态加密、多方计算、联邦学习等前沿数据安全技术研究，支持安全产品研发及产业化应用。

3. 主动参与数据跨境流动全球治理

全球数据跨境流动治理与规则正处于形成过程中，西方国家正在基于信任关系加速构建将我国排除在外的数据跨境流动自由圈。而我国尚未明确提出我国数据跨境流动治理方案，也尚未与世界主要经济体、我国主要贸易伙伴建立数据跨境传输便利化机制，参与数据跨境流动全球治理不足。一方面，我国应以共建"一带一路"为契机，基于互利互惠、安全便利等原则，提出有利于我国发展的数据跨境流动治理方案，推动形成可互认的数据保护认证、标准合同条款等机制，实现区域内数据跨境自由流动；另一方面，我国应积极参加 WTO 电子商务谈判、推进 CPTPP、DEPA 谈判议程。新加坡作为 CPTPP 发起成员，也是 DEPA 的主要推动方，我国应加强同新加坡在数据跨境流动方面的对接与务实合作，探索数据跨境流动可操作路径，并同新加坡为代表的东盟国家开展更多有益数字产业合作。如新加坡是亚太地区数据中心、各类先进数字技术试验地和各类新兴业务的发源地，是全球数据流动、数字技术应用创新的重要枢纽和节点。未来我国可以同新加坡在人工智能、金融科技、数字货币等领域探索开展更多数字产业合作和政策对接，形成互惠互利的合作模式，打造中新数字产业开放创新生态。

第四章　收益分配

一、数据要素收益分配的原则[*]

数据要素参与分配的本质在于数据从潜在的生产力转为现实的生产力，必须将数据物化在劳动者、劳动资料以及劳动对象等生产力的基本要素上，即数据必须在生产过程中渗透到生产力的基本要素中才能转化为实际的生产能力。总体而言，现有研究将数据要素及其分配问题等同于数据产品及其交易，与我国薪资分配、效益分配和股权分配并存的要素分配实际有较大差距。下一步，数据要素收益分配是一个复杂而重要的问题，需要深入探讨数据要素在收益分配中的具体作用机制和分配方式，在公平、效率和可持续性原则的指导下，通过法律、监管、市场化等多方面努力，实现数据要素的合理分配和高效利用。

（一）数据要素收益分配的政策演进

经济增长（财富如何创造）和收入分配（财富如何分配）是经济学的两大基本主题。西方经济学认为，生产要素稀缺性要求生产者必须提高要素的配置和使用效率。詹森和麦克林（Jensen 和 Meckling，2019）在《企业理论：经理行为、代理成本与所有权结构》中有一个著名论断："企业是生产要素之间的合同集"，表明了企业中生产要素的重要性及生产要素参与分配的机理。生产要素理论是西方经济学建立的重要基础，相关理论研究最早可以溯源到威廉·配第提出的著名论断"土地为财富之母，而劳动则为财富之父和能动的要素"。过去百年间，经济学对于生产要素的认识经历了二元论（土地和劳动）、三元论（萨伊提

---

* 王建冬，国家发展改革委价格监测中心副主任，赣州市委常委、副市长，研究员。

出的劳动、资本和自然力）、四元论（马歇尔提出"把组织分开来算作是一个独立的生产要素"）、五元论（加尔布雷思提出将知识、技术等作为生产要素，曼昆提出将人力资本从资本要素中独立出来）等不同发展阶段。对生产要素参与分配问题的研究贯穿西方经济学发展全过程，并经过配第、斯密、李嘉图、萨伊、西尼尔、穆勒、马歇尔等的发展，到克拉克提出的边际生产力分配理论为其大成。克拉克认为："社会收入的分配是受着一个自然规律的支配，而这个规律如果能够顺利地发挥作用，那么，每一个生产因素创造多少财富就得到多少财富。"

回顾我国改革开放历程，收入分配制度改革是贯穿始终的核心命题。中国结合社会主义初级阶段条件下以公有制为主体、多种经济成分并存的所有制结构特点，提出按劳分配为主、多种分配方式并存的渐进改革思路，既遵循了马克思主义基本分配原则，又从社会主义市场经济规律出发，体现市场经济发展中的竞争机制、效率原则。在这一过程中，党中央根据不同阶段经济发展特点，逐次将资本、技术、管理、知识和数据等纳入按要素分配的序列中（见表4-1）。与之相应地，学术界从20世纪90年代初期开始围绕按劳分配与按要素分配、劳动收入与非劳动收入、效率与公平、初次分配与再分配等几组关系开展了大量讨论和思考。

表4-1　将不同要素纳入收益分配的重要里程碑

年份	会议	相关表述	改革里程碑
1992	党的十四大	以按劳分配为主体，其他分配方式为补充，兼顾效率与公平	提出允许多种分配方式并存
1993	党的十四届三中全会	允许属于个人的资本等生产要素参与收益分配	明确资本作为生产要素参与分配
1997	党的十五大	把按劳分配和按生产要素分配结合起来。着重发展资本、劳动力、技术等生产要素市场	增列技术为生产要素
2002	党的十六大	按劳分配为主体、多种分配方式并存。确立劳动、资本、技术和管理等生产要素按贡献参与分配的原则	增列管理为生产要素
2013	党的十八届三中全会	健全资本、知识、技术、管理等由要素市场决定的报酬机制	增列知识为生产要素
2019	党的十九届四中全会	健全劳动、资本、土地、知识、技术、管理、数据等生产要素由市场评价贡献、按贡献决定报酬的机制	增列数据为生产要素

2019年10月，党的十九届四中全会首次将数据要素纳入收入分配序列，提出健全由市场评价贡献、按贡献决定报酬的机制，这是我国改革持续向纵深推进

的一次里程碑式事件。这其中蕴含三个关键环节：①数据要素分配中起基础性作用的是市场；②市场评价贡献的关键信号是价格；③贡献决定报酬的逻辑起点是产权。从人类历史发展的角度，土地和劳动力是农业经济的主要生产要素，资本和技术则是体现工业经济发展特征的关键要素。这些生产要素大多具备较强的独占性特征，从而在分配过程中容易出现要素集中于极少数人之手的不平等现象。而数据要素天然具有非排他性、非竞争性特征，通过科学合理的分配制度安排，完全可以有效兼顾效率和公平。从这个意义上讲，近年来我国提出防止互联网平台资本无序扩张，其本质是通过合理的制度安排，充分发挥数据的非竞争性、非排他性特性，避免数据要素走向类似传统要素那样的垄断之路。推动数据要素市场化配置改革，是其中的重要手段，其核心是通过符合国情的数据要素产权、流通和分配制度，引导平台与全体人民公平享有数据的各项权利，共享数字经济发展红利，为实现共同富裕蹚出一条新路。

（二）数据要素收益分配的基本框架

经济学中一般认为，要素分配可以划分为初次分配、二次分配和三次分配。从数据要素参与经济活动的价值生成路径看，数据要素参与分配具有复杂含义（见图4-1）。一方面，数据要素与其他要素共同参与生产、交换和分配等市场经济活动；另一方面，数据要素价值化的过程本身融合应用劳动、技术、知识、资本等多种要素。因此，数据要素参与收入分配可以理解为两个维度的含义：一是数据要素与劳动、资本、土地、技术等多种要素共同作为生产经营活动的生产要素，按照各类要素对经济收益的贡献度决定收入分配配比，即实现各类要素间的分配；二是实际参与生产经济活动的政府、企业和个人等数据要素投入主体，依据掌握并投入生产的各类要素组合及要素的边际贡献获得初次分配收入，即数据要素对应的各类主体间形成公平高效的收益分配。

结合党的十九届四中全会提出的"价格市场决定、流动自主有序、配置高效公平"的要素市场制度建设目标，应在初次分配中确保"流动自主有序"，重点回答如何发挥市场基础性作用，完善"无形之手"；在二次和三次分配中确保"配置高效公平"，重点回答如何保障各方收益公平，规范"有形之手"。二次分配方面突出数据财税政策作用，应研究形成中国特色新型数据财税制度。三次分配方面引导数据型企业承担社会责任，应采取相关手段鼓励数据型企业更多承担社会责任。

1. 数据要素的初次分配

从广义而言，数据要素包括数据资源、数据技术和数据劳动者三部分，后两者分别与技术和劳动要素具有通约性，应纳入相应要素分配范畴，因此，在探讨

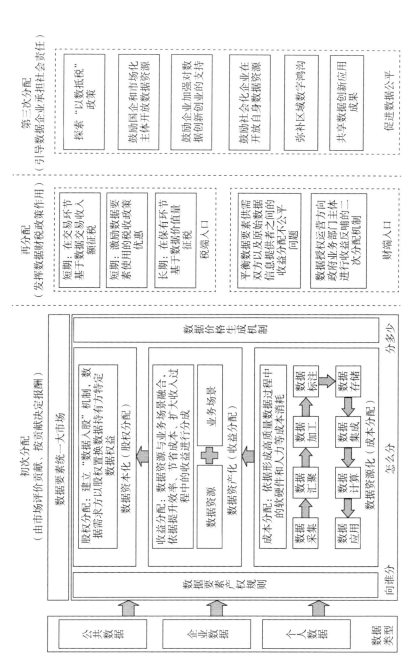

图 4-1　数据要素参与分配的实现路径

资料来源：于施洋、王建冬、黄倩倩．论数据要素市场［M］．北京：人民出版社，2023．

数据要素分配问题时，应明确其主要是针对数据资源或其所承载的数据权益本身的分配。数据要素初次分配的主要渠道是数据流通交易中的市场化定价问题。《中共中央央 国务院关于构建数据基础制度更好发挥数据要素作用的意见》中指出，支持探索多样化、符合数据要素特性的定价模式和价格形成机制，推动用于数字化发展的公共数据按政府指导定价有偿使用，企业与个人信息数据市场自主定价。目前，光大银行、南方电网先后发布了《商业银行数据资产估值白皮书》和《中国南方电网有限责任公司数据资产定价方法（试行）》，贵阳大数据交易所上线全国首个数据产品交易价格计算器，在综合运用成本法、收益法、市场法并应用于数据产品与资产估值定价方面开展了有益探索。

从目前数据要素市场发展的实际情况看，数据收益分配和定价问题主要存在于三个层面：一是数据资源的定价问题，重点是研究成本法导向的定价机制。由于数据资源不直接创造价值，不存在收益的概念，其价值评估主要以成本法为主，评估因素包括数据采集整理和标准化过程中的各种投入，以及数据质量、隐私含量等。二是对数据资源加工形成的数据产品和服务的定价问题，重点是研究收益法和成本法结合的数据资产化定价机制。二级市场中数据产品和服务定价以收益法为主，评估因素除成本外，重点考虑历史成交价、数据血缘、模型贡献度等收益预期类指标。三是企业拥有的大量没有进入交易环节，而仅用于企业内部共享流通的数据资源。这部分的定价问题是推进企业数据入表的关键环节，因为企业数据融资、信托、发债和证券化等资本化运作的标的物主要存在于这一领域，其重点是研究市场法导向的定价机制。因为零级市场本身不发生交易，也就不存在本级市场的价格信号。资本评估机构在对零级市场中数据资产进行定价时，需要采用市场法思路，即基于同类型数据在一二级市场的交易记录对零级市场数据资产进行评估定价。

总之，在"三权分置"的产权框架初步明晰的情况下，数据资产估值定价成为关键制度瓶颈。政策底线是必须避免数据像商誉那样成为企业资产的"腾挪空间"，否则数据要素市场化配置改革会成为滋生新一轮资产泡沫的温床，从而脱离改革的本意。为此，应在多级市场联动的大框架下，加快研究构建有利于数据要素价格形成的政策制度工具箱。

"数据二十条"颁布以来，国家发展改革委价格监测中心在数据价格机制建设方面开展了大量探索性工作。针对公共数据价格问题，受福建省数字福建建设领导小组办公室委托，牵头承担了福建省公共数据有偿使用定价策略研究课题，并于 2023 年 11 月正式印发（闽数字办函〔2023〕233 号）文件。受国家发展改革委价格司委托承担了"公共数据价格形成机制有关问题研究"课题，并配合起草公共数据政府指导定价有关文件。针对社会数据价格问题，牵头建立了全国数据价格监测报告制度,与北京、上海、深圳、广州、贵阳、福建、重庆、天津、郑州、海南 10 家交易所建立合作关系,监测覆盖数据商 5638 家,数据产品 10963 个,在福建、深圳、上海等地探索建设数据资产评估计价服务中心,指导贵阳大数据交易所研究发布全国首个数据产品交易价格计算器。

2. 数据要素的二次分配

在数字经济背景下,一方面,数据要素通过提升生产技术和优化生产资源配置实现促进经济高质量发展;另一方面,数据资源垄断、数据隐私泄露、数字经济税源隐蔽等问题,正在加速收入分配不平等。在数据要素边际成本降低伴随自然垄断的同时,数据资本衍生的算法权力显示出相较于传统各类资本更为隐蔽和强势的影响。公平合理的收入分配是社会和谐稳定发展的基础保障,在探索数据资源化、资产化和资本化初次收益分配路径的基础上,还需要进一步探索侧重于公平的二次、三次分配制度建设,有效保障在效率和公平间寻求动态平衡点。

数据要素的二次分配在政府主导下进行,通过增加数据财政收入后进行转移支付的方式,从政府财政预算收入和支出两侧设计适配数据要素市场发展的兼具监管效力和激励机制的二次分配制度模式,即在政府财政预算收入端设立面向数据要素相关企业的税收项目和监管罚没收入等非税收项目,以及设立公共部门数据授权运营专项制度;在政府财政预算支出端加大转移支付力度,设立面向数据要素市场建设和发展的公共服务支出机制,激励多方主体积极参与数据要素市场建设。

当前,推进有利于数据要素市场发展的二次分配体系,重点是强化适配数据要素市场的金融财税政策体系。一方面,要加大金融支持力度,更好地发挥数据在赋能金融高质量发展中的重要作用,为建设数字金融奠定坚实基础。积极探索数据质押、增信、信托、创投等创新业务,提升资源分配效率,鼓励对中小企业开展数据信贷担保服务。鼓励有条件的地方通过专项资金、产业引导基金、风险补偿基金等加强对数据治理、产品开发等数据领域企业扶持力度,充分释放企业活力。强化金融支持力度,探索将优质数据资产打包形成数据中心类 RETIS 基金产品等创新模式,推动政策性银行、符合条件的商业银行等加大对普惠性数据信贷的投放力度。另一方面,要加大财税政策支持力度。将企业数字化、智能化改造纳入税收抵扣减免范围,研究促进数据要素开发利用的税收优惠政策。稳步推进数据资源入表,明确数据产品研发费用加计扣除适用政策,探索数据无形资产加速摊销政策。探索数据入股,研究数据入股递延纳税政策。明确将符合软件产品特征的数据产品纳入增值税即征即退范围。统筹利用中央预算内投资和其他各类资金加大对数据要素开发利用的支持力度。研究设立数据领域中央财政专项建设资金。鼓励有条件的地方通过财政补贴等方式对数据治理、合规评估、资源入表等关键环节加大资金支持。

从长远发展来看，数据要素的二次分配是激活全社会数据资产巨大价值。我国地大物博、人口和产业规模巨大，数据要素资源禀赋居全球前列，企业积累的数据资产规模十分可观。在形成科学有序的数据资产评估入表路径的基础上，针对庞大的增量市场出台专门配套金融财税政策，将大大改善相关行业企业资产水平，催生新的税基。同时，在释放公共数据资产价值和红利方面，可探索公共数据授权运营方向政府业务部门主体进行收益反哺的二次分配机制，如将数据授权运营收益按比例转化为相应政府部门新增财政运营拨款并用于改进政府数据治理和应用水平，从而弥补政府财政资金，形成从"土地财政"向"数据财政"的升级跃迁。

3. 数据要素的三次分配

第三次分配在市场主体、公益机构和政府三个方面力量配合下进行，以社会主体自愿形式展开以弥补初次分配与二次分配不足。市场主体通过捐赠税后利润，或依托公益机构进行税前捐款捐物等方式调节社会资源配置，政府通过财政补贴、税收优惠和购买服务等方式鼓励社会主体积极参与第三次分配，在政府侧设立鼓励社会主体参与的激励机制是发挥第三次分配作用的关键。

数据要素市场三次分配机制方面，需要配合制定科学合理的符合我国国情与数据要素市场发展现状的社会分配发展战略，在提供公平高效、服务周到政务服务的同时，鼓励数字经济平台企业在数据要素相关的第三次分配中主动承担社会责任，先富帮助后富，助力社会实现"数据"共同富裕。健全公共数据开放管理机制，明确数据开放范围、标准、类型等规则，建立数据开放质量考核、保密审查和安全管理制度，保障公共数据开放的规范性和有效性，平衡好公共数据开发利用公益性和市场化的关系。建立透明的公共数据开放监管和反馈体系，畅通公众反馈、投诉渠道，形成开放数据供需对接良性循环，促进数据要素公益性服务均等化、普惠化。推动公共数据免费用于教育、科研等公益事业。鼓励平台企业积极承担相应社会责任，在公益事业、民生福社等领域提供公益服务。探索数据慈善，鼓励企业捐赠数据，符合公益性捐赠的支出享受所得税优惠政策。

从长远来看，要逐步探索建立完善隐私保护权益补偿机制。统筹平衡数据流通应用和数据安全的关系，在打击数据滥用、非法交易、隐私泄露等的同时，避免数据合规成本过高影响数据要素流通和资源配置。个人作为社会数据的重要提供者，理应获得其贡献数据要素的相应收入分配，在尚未建立原始数据来源方直接参与收益分配机制的阶段，可以考虑鼓励企业加大数据安全合规成本投入、提升数据流通交易安全保护等级，在为数据来源方提供更加安全可靠的隐私保护的同时，探索通过数据信托、数据银行等创新模式实现平台与个人用户的隐私权益共享。

二、数据要素收益分配：基于三次分配视角[*]

以数据要素为基础形成的数字经济是构建我国新质生产力的现实体现。2024 年 7 月召开的党的二十届三中全会上，明确提出了要"健全因地制宜发展新质生产力体制机制。推动技术革命性突破、生产要素创新性配置……加快形成同新质生产力更相适应的生产关系，促进各类先进生产要素向发展新质生产力集聚，大幅提升全要素生产率"。可见，加快构建与新质生产力发展相适配的新型生产关系，完善各类数据要素市场的基础性制度体系，必将为我国经济提供源源不断的增长动力。

构建与新质生产力更相适应的新型生产关系的目的，是为了能在最大程度上释放生产要素的活力，形成以新质生产力为中心的经济正循环。而对数据要素而言，是要在最大程度上鼓励各类数据要素的汇聚与使用，激发数字经济的规模经济效应与范围经济效应。同时，为让更多人们共享数字红利，我们需要关注数据要素收益的合理分配问题。合理的数据要素收益分配会激励高质量数据要素的持续产出，吸引更多主体参与到数字经济活动中，进而围绕数据要素形成良性的经济发展格局。不可否认的是，高效且公平的数据要素收益分配体制机制是培育新质生产力发展的关键，市场机制与政府调控均是不可或缺的手段。

构建与新型生产力相适应的生产关系需要政府"看得见的手"发挥积极作用，财政作为国家治理的基础和重要支柱，财政体制作为上层建筑中的重要组成部分，财税体制变革在新型生产关系建设中扮演着不可替代的角色。党的二十届三中全会提到，要深化财税体制改革，其中明确"健全有利于高质量发展、社会公平、市场统一的税收制度，优化税制结构。研究同新业态相适应的税收制度……增加地方自主财力，拓展地方税源，适当扩大地方税收管理权限……建立促进高质量发展转移支付激励约束机制"等，这些涉及要素收益分配，当然也影响数据要素收益分配问题。数据要素收益分配体现为初次分配、再分配、第三次分配三个不同环节中。

首先，数据要素初次分配主要体现市场的效率原则。数据要素价值按照其在生产经营活动中所做的贡献大小进行分配，这种贡献由数据要素市场评价，数据

————————————

　* 王志刚，中国财政科学研究院数据中心主任、研究员，财政学博士研究生导师；金徵辅，中国财政科学研究院，财政学博士研究生。

要素价格或数据挖掘报酬最终均由市场竞争确定。当然，数据要素收益活动所蕴含的不同劳动自然会让其拥有不同的价值，加之数据要素使用场景繁杂多样，数据要素收益差异现象在所难免。数据要素有别于传统的要素，在纳税人、课税对象、纳税地点、纳税环节等税制要素认定中存在诸多困难，数字经济发展对现行税制形成了全面挑战。在自由市场中，数据要素的自由竞争极易导致市场垄断、数据滥用和价格歧视等现象，这无疑都会阻碍数据要素生产和交易的长期健康发展。为解决市场失灵以及初次分配中的收益差距问题，政府的调节不可或缺。

其次，数据要素再分配要体现社会的公平原则。通过财税政策对数字经济活动中的超额收益进行合理征税，以及在不同市场主体间保持公平税负，不仅可以提高居民收入、改善消费福利，还能促进有序公平竞争并引导产业健康发展。在此过程中，财税政策通过扩大社保覆盖范围强化对新业态劳动者的社会保障，保障其合法权益；加大对数字化落后地区或数字技能不足人群的转移支付力度，鼓励数字基础设施建设以及数字经济发展，实现缩小不同层面的"数字鸿沟"。

最后，在第三次分配中要体现自愿原则，鼓励数字企业开展各种数字公益活动以履行社会责任。例如，开展公益数字技能培训，开展校企合作培养数字技能人才，帮助农村搭建电商平台、推广普惠金融服务等，财税政策可以发挥激励引导作用。总之，通过构建数据要素收益分配制度，最终实现"数字经济高质量发展——财税可持续发展"的良性互动关系，如图4-2所示。

数据要素在生产、分配、流通、消费各个环节发挥着不同的作用，在不同的应用场景中产生了不同的价值。因此，数据要素收益如何分配显得十分重要，而数据要素收益分配涉及各方利益调整问题，既要调动创新积极性，又要兼顾公平性，财政作为各种利益调节的枢纽所在，势必要发挥积极作用。从财政支出端看，数据要素市场建设离不开财税政策支持，财政除直接或间接的各类数字化投入外，还有一些围绕数字经济发展而采取的政府采购、补助、税收优惠、专项债等财税支持政策，可以说为中国数字经济高质量发展做出了积极贡献。另外，从财政收入端看，尽管现实中数字经济发展带来新税基，要成为现实财政收入还需要不断完善财税制度，如基于公共数据授权运营的国有资本预算管理制度，对新业态的税收管理等。通过构建合理的数据要素收益分配制度，可以兼顾数字经济高质量发展和财政可持续发展所需（见图4-2），财政可持续发展的核心是保持中长期的财政收支平衡能力。换言之，只有在财政可持续的条件下，数字经济方能实现长期的高质量发展。所以，本部分将以完善数据要素收益分配制度为目标，从三次分配的基本框架出发，探讨数据要素收益分配相关的财税政策优化方向，以期为数字时代下的财税体制改革提供新的思路与解决方案，最终促进新质生产力发展。

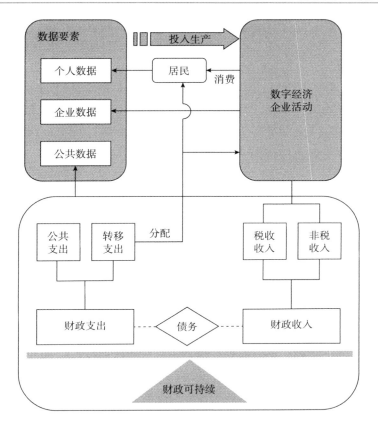

图 4-2　在财税可持续基础上支持数字经济高质量发展

（一）数据要素收益分配所面临的挑战

生产力决定生产关系，生产关系会影响生产力发展。以数据要素为核心的数字经济是新质生产力的代表，数据要素收益分配制度是新型生产关系的重要组成部分，构建数据要素收益分配制度是促进数字经济高质量发展不可或缺的制度创新。目前，我国数据要素市场发展要领先于基础理论制度的建设，理论研究不足主要表现在数据增加值核算、数据要素权属界定、数据资产评估定价等方面，数据要素收益分配制度仍存在着诸多挑战。

1. 数据要素价值创造复杂

与土地、资本、劳动等传统生产要素相比，数据要素具有虚拟性（O'Leary，2013；Jones 和 Tonetti，2020）、规模报酬递增性（Veldkamp 和 Chung，2019）、非竞争性（Jones 和 Tonetti，2020）和负外部性（Acquisti 和 Taylor，2016）等独

特属性，数据要素的价值创造复杂且多样。一方面，数据要素可以直接参与进企业的生产与经营过程，创造出巨大的经济价值。企业通过收集、分析和利用数据，能够更好地去了解市场趋势、分析客户需求，从而提高企业自动化水平和生产效率（Aghion 等，2018），提高决策准确度（Farboodi 和 Veldkamp，2021）和优化供应链管理等能力（Wang 和 Wei，2007）。另一方面，作为一种协同要素，数据要素可与劳动、资本等要素融合并间接发挥经济效能。其中，尤其是和劳动形成所谓的"数字劳动"，让数据要素除本身使用所创造的价值外，还会促进其他要素价值的协同倍增。此外，数据要素的价值也与应用场景紧密相关，不同场景下的数据要素会表现出巨大的价值差异。可见，数据要素所产生的直接影响、间接影响及其异质性，传统的土地要素报酬对应地租、劳动要素报酬对应工资、资本要素报酬对应利息等，数据要素报酬很多混合在劳动与资本报酬中，不易将其剥离出来，使其在总体增加值核算中的价值贡献评估绝非易事。

2. 数据要素权属界定困难

数据产权制度是构建数据要素市场的基础，也是完善数据要素收益分配制度的关键。虽然在"数据二十条"中提出了要建立数据资源持有权、数据加工使用权、数据产品经营权等分置的产权运行机制，但目前有关数据要素产权界定的相关理论和实践都比较缺乏。首先，数据要素权利性质尚未明确。作为一种新兴生产要素，数据要素既具有经济属性，又具有社会属性；既具有公共属性，又具有私有属性。如何界定数据要素的属性，数据要素市场确权的关键。其次，数据要素权利主体难以划分。数据要素从产生之际就涉及个人、企业、政府部门等多个主体，在其采集、加工、交易与再创造过程中又会与更多的主体产生关联，还有不少是机器自动生成，这使数据要素的权属确认变得困难，难以像实物物品一样进行明确划分。最后，数据要素应用场景多样多变。基于虚拟性和非竞争性，同一份数据资源可以在不同的场景中被不同主体进行同时使用，这种跨时空的多样化使用催生出了复杂的经济利益关系，多方主体都因有各自的利益驱动来对该数据权属进行宣称。因此，数据要素的权属划分具有一定困难，导致数据交易主体的责任和权利难以确定，这不仅阻碍了数据要素的有效流通，也进一步限制了其收益的合理分配。

3. 数据要素定价存在分歧

作为初次分配的基础，数据要素的价格不仅能充分反映其质量和供求关系，同时能够引导数据要素的流动和优化配置，提升数据要素市场的效率。然而，当前的数据要素定价机制存在着一些缺失，主要与数据要素本身的特性有关。相较于传统的生产要素，数据要素具有虚拟性，主要表现形式为数字、文本信息等虚拟形态，相关价值难以进行客观剥离和公允计价。此外，上文提及的数据要素权属界定困难也是制约其合理定价的关键。市场中的大多数据均由多个主体共同开发并使用，还有的是机器或 AI 自动生成，不同主体的贡献边界难以区分清楚，自然无法准确地评估出数据要素生成的成本与价值。此外，数据要素的定价也高度依赖其具体的应用场景，对同一数据要素使用者可体现出不同的价值偏好，形成不同的市场价格预期。客观来说，目前根据数据要素的质量、体量与稀缺性进行的传统会计学定价方法极容易出现极端定价，数据要素在定价上的分歧使得初次分配面临挑战。

中国目前积极推动公共数据开放共享，以带动整个数据要素市场发展壮大，由于公共数据涉及公共利益，还需政府"有形之手"进行干预。公共数据类似于公共品或准公共品，但不像水、电、石油等传统的资源品（见表4-2），在现实中形成了公共数据授权运营、政府特许经营权出让、直接委托运营等公共数据交易模式，其中，公共数据授权运营正在成为主流。但由于我国启动的公共数据开发利用时间并不长，在数据供给、供需衔接、定价机制、数据合规性等方面还存在若干问题。客观来看，我国公共数据市场结构呈现多级市场特征，垄断和竞争同时并存。因此，公共数据授权运营可分为两大类：一级市场是公共数据资源供给市场，重点是明确数据加工使用权和经营权，政府将公共数据集中授权给一家（或若干）国有企业，并由该企业承担该地区所有公共数据运营工作，但这也容易产生垄断，或造成不公平高价行为和差别待遇行为；二级市场是公共数据产品和服务的交易流通市场，二级市场开发是市场化的，通过市场自由竞争来提高公共数据的使用效率（商希雪，2024）。可见，为实现"数据二十条"中提出要鼓励公共数据有条件开放使用，政府公共数据授权运营模式还需要考虑多维化的融合发展。公共数据定价涉及成本、税、费等方面，难以准确量化；同时由于缺乏足够的公共数据市场交易活动，以及公共数据授权运行的多环节特征，公共数据的市场价格往往是隐性且多变的，无形中增加了公共数据定价的难度。

表4-2 资源产品定价机制和价税联动情况

类型	特征	环节	定价机制	税费政策
水	水资源天然形成；水利工程供水有一定竞争；终端用水环节垄断	取水	免费	水资源费（资源税）
		供水	准许成本+合理收益	增值税、所得税
		用水	城镇：准许成本+合理收益；农村：逐步补偿运维成本	增值税、所得税
		污水处理	补偿设施运营成本并合理盈利	污水处理费、增值税、所得税

续表

类型	特征	环节	定价机制	税费政策
石油	生产、批发集中，销售有一定竞争；受国际市场影响大	开采、生产	市场调节价	资源税、矿业权出让收益和矿业权占用费、消费税、石油特别收益金、增值税、所得税
		批发	最高零售价格倒减	增值税、所得税
		零售	以国际原油价格为基础确定上限	增值税、所得税
电力	发电寡头竞争、输配网络型自然垄断	发电	以市场调节为主	资源税、政府性基金、增值税、所得税
		输配电	准许成本+合理收益	增值税、所得税
		售电	上网电价+输配电价+政府性基金	国家重大水利工程建设基金等

资料来源：张希圆，王志刚. 关于公共数据定价机制设计的思考［J］. 宏观经济研究，2024（7）：3-4.

4. 数据要素收益分配需兼顾多方需要

由于数据要素基础制度体系的不完善，数字劳动或部分地区的数字劳动者不能得到合理的收入补偿，存在着数字鸿沟、数据垄断、税收税源背离等现象。如何通过收益分配来消除数字鸿沟，是未来财税体制改革中的关键任务之一。首先，数据要素收益分配要改善地区间的数字鸿沟，为全国各地区提供公平的发展机遇。基于庞大的人口规模和更为完善的数字基础设施，我国东部地区天然具有发展数据要素的比较优势，并对其他地区产生了一定的"虹吸效应"。随着东西部地区间的数据要素收益差距不断扩大，无疑会遏制中西部数据要素的再生产，不利于中国数据要素市场发展壮大。在"东数西算"工程带动下，数据要素产生的增加值和税收大部分汇聚于东部地区，而能耗等成本却多留在西部地区，要完成"双碳"目标，西部地区应得到一定的转移支付来作为补偿。其次，数据要素收益分配要弥合行业间的数字鸿沟，推动我国产业链的数实融合发展。由于数据要素在各行业间内产出弹性具有差异，与互联网等新兴服务业相比，传统制造业很难担负起初期高昂的数字化转型成本，进而造成了行业间数字化程度的不均衡。而这种不均衡发展的格局，不仅会遏制我国产业链中的数据互通与共享使用，而且会使数据产业与实体产业产生割裂。另外，数据要素收益分配也要考虑到对微观主体间的数字鸿沟，电商平台、网络直播平台与线下实体之间的税负差异需要重新审视，要进一步完善税制以保障不同市场主体间的税负公平。不可否认的是，分配制度改革在弥合地区间、行业间、个人间的数字鸿沟时必然牵涉到多方利益主体，财税作为利益调整的枢纽，需要在其中发挥积极作用。

（二）完善数据要素收益分配制度的财税视角

为实现"数据二十条"所提出的"建立体现效率、促进公平的数据要素收益分配制度"，结合新一轮财税改革契机，我们需要推动构建"数字经济高质量发展——财税可持续发展"的良性互动关系，在激发全社会创新活力的同时，让社会大众都能分享到数字化发展的时代红利。从三次分配视角看，市场、政府、道德三种力量均有应有的作用空间；数据要素收益的初次分配要体现效率原则，数据要素收益向价值和使用价值创造者倾斜，充分发挥市场机制的作用；第二次分配要体现出公平原则，注重提升公共利益和全社会福利，有效发挥政府调控的作用；第三次分配要弥补政府与市场调节的不足，注重改善弱势群体福利，发挥道德的力量，激励相关企业主体开展公益活动，进而平衡数据要素的公平使用和高效利用。

1. 数据要素收益的初次分配要体现效率原则

数据要素收益的初次分配指在市场机制调节作用下，根据数据要素在财富创造中的贡献进行报酬分配，其在三次分配制度体系中居于关键位置，是实现数据要素市场化配置的主导机制（张林忆和黄志高，2023）。以此为目的，财税制度需要围绕市场对数据要素的供需匹配能力，促使数据要素供给方可依据数据要素在经济生产中的贡献度来获得相应报酬。但是，由于数据要素特性让数字经济的生产过程发生了改变，相关财税政策设计思路也需要进行调整，以形成高效的市场分配机制。

其中，在数据要素非竞争等特性影响下，流转税所受到的影响最为突出。所谓流转税是依据对生产经营全过程各个环节的分解而设计的一系列税种，如增值税、消费税和关税，其中，增值税是目前我国主要税收来源之一。但随着数据经济要素不断深入，服务业与工业和农业之间的边界逐步模糊，"生产经营环节"难以清晰划分，这不仅使基于传统行业进行的税基划分不再适配，且会让纳税主体更加广泛（冯俏彬，2021）。在此趋势下，适配于数字经济特性的流转税或许更需要向产业末端靠拢，即以最终销售总收入为主要税基，规避在生产增值环节中的模糊与交叉，避免重复征税带来的成本问题。

此外，数据要素的虚拟性也会对初次收益的收入结构产生变化。在数据化时代，数字化的电商平台可凭借线上虚拟平台进行异地销售，进而缩短商品流转环节，让厂商生产者与居民消费者实现快速匹配。因此，我国东部地区凭借拥有更为突出的消费能力，在目前以消费地为基础建立的增值税财税制度之上，大部分线上消费所产生的税收自然而然地留存至东部等地，间接对中西部地区的生产和运输地区的税收产生侵蚀。为解决数字平台经济所带来的挑战，刘怡等（2022）提出可通过建立省际增值税清算机制，结合生产地原则和消费地原则分享税收，以缓解由数字经济发展所带来的区域税收不均衡发展。

简而言之，为提高数据要素在第一次分配环节中的效率，财税政策需要降低其流通成本，向核心收益环节进行倾斜，按照"谁投入、谁贡献、谁受益"原则，推动数据要素收益向数据价值和使用价值创造者合理倾斜。在遵循数据要素所形成的生产过程，以数据要素产权为基础，通过市场机制按其生产贡献度提供报酬，同时借助政府财税力量对原始数据信息的市场主体做出合理补偿，进而释放数据要素的生产活力（王颂吉等，2020）。未来要进一步完善对数据要素全生命周期价值网络创造的核算工作，如知识图谱的方法等（林常乐和赵公正，2023），这可以为相关的分配政策提供可靠依据。

2. 数据要素收益的再分配要体现公平原则

从再分配的角度出发，税收、社保、转移支付无疑是调节数据要素收益最直接的手段。目前，数字企业由于拥有庞大的数据要素资源或资产更易获取超额利润，有必要通过创新税收政策调节超额利润，促进市场公平竞争，缓解收入分配不公（张林忆和黄志高，2023）。针对数据要素投入所带来的超额收益，企业所得税需进行进一步调整，以遏制头部巨型数字企业的垄断行为，避免对市场的创新活动产生抑制。在兼顾公平与效率的条件下，王志刚等（2023）通过构建一般均衡理论模型，测算出数字企业所得税的最优税率区间可设为14.14%~23.23%。作为直接税的企业所得税，或是数据要素收益管理中的有效税收工具，即可以有效规避由数据要素非竞争性时所产生的诸多问题。不可否认，基于数据要素特性所构建的企业所得税发展方向与党的二十届三中全会《决议》中所提出的"健全直接税体系"目标遥相呼应，通过完善数字企业所得税制度，合理规范企业使用数据要素的经营所得。在鼓励数据要素最大化使用的前提下，实现对数据要素收益所得的统一征管，即也是公平性原则的现实体现。

在数据资产价值得以被量化识别的基础上，相关的税收制度需要重新审视。2023年8月，财政部发布了《企业数据资源相关会计处理暂行规定》，其中对数据资源的会计处理和信息披露进行规范，明确了数据资源资产化的实施路径。但这并不意味着有关数据资产的税收已万事俱备，其摊销方法与业务模式让其税收管理更为复杂。首先，基于数据要素的规模报酬递增性，数据资产很难判定其是否发生了价值折旧。税务部门需要根据特定的使用场景，确认数据资产的实时市场价值与预期经济收益，进而规划相关的资产税率。此外，不同于传统资产的交易模式，数据资产交易并不是"一锤子"买卖，通常是由企业提供的一种长期的数字化定制服务。因此，税收部门是以"销售存货"征税还是"信息技术服务"征税仍存有争议，针对不同的数据资产的税收还需更加精细化的管理。

此外，财政需要通过转移支付或补贴等方式来缩小收入差距，避免区域间财力差异扩大。在地区间，"东数西算"有利于发挥地区间的比较优势，但会带来区域间产出差异，东部财力保障有能力进行数字化高投入，大量数据使用所产生的价值多留在东部地区。未来中央对地方的转移支付仍需保持一定力度，促进东部地区与中西部地区的数字经济红利共享，避免财力薄弱地区因过度进行数字化投入而形成新的债务问题，转移支付适当向中西部倾斜以提升其数字化发展能力。在居民间，依托于数字平台的出现，共享经济、平台经济和零工经济丰富了居民的收入渠道。客观来说，整体的居民总收入确实得到提升，但同时不同居民的数字化技能差异会扩大居民间的收入差距。因此，财税政策还需要完善个人所得税，将新业态从业者收入合理纳入个人所得税征收范围，同时拓宽居民数字化技能提升的教育培训成本扣除标准，鼓励居民数字化能力提升，进而减少居民之间的收入差距。同时，要不断完善对新业态从业者的社会保障以及社会福利，保障新型数字化劳动的合法权益。

当然，数据要素收益再分配是能促进对高质量数字经济的长效发展。如若一味追求绝对的收入公平，只会带来社会运转效率的下降，这不符合《决议》中"健全有利于高质量发展、社会公平、市场统一的税收制度"的要求。因此，为能构建"数字经济高质量发展——财税可持续发展"的良性互动关系，还需完善财政收支一体化建设，在兼顾效率与公平的原则下实现财税财政的最优规划。

3. 数据要素收益的第三次分配要体现自愿原则

数据要素的第三次分配是要激励数字企业主体开展公益活动，在道德伦理调节下运用社会公益手段引导财富流动，以提高社会公民的整体数字能力与素养。客观来说，在数据要素初期发展阶段，数据要素的第三次分配制度仅是前两次收益分配的补充，是实现数字时代下共同富裕的补充手段，要体现自愿原则，注重激发市场主体的社会责任心。

随着数据要素的深入使用，人工智能（AI）等数字技术运用对劳动力技能提出更高的要求。为尽快适配于数据经济的发展，企业不仅要在生产过程中进行数字技能培训，而且要在消费端提高消费者的数字化接纳度，如智能手机使用、线上支付等习惯。在此趋势下，企业有一定的经济驱动力去推进社会的数字化建设，进而培养市场中的潜在消费习惯与品牌忠诚度。但也需要承认，全民数字素养培训工作是一项长期投入，并具有一定的外部性，需要全社会的积极参与。

因此，政府要利用好这一发展趋势，积极弘扬科技向善伦理，鼓励数字企业主动承担社会责任。在现实中，已有一些数字经济头部企业对乡村振兴、数字普惠金融、数字化发展等公益事业设立了相关专项基金，或是与大学或科研机构建立科研联合体，促进校企合作，并为在校生提供就业实习机会，促进了数字化技能提升与数字技术运用，产生了显著的社会效益。在财税政策方面，可尝试通过税收优惠与减免等激励性政策，鼓励企业、行业协会展开对数字弱势群体的帮扶，鼓励企业进行数字社会、数字乡村和数字社区等公益性的便民服务建设。在政府、市场、社会三者之间形成合力，共同提高全民数字素养，让更多人群共享数字化发展红利。随着国民数字素养的不断提高，更高质量的数据要素将得到持续供给，数字经济高质量发展的格局会得到进一步完善。

（三）相关财税政策建议

数据要素市场壮大与数字技术进步推动了我国数字经济的不断发展，要推动数字经济高质量发展需要建立健全数据要素收益分配制度，充分考虑数据要素特性、相关配套制度建设进展和中国发展现状，围绕公平与效率相结合的原则加以稳妥推进。基于三次分配的分析框架，财税部门需要就数据要素收益分配制度展开前瞻性研究，以期构建"数字经济高质量发展—财税可持续发展"的良性互动关系，不断完善促进新质生产力发展的新型生产关系体系。相关财税政策建议如下：

一是改善财政政策与数据要素特性的适配性，针对数据要素的非竞争性特点，优化增值税等流转税的征收环节，合理细分税目并设定税率，尽可能覆盖更多的数据交易活动；科学设计企业所得税等直接税制度，将数字用户数量纳入企业所得税的区域分配中，缓解税收税源背离以及税负不公现象，实现对数据要素收益的有效税收管理。二是构建财政对数据要素价值的良性互动机制，精准掌握企业所持有的数据要素收益和数据资产价值，探索企业所得税对数据要素收益的管理方法；通过财税支持政策，鼓励企业参与数据要素的交易与共享，激发数字企业的创新活力。三是以公共数据资源开放共享来拓宽财政收入渠道，采用成本定价法对公共数据的开放进行使用费管理，或委托国有企业进行市场化运营，形成一定的财政非税收入，夯实地方财力基础。四是加大公共财政在数字技术与数字教育领域的投入，通过公共数据支出手段提升社会公共福利，利用"产学研"合作模式加速数字技术的落地，拓展数据要素使用场景并降低使用门槛，促进更多社会群体参与数字社会的发展。五是在财政可持续的基础上优化转移支付制度，将数字化因素纳入分配公式之中，弥补地区间、行业间和个人之间的"数据鸿沟"，推动社会各维度的数字化均衡发展，缩小不同收入群体之间的收入差距，提高社会对数据要素使用的包容度。

三、数据财政的构建逻辑及可行路径[*]

（一）数据财政的意义

1. 数据财政的概念

数据财政是数据开发和流通过程中适配的财政税收制度的概括和总称，可分为狭义数据财政和广义数据财政。狭义数据财政指公共数据进入市场涉及的财政收支活动；广义数据财政包括政府和市场更多主体、更大范围内的所有数据生产、使用和流通过程中的财政活动，涉及各种财税工具和手段。

进一步看，以数据的（静态）生命周期为观察维度，数据财政可以分成两个阶段：第一阶段是公共数据进入市场之前，数据生产和交易活动的主体是政府，数据财政主导了这一阶段，包括储备、生产和授权使用数据的核心过程；第二阶段是公共数据进入市场之后，数据生产和交易活动的主体是企业，数据财政在数据开发、服务、再生产等过程的外围，尽量不干预企业、个人对数据的利用过程，主要通过财税手段实现对数据市场的激励和管理。

数据财政不是简单的"卖数据"。"卖数据"仅是数据要素某一种流通方式的俗称。其实，根据数据发挥作用的不同方式，从数据资源转换形成的数据产品包括数据本身、针对数据加工的算法程序、基于数据提供的数据服务等多样化形态，围绕丰富的数据产品，形成了多环节、多主体、多层级、多方式的数据市场体系。因此，数据财政问题不能仅限于某一环节的财税问题，需要跳出财税，进行综合的数据基础性制度安排，顺应数据将会成为主要生产要素之一的未来趋势，系统性地考虑基于数据的财政运作，包括但不限于财源的培养、收入体系的设计等。这个层面的数据财政概念需要更加关注和考察以数据为关键要素的数字经济带来的公共利益。

2. 建立数据财政的意义

建立数据财政是完善数据基础制度的需要。数据财政是在数据基础制度之上，体现数字经济公共利益、保证全体人民共享数字经济发展红利的需要。一方面，很多数据资源具有一定的公共性，目前数据权利分置的制度创新拓宽了数据流通和使用的空间，汇集点的运营者成为事实上的数据权益拥有者，个人（部

＊　谢波峰，中国人民大学数字税收研究所教授。

分）放弃数据的财产权，让渡给政府或企业（平台），这一做法凸显了建立数据财政制度、体现数字经济公共利益需求的迫切性。另一方面，数据（或数据产品）价值的产生方式具有公共性。数据更具普遍性意义的价值应该是聚集性产生的，即海量数据汇集而成的大数据价值，其中由于汇集而形成的数据增值，需要建立数据财政加以调节。另外，与数字经济、数据市场匹配的提供相关公共产品的新需求也对数据财政提出了相应要求。

建立数据财政是发挥现代国家治理中财政重要作用的需要。"数据"作为生产要素，会对社会经济运行及国家治理产生显著影响。在现代国家治理中，财政在发挥基础性、支柱性作用的同时，无疑要将"数据"这一要素作为重要的工具和手段。一方面，数据财政要推动数据要素成为与传统要素相提并论的新生产要素，奠定数据要素及数字经济进一步发展的基础；另一方面，数据财政通过创新财政工具和机制，并将其嵌入新要素的社会生产和循环周期，形成要素市场化配置的良好环境，发挥数字经济时代国家治理的支柱性作用，为财政作用的发挥注入了新的时代寓意。

总之，数据财政既是完善制度、促进数据发挥作用的需要，也是数字经济、数字社会、数字中国建设中完善国家治理的需要，是通过数据要素推动高质量发展、实现中国式现代化的重要抓手。

（二）数据财政的构建逻辑：以公共数据运营为例①

数据财政是数据要素流通和使用相匹配的财政制度，科学制定相应制度的前提和基础之一是要从"数据二十条"的基础制度出发，基于数据要素流通和使用的具体业务，而不是抽象地讨论数据要素相关的财政支出和收入。从财政制度的角度看，最紧密的是数据价值产生的过程，从数据价值链的分析来看这一过程，数据价值创造的基本活动包括数据资源化生产、数据服务化开发和数据价值化利用，以实现从数据到数据资源、数据服务和数据价值的转换，考虑这一过程中可供选择的数据财政政策工具，除通过数据财政的收入体现数据价值的实现过程，还依靠具体的主体和环节。数据税收和传统税收一样，必须要有具体的纳税人、征税环节、征税对象，因此，需要通过一个考虑实现过程、影响因素的框架来分析（公共）数据运营和数据财政的关系。

1. 数据投入、数据价值和收益分配的关系

就公共数据运营而言，从包括财政投入在内的各种数据要素投入，到数据要

---

① 本部分以公共数据运营为例，一方面公共数据不仅狭义数据财政的对象，而且是各种类型数据运营的先行示范，另一方面无论哪一种来源的数据，其实对于数据财税而言仍然具有一定的共性。

素价值形成，再到数据要素价值的实现，可以通过下面的式（4-1）表示这种关系：

$$I = V = R \tag{4-1}$$

式中，V 代表所形成的数据价值；I 称为数据投入，代表不同主体在形成数据要素过程中投入；R 称为数据收益，对应着投入阶段做出的数据要素价值贡献。虽然数据流通和使用过程中有着不同的数据价值的表现形式或分配方式，但从所有的流转环节、所有的市场层级看，这一等式是均衡的，这时候，式（4-1）变成了式（4-2）。

$$\sum_i^j I = V = \sum_i^j R \tag{4-2}$$

式中，i 代表不同的价值投入主体，j 代表不同的数据要素流转环节。

在某一个环节 i，不一定要左右相等，由于价值未被发现或者外溢（这就是数据流通促进社会生产的价值），存在投入大于收益，也可能由于市场存在较高预期，存在投入小于收益。换句话说，数据要素的价值，不一定会有对等的市场收益，同样地，相应的数据财政投入和收益也不一定会对等。

现有的实践告诉我们，要从多维度考虑公共数据运营及数据财政，要考虑数据要素从投入成本到形成价值，并实现价值的过程，要考虑数据本身的自下而上、从小到大的汇聚过程，尤其是其中涉及不同财政层级，这一过程如图4-3所示。

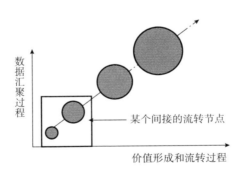

图4-3 数据要素的价值形成过程

理想的状态来看，一个数据子集（图4-3中用一个圆表示，同时是一个理论的数据生产主体）、一个数据子集不断地汇聚，这一流转过程同时也是数据价值不断形成的过程，在汇聚、流转中，完成了数据资源到数据资产的跳跃，并形成了一个环节、一个环节的数据产品（服务），每个环节都有大小不等的投入，都会增加或多或少的价值，都有相应的收益分配方案。

现实中，为了提高交易效率，或者基于现有数据资源的持有状态，理想的连续环节变成了间断的、有限的流转环节、交易主体，甚至于进一步变成了与应用场景相结合的数据服务、数据模型。而这种间断的、有限的流转环节，形成了现实当中不同的数据要素权利，包括数据资源持有权、数据加工使用权、数据产品经营权，对应着不同参与主体，而就数据财政而言，同样存在着依据不同权利、处于不同环节的财政主体。

在文中揭示了公共数据运营中财政对数据要素的投入是参与数据收益分配的重要依据，也是有偿提供公共数据产品和免费政府公共信息服务的区别所在之一①。免费政府公共信息服务指针对公民或企业个性化的数据服务，是一对一的个人公共产品提供，而有偿提供公共数据产品发生了提供对象转变，通过图4-3中所示的数据汇聚过程，基于公共批量数据进行数据产品和服务生产，要通过市场化机制面向数据流通市场中的企业开展商业活动，这一过程需要不同形式的额外财政投入，是一种所谓的"生产性"的财政投入，用于数据产品的形成，在这一区别的基础之上，相应的成本收益机制、政府和市场分工等都发生了变化。

2. 数据价值的影响因素及其表现形式

如果用 V_i 代表数据资源到数据产品转换过程中某个环节 i 的价值，我们考虑不确定性，可以进一步用 V_i+R_i 代表这一环节的数据要素价值，V_i 代表确定性价值，R_i 代表不确定性（风险溢价）价值，类似于无形资产确定中的不确定性，这种不确定性主要来源于数据使用具体场景和市场规模的变化。一般来说，对于某个具体的数据集，场景越明确，不确定性越小，流通环节越靠后，投入越多，场景越明确，数据价值越大。市场规模与数据价值的关系是正相关的，规模越大，数据价值越大，市场规模变化越大，不确定性越强。这些影响因素同样会影响数据财政收益的形式和规模，越明确的场景、越大的规模，贡献财政收益的能力越强。

针对不同的层次而言，数据要素的价值还有属地属性价值，这时候，数据价值进一步地变成了 $V_{ij}+L_{ij}+R_{ij}$，L_{ij} 代表数据要素在环节 i、政府层级 j 的属地价值。一般而言，层级越小，数据价值中属地价值的相对比例越高。这一特点对形成地方级次的数据财政具有重要意义。

数据价值收益最具一般性表现形式是数据产品（数据本身、数据服务、模型

① 非公共数据流通和使用的数据财政（税收）与之略有不同，即前面提到的狭义和广义数据财政（两阶段数据财政），但从某一角度来说，其他数据的数据财政（税收）也需要作为数据要素分担社会运行的成本，并且受益于财政对数据市场的投入。当然，这一说法暂不考虑财税激励和优惠。

算法等）的货币价格，通过货币价格表现数据产品的要素价值最具一般性。考虑到数据要素价值及其表现形式的影响因素，以及与其他要素相比较，数据要素价值其特殊之处就在于融合性，要融合到所投入的企业中、生产中、场景中。因此，数据要素价值的表现形式不是唯一由货币形态完成的，往往还具有非货币形态，如数据入股、虚拟记账的特殊方式，通过这些非货币形态，体现价值影响因素带来的不确定性、融合性等要求，而在价值与价格（收益分配的基础）、货币（收益的直接表现形式）和非货币形态之间需要的是数据价值的评估。因此，与此对应，数据财政的体现也会有货币化和非货币化的多种形式。

3. 收益分配环节的数据财政

严格来说，数据财政一定要有数据收益，如仅用于政府信息公开意义层面的财政性支出，不能称之为数据财政，数据财政的意义所在是不仅仅针对数据产品有财政性的投入，而且能够以这种投入获得收益的分配。从前面的分析中，我们已经知道：第一，相应的数据财政投入和收益也不一定会对等；第二，存在着依据不同权利、处于不同环节的财政主体；第三，场景的确定性、环节的先后顺序、规模的大小等影响数据财政收益的形式和规模；第四，数据财政的收益体现有货币化和非货币化的多种形式。

这些公共数据运营中数据财政的特点充分地凸显了在收益分配环节需要数据财政的统一系统性，这一特征体现在分配依据、分配环节、分配层级等多个方面。例如，在数据收益的分配依据上，针对不同的数据要素权利，包括数据资源持有权、数据加工使用权、数据产品经营权等不同参与主体之间进行分配。对应的是分配给不同参与主体的收益分配，数据财政的财政收益体现了三个主体身份的三种权益。针对公共数据而言，数据资源持有权是政府代表公众持有公共数据、开放公共数据对应的权力，数据加工使用权对应着相应的数据资源形成数据价值的财政投入，数据产品经营权是数据要素行政性收费等经营功能的体现，这三种权利所对应的分配权重根据不同环节、不同层次的具体情况而不同。与其他主体的权益不同，数据财政的三种权利密不可分、互为补充。除了三种权利外，现有文献所讨论的数据税收大部分所指的是数据作为一个普通的产品，与其他产品一样，所分摊的普遍税收义务，类似税收在别处拔"鹅毛"，同样需要在数据上拔一根"鹅毛"。

当然，对于某一个具体的数据要素而言，在某个环节、某个政府层级，可能不存在任何直接的数据财政分配形式，而转移到其他环节、其他层级，通过其他形式实现，如财政转移支付。

4. 数据财政与公共数据运营的良性循环①

进一步看，公共数据运营的目标是促进公共数据的要素作用发挥，从数据要素的收益分配侧对应的是公共数据产品（服务），而公共数据产品（服务）的购买者（或消费者）更多的是企业。从某种角度来看，所谓的"公共数据市场运营"只是通过市场化的手段，增加了产品和服务，产生良性的数据财政循环。如图 4-4 所示，展示了这个循环的关键，数据财政的收入，一方面用于数据财政的建设；另一方面用于补贴数据产品的使用者，这种流转机制不仅仅是形成了新的数据财政收入，更重要的是形成了新的数据产品和服务，推动了数据要素市场的发展。

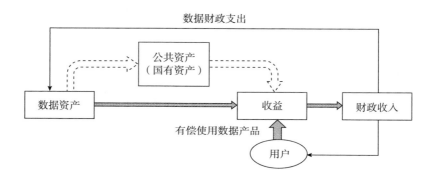

图 4-4　良性的数据财政循环

从这个角度来看，数据财政的目的是"做大蛋糕"，让公共数据要素推动数据要素市场发展，促进数字经济做强做优做大，实现实体经济和数字经济深度融合的高质量发展格局。做大的数据市场"蛋糕"中，财政获得的数据市场收入仍然是"取之于民，用之于民"，当然数据财政发展的初期阶段收入应该主要用于数据领域的建设和发展，而在形成足够大的滚雪球效应之后，数据财政足够大时，再反哺其他领域。

通过以上框架，本部分力图将公共数据运营中关于不同经营模式、不同政府层级、不同数据流通环节、不同数据财政形式进行了统一，这个统一其实是辩证地提出了一个"多对多"的数据财政框架来适应具有多样性的数据要素。从目前看，包括公共数据在内的数据要素市场，未来与其相适应的数据财政制度极大可能地将是这种模式。在这种适应性较强的模式下，根据不同数据要素的具体情

---

① 同理，包括企业数据、个人数据的数据财政对应着的良性循环，就是数据要素服务经济社会的高质量发展。

况，考虑若干现实的问题，将分别选择不同的数据财政要素进行组合，形成适合各地数据要素市场实际情况的数据财政模式。

（三）可行路径及考虑因素

1. 可选模式的匹配性分析

在认识到多样化财政工具的统一性基础之上，在数据财政的可选工具中组合形成匹配实际运行情况的模式。根据数据财政投入侧和收益侧的组合，目前来看，有不同的运行模式，相应地有着不同的财税政策工具，大致分析如下：

第一，数据财政、数据税收、数据税三者既有联系又有区别。有数据财政，但不一定有数据税收，有财政支出，有财政收入，但不一定通过税收方式实现，而是通过特许权费、拍卖费等非税收入形式。有数据税收，但不一定有数据税。在现有税制框架下，明确对数据要素流通各个环节的税收安排，分别缴纳增值税、所得税等各项主要税收，在这个框架下，其实，所谓的数字服务税，就是基于数据提供的各项数字化服务而实现的；对于数据税而言，是在产权边界清晰、流通环节划分等条件基础之上，针对数据要素，针对数据持有权、加工使用权、产品经营权建立具有一定创新性的数据税，当然这个数据税也不一定是一个税种，也可以放在现有的税种中，作为一个新设的税目，类似于现在的数据资源会计处理办法提出将数据资源放在现有的存货或无形资产科目之下的做法。

第二，针对不同的可选工具，针对不同的数据类型的特点，采取一定的模式组合。我们以公共数据为例说明这种组合。公共数据类型在价值和不确定性方面，存着在四种不同的组合：价值高但不确定性强、价值高同时确定性强、价值低同时不确定性强、价值低但确定性强等，根据不同类型，确定不同的数据流模式及相应的数据财政工具，如表4-3所示。

表4-3 不同类型公共数据的数据财政模式

公共数据类型	流通模式	数据财政模式及工具举例
价值高、不确定性高	数据应用服务	事业单位或国有股份公司
价值高，确定性强	数据应用场景	特许经营
价值低，不确定性高	数据应用场景或应用服务	特许经营
价值低，确定性高	数据产品	数据出让

对于价值高但不确定性高（或者说风险高）的公共数据，通过"可用不可见"、数据服务模型等数据应用服务模式交付，对应的数据财政模式可以通过事

业单位或国有股份公司进行，采取公共服务收费或利润分红模式。对于价值高同时确定性高的公共数据，可以将公共运营环节延展交付到具体的可确定的应用场景，通过国有股份公司、特许经营等模式进行，从数据资源转换到数据产品中发生的相应数据支出原则上通过市场化的方式开展，各环节财政投入进行累计，在公共数据运营环节进行财政收益回收。对于价值低的公共数据而言，价值低并不意味着没有市场意义，这好比食盐对于佳肴的意义，只是相对价值高的公共数据而言，需要较长的经营期摊抵其经营的成本，这一类数据属于数据领域的公共数据基础设施，对于其中不确定较大的，以特许经营的模式开展，通过特殊的财政工具，如数据专项债，进行时间换空间的腾挪，其中确定性高的公共数据，以招、拍、挂的方式直接出让。

当然，所谓的数据价值和确定性，都与具体的政府价值判断及风险的偏好、数据要素市场的基础能力等有关。

第三，数据领域的财税政策和金融工具紧密联系，互相配合。如前所述，如果仍然以公共数据为例，数据从资源到资产，进一步到资本，其核心是从财政领域到金融领域的转变，目前突出体现在所谓的"数据城投"上。数据领域的财政工具和金融工具的使用，应从数据财政和数据金融两个方面，把握好收益和风险的权衡。良性数据财政的实质是一个数据市场如何拉动实体经济的模型，数据作为生产要素，其本身有一个市场，而这个市场要服务于更广大的应用数据要素的市场。数据金融是数据资源到数据资本化，要考虑数据资源实体和数据资本化比重。在这两个方面分析和控制风险，如通过数据城投能够启动多大的数据要素市场（拉动效应越大，风险越小），实体化和资本化的比例多大（资本化比重越大，风险越大），数据资源的价值和数据资本的估值比重多大。估值与价值过大和过小都会有一定的风险，过小不利于盘活数据资源，过大容易造成资产泡沫。需要均衡当前收益与未来收益，风险和收益，要因地制宜做好规划，条件好的地方可以步子快些，数据财政的规模可以大些，资本化比例可以高些。

2. 可行路径中需要考虑的因素

（1）市场主体的准入。数据财政的市场主体准入可以通过授权运营制度进行，一方面可以限定参与主体的资格，以提高参与主体的水平，便于监管；另一方面可以通过授权运营制度，获得一定的财政收入。这一收入结构与数据要素平台的支出结构比较匹配，即高固定成本，低边际成本。授权运营制度类似于已有市场的牌照制度获得收入，典型做法是通信市场。例如，在3G时代，在全球，英国、德国、荷兰、瑞典、比利时、奥地利、丹麦、希腊等国家都通过拍卖方式发放3G牌照，其中，3G牌照单价最贵的是德国，高达77亿美元，而按人口平均，英国以1180美元高居榜首。

在第一阶段的一级市场采用授权运营制度，而第二阶段的交易流转市场，由于数据利用空间巨大，需求多样化，可以采用登记备案制度，对数据流转市场的主体资格进行登记，也方便后续的管理，以相应的税收收入管理为切入口，借鉴企业报备财务报表要求，在企业申报税收收入的同时，要求企业报备相关的数据加工资料，使得数据产品流转有序，来龙去脉清晰可查，确保市场主体的合规合法经营。

（2）财政运营级次的选择。数据财政运营的级次选择要考虑数据要素的特点、可行性等方面，从目前看，以地市级（直辖市可直接作为主体）作为运营主体较为合适。从数据要素的特点看，数据资源要有一定的规模才能发挥效应，聚集性的数据（产品）才有价值，同时具有一定的规模，所产生的经济价值才能覆盖数据财政运行的固定成本。从可行性看，部分大数据发展态势较好的省份，在地市级已经有较好的基础。根据复旦大学数据科学实验室对某沿海省份的调研，在该省的地市一级政府部门中，仅有约5.9%的部门并未进行数据共享，其余占94.1%的部门均已接入政务云平台、自建数据开放平台与门户网站公开等进行了数据资源开放共享的实践。2016年以来，该省地市（甚至一些县市）先后启动大数据管理中心建设，整体在全国率先启动，各地大数据管理中心的数据规模至多可达200TB，均值约为78.99TB。另外，从所需人才的角度看，级次也不宜太低，以免失去对所需一定水平人才的吸引能力。

（3）数据财政的运营体系。在运营层面，数据财政需要考虑数据的确权、收储和使用等方面的问题。运营体系不仅涉及流程，更大程度上靠技术创新保障，主要有数据确权、数据收储、数据熟化、安全审查、数据上架、数据使用、流通监控七个步骤。根据数据类型的不同，具体步骤可以根据具体情况进行简化。

目前来看，未来还可能形成面向公共数据和企业数据的两套运营体系，两套运营体系的步骤都大致相似，两套体系与数据市场中的交易所、登记服务等其他基础设施间要互联互通，共同服务于全国统一数据要素市场。

3. 相关建议

第一，在数据基本制度的基础上，推动数据财政制度概念获得合法地位。在现有的数据国有资产、公共数据授权运营的共识基础上，进行更加系统的科学研究，澄清认识误区，论证数据财政的可行性，规范数据财政的概念，力争在现有的数据条例等相关法律修订时，数据财政制度可以获得合适的地位和提法。

第二，完善数据财政制度。在建立数据财政制度概念的基础之上，系统性地围绕数据交易和流动等各个环节，研究数据资产财务、会计、税费、预算、绩效、信息披露等各方面制度，制定相应的政策和管理办法。

第三，形成数据财政工具包。运用财政收支两端可用的政策工具，为"多对多"的数据财政模式，提供丰富的数据财政工具包，既包括数据要素投入侧的财政工具，也包括相匹配的要素收益分配侧的财政工具，并根据不同地方、不同层级、不同行业的具体情况，对使用相应的数据财政工具，编写有一定操作的指导文件或手册。

第四，选择试点进行探索。在共识大体达成和制度基本形成的基础之上，选择部分条件较好的行业或地区编制可行性方案，进行试点验证，在实践中完善和探索数据财政制度。

第五，与数据市场其他工作紧密结合。建立数据财政的工作，需要与数据资源入表、数据交易所等工作结合，在目前已经发布的数据资源会计处理办法的基础之上，进一步研究和确定数据财税制度，在数据交易所建设中，考虑全国性交易所、区域交易所、行业交易性等不同层次、领域的交易所中数据财政的协调和配合。

四、公共数据授权运营价格机制[*]

"数据二十条"指出："支持探索多样化、符合数据要素特性的定价模式和价格形成机制，推动用于数字化发展的公共数据按政府指导定价有偿使用。"2023 年 6 月，北京市委、北京市人民政府正式印发《关于更好发挥数据要素作用进一步加快发展数字经济的实施意见》指出："研究推动有偿使用公共数据按政府指导定价。"2023 年 7 月，上海市人民政府办公厅印发的《立足数字经济新赛道推动数据要素产业创新发展行动方案（2023—2025 年）》强调，推进公共数据上链，建立健全公共数据全生命周期管理机制。可见，从国家顶层设计到地方专项制度，都将公共数据价格机制和收益分配制度提到了较高的政策高度。

公共数据是规模最为庞大的数据类型，是我国数据要素中最重要的资源，不仅数据规模海量，而且是高质量数据的供给源。公共数据权属相对清晰，受数据要素产业"确权难"掣肘较弱，公共数据要素一般控制在政府、公共事业单位手中，对国家战略方针和地方政府行政指令执行力度较强。当前我国公共数据要素存在着开放力度不够、数据质量不高、价格机制不清晰等问题，亟须对公共数据从价格机制和价格模式入手进行破题研究，厘清公共数据要素价格形成机理和定价的基本模式及方法，从而有效推进公共数据要素治理和开放利用。

---

[*] 吕正英，博士，上海数据交易所高级研究员。

（一）公共数据公共属性分析和价值链模型

1. 公共属性分析

萨缪尔森（Paul. Samuelson）在《公共支出纯理论》中给出了公共产品的定义：每一个人对产品的消费并不减少他人对产品的消费。后续学界在此基础上对公共产品进行了细分研究，形成了如表4-4所示的结论。

表4-4 公共产品特性和定价模式金融相关政策

公共产品场景	类型	特性	定价模式
国防、环保、立法等纯公共服务	纯公共产品	完全非竞争性和非排他性	政府直接定价（零费用）
收费路桥以及公共游泳池等	准公共产品（俱乐部产品）	非竞争性，排他性	政府指导定价
公共渔场、公共牧场等	准公共产品	竞争性，非排他性，拥挤性	政府指导定价

公共数据具有典型的非竞争性和非排他性，这是由数据要素的基本特性决定的，数据资源可以同时被多人使用，因此具有非排他性，且使用者之间的效用互不影响，因此具有非竞争性。按照传统的公共产品理论，公共数据应归属于纯公共产品，由政府直接实行零费用定价，但这显然不符合"数据二十条"对于公共数据区分目的无偿/有偿使用的要求，因此需要结合数据要素的特性，设计一套更加适用公共数据特性的价格体系和机制。

2. 公共数据流通价值链模型

"数据二十条"明确要求，推动用于公共治理、公益事业的公共数据有条件无偿使用，探索用于产业发展、行业发展的公共数据有条件有偿使用。因此，区分使用场景制定价格策略是建立公共数据价格机制的必要条件之一。

在数据要素流通价值链模型基础上，本部分结合公共数据流通特性，设计公共数据流通价值链模型如图4-5所示。

在图4-5中，根据《上海市数据条例》，公共数据是由国家机关、事业单位，经依法授权具有管理公共事务职能的组织，以及供水、供电、供气、公共交通等提供公共服务的组织，在履行公共管理和服务职责过程中收集和产生的数据。原始公共数据通过直接开放或授权运营两种模式进行流通。对于直接开放模式，政府/公共机构通过初步加工整合，对部分数据直接开放给公众使用；对于

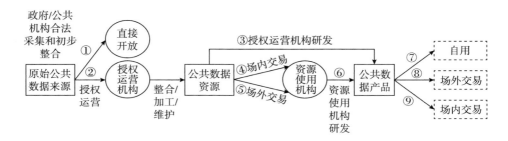

图4-5 公共数据流通价值链模型

授权运营模式，授权运营机构通过加工整合形成公共数据资源，可以自己研发公共产品，也可以出售给公共数据资源使用机构通过研发形成公共数据产品，自用或通过场内、场外进行交易流通。

（1）公共数据直接开放。对于公共数据直接开放给公众使用，即图4-5中路径①，境外多数国家已经对信息公开收费进行规定，多区分场景定价，如加拿大对信息公共服务收取申请费、复印费等费用，但对于出于公共利益的而非个人或商业需要的需求可免去使用费。欧盟国家多规定政府在确定公共数据增值性利用收费标准时应考虑数据生产、复制和传播的成本，并可加入合理的投资回报。我国公共数据开放服务大多是免费的，且专项财政支出有一定的局限性，公共数据开放共享普遍存在数据质量不高、开放应用领域不广、参与主体积极性不足等问题，难以有效实现公共数据价值的挖掘。此外，由于直接开放模式下使用者身份多元，获取行为难以捕捉和确定，没有有效途径监督使用者获取公共数据产品后的使用目的和用途。因此，此种模式下公共数据流通不高且较难落实"数据二十条"中区分应用场景定价的要求。

（2）公共数据授权运营。公共数据授权运营指把不适合无条件开放给全社会的数据资源向特定主体开放，由特定主体对相应数据资源进行运营加工和市场化运作的一种公共数据开发利用模式。授权运营制度是建立在平台开放和协议为市场主体提供数据价值的局限性上应运而生的。在原始公共数据到公共数据资源阶段，即图4-5中路径②，由于公共数据明显的具有高固定成本、低边际成本特征，因此较难直接按照边际成本定价，可结合公共数据特性，建立基于公共数据固定成本+运营成本的政府指导定价模式。

对于公共数据资源到公共数据产品阶段，公共数据授权运营机构可以自己研发（图4-5中路径③），也可以交易给公共数据资源使用机构研发（图4-5中路径④和路径⑤），最终形成公共数据产品。

对于公共数据授权运营机构直接开发公共数据产品，即图4-5中路径②——

③，从已成立的公共数据授权运营机构主要职责看（如上海数据集团、贵州大数据集团等），均以承担公共数据基础设施建设和运营，对外提供增值服务为主，开发公共数据产品自用的可能性较低。若选择通过场外交易，即图4-5中路径②—③—⑧，需要公共数据授权运营机构对公共数据资源的应用场景进行规范管理，若选择通过场内交易，即图4-5中路径②—③—⑨，可通过数据交易平台对公共数据资源应用场景进行规范管理。

对于公共数据授权运营机构交易公共数据资源至公共数据资源使用机构进行公共数据开发，考虑到数据资源使用机构有开发数据产品自用的可能性，需要在公共数据资源交易阶段判断使用方开发数据产品的目的，若通过场外交易，即图4-5中路径②—⑤，需要公共数据授权运营机构对公共数据资源使用场景进行判断和管理；若通过场内交易，即图4-5中路径②—④，可通过数据交易平台对公共数据资源使用场景进行判断和管理。

公共数据资源使用方开发形成公共数据产品后，若选择场外交易，即图4-5中路径②—⑥—⑧，由于场外交易环境分散，脱离了公共数据授权使用方的控制范围，且缺乏可信的中间机构，无法公平公正地准确界定公共数据产品使用目的，进而在实现"数据二十条"对于基于使用场景定价的政策导向层面存在先天不足；若公共数据资源使用方选择场内交易，即图4-5中路径②—⑥—⑨，通过数据交易平台进行交易，在交易过程中可根据数据产品内容、产品购买机构属性和主营业务等对公共数据产品使用场景进行规范管理，可满足"数据二十条"基于使用场景进行定价的政策导向。

3. 流通效果分析

公共数据直接开放，则存在数据质量不高、参与主体积极性不足，应用场景难监管明确等问题。公共数据授权运营模式下，公共数据交易是释放公共数据价值的有效路径，授权运营机构可以直接交易数据资源/产品，但由于公共数据的公共属性，公共数据的价值实现涉及全体民众的基础利益，监管机构有必要对公共数据相关交易的信息流、资金流、公共资源使用场景和适用价格的合规性等方面进行全流程监督管理，此时选择具有中立和公共属性的数据交易平台入场交易，即图4-5中路径②—④—⑨和路径②—③—⑨，可以充分发挥平台的规则治理作用，更公正地对交易场景进行合规性判断，更容易实现价格监测和价格披露，有助于监管机构更高效地进行全流程监管，也可以避免交易参与方"既当运动员，又当裁判员"的公平性悖论。

（二）公共数据授权运营价格机制设计

2013年，欧盟颁发的《公共部门信息指令》明确了公共数据定价的边际成本导向原则，设定信息复制、提供和分发传播的边际成本上限已成为公共部门信息再利用的默认规则。美国、欧盟、英国、日本等国在公共数据有偿开放或市场化产品服务中，大多按照成本补偿的方式参与直接的利益分配。前期研究中，大部分学者一致指出，在公共数据价格设计时应由政府指导，从成本出发制定价格规则。可见，无论是国外实践经验还是学术观点，成本（COST）和监管（Regulation）已成为公共数据价格机制设计的共识。前文也提到"数据二十条"强调了区分使用场景（Scenario）制定价格水平。因此，建立基于成本（Cost）–场景（Scenario）–监管（Regulation）模式的价格机制符合国际惯例和学术共识，也符合"数据二十条"的基本要求。

CSR 价格机制模型（见图 4-6）以落实数据二十条"推动用于数字化发展的公共数据按政府指导定价有偿使用，推动用于公共治理、公益事业的公共数据有条件无偿使用，探索用于产业发展、行业发展的公共数据有条件有偿使用"为指导原则。

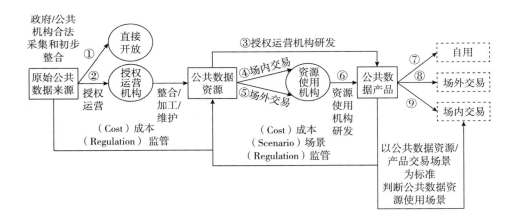

图 4-6 公共数据授权运营 CSR 价格机制模型

在公共数据资源授权运营阶段，建立基于成本测算的监管（政府）指导定价模式，其中，成本测算部分由政府牵头，结合社会会计师事务所、估值公司专业力量，全面梳理分析公共数据资源成本信息。在此基础上，由价格主管部门设立对授权运营方的收费水平，可参考行政事业性收费的机制框架，通过使用费、许可费等费用收取。

在公共数据资源使用阶段，建立基于固定成本+运营成本+利润空间的政府指导定价模式，其中，成本部分由政府牵头专业力量进行成本测算确定，特定场

景使用的利润空间由市场竞争确定，以数据资源/产品交易场景为数据资源使用
场景判断标准，制定授权运营机构对资源使用机构的定价标准，如表4-5所示。

表4-5 公共数据资源使用建议定价模式

公共数据资源使用场景	公共数据资源使用定价
公共服务、慈善、教育等公益类使用场景	零收费
超市购物、公共交通等民生类使用场景	高于固定成本+运营成本
能源类、金融类等高附加值使用场景	可高于固定成本+运营成本，利润空间由市场竞争确定

（三）CSR价格机制落地所需的配套政策

公共数据是数据要素价值实现的重要组成部分和突破口，公共数据开发利用
无疑是当前政策、业界和学界的热点话题，上海、贵州、山东等地纷纷开始了以
授权运营为主要模式的实践探索。在此背景下，部分学者探讨了公共数据开放和
公共数据授权运营的模式及价格机制问题，成本测算和政府监管是大多数研究的
结论共识，但缺乏和"数据二十条"等顶层政策文件的结合和落地建议。本部
分基于公共数据流通规律设计了公共数据价值链流通模型，通过分析可知，对于
公共数据授权运营机构掌握的公共数据产品，入场交易是判别价格合规性的有效
途径，对于其他机构掌握的公共数据产品，入场交易是判别价格合规性的唯一
途径。

在此基础上，以"数据二十条"对公共数据使用要求为原则，建立了以成
本（Cost）、场景（Scenario）、监管（Regulation）为核心要素的CSR价格机制模
式。在公共数据授权运营阶段，建议以成本测算为基础设置政府指导价；在公共
数据资源到公共数据产品阶段，建议以固定成本+运营成本+利润空间为模式设
立政府指导价格，数据产品交易阶段以市场化定价为主。为促进CSR价格机制
模型落地，需要建立起相关的配套政策。

1. 公共数据开发利用进行全生命周期监管

在本部分建议的存在价差的定价模式下，若不建立起一套规范的价格场景管
理体系，由于经济个体的逐利性，公共数据资源使用方在利益上都倾向于使用低
成本和零收费，易造成公共数据资源无序的低成本开发利用，形成另一种形式的
"公地悲剧"，难以达到全面释放公共数据的价值政策要求。因此，应以"真需
求、真场景、真交易"为原则，将公共数据资源使用场景和价格合规性纳入监管
范畴。同时，考虑到公共数据的公共产品属性，监管机构应对公共数据开发利用

· 113 ·

进行全流程监管，在指导开展成本定价的同时，在部分适用市场化定价的高附加值场景，也需要对市场价格进行全面监测，视情况进行干预，避免出现价格虚高等泡沫化倾向。

2. 出台政策法规要求公共数据产品入场交易

通过公共数据流通价值链模型可知，入场交易是判别公共数据资源使用场景真实性和价格正确性的有效途径，同时结合公共数据产品价格监测和价格发现的需要，建议各级政府部门制定出台规范性制度文件，对于公共数据授权运营机构持有的公共数据资源和公共数据产品，建议通过公共属性的数据交易平台入场交易，对于其他机构持有的以公共数据为主要数据源的公共数据产品，考虑到入场交易是此模式下有效判别公共数据资源使用场景的唯一途径，要求必须通过有公共属性的数据交易平台入场交易。资源/产品交易场景体现了公共数据资源真实的使用场景，与公共数据资源使用价格水平密切相关。公共数据产品交易初期以市场化定价为主，价格主管部门根据产业发展进程，视情况对公共数据产品场内交易进行价格指导或干预。

3. 健全公共数据授权运营机构和数据交易平台联动机制

政府主管部门指导公共数据授权运营机构和数据交易平台研究出台公共数据产品交易全生命周期管理制度，数据交易平台和授权运营机构根据政府要求，结合公共数据产品流通过程，研究制定交易场景判别规则和管理办法，畅通数据交易平台和公共数据授权运营机构的联动机制，严管违规套用/虚构低价交易场景的公共数据资源使用行为，深入参与到公共数据资源授权和产品交易全过程。

第五章　数据资产

一、数据资产化框架[*]

随着数字经济的发展，将作为数字经济关键要素的数据看作一类新型资产已经获得共识。有用的数据积累到一定规模后可形成数据资源，对数据资源开展数据资产化工作后使其满足数据权属明确、成本或价值能够被可靠地计量、数据可读取等基本条件就可以成为数据资产。由于数据资产与传统资产存在较大差异，数据资产自身表现出无形资产和有形资产的双重特征，因此，数据资产化过程面临诸多问题和挑战。本部分从数据属性出发给出了数据资产定义，分析了数据成为资产所需要满足和具备的条件，给出了数据资产化的工作内容，设计了数据资产化框架，指出了数据计量计价的技术形态对于推动数据资产化进程以及增强数据资产入表实操性等都具有重要意义，论述了数据资产管理是数据资产发挥价值和获得收益的保障。

（一）数据资产定义

随着计算机技术的发展，物理空间中的人、事、物以二进制形式被定义到网络空间中，并在网络空间中运行、处理、发展，这是网络空间中数据生成的重要方式；此外，网络空间中的数据还可以直接生成。鉴于网络空间中的数据与传统纸质形式的数据不论在规模上还是在流通方式上都存在本质区别，加之"大数据"的含义只是指网络空间中的数据，因此将数据界定在网络空间的范畴，是网

＊ 叶雅珍，上海市数据科学重点实验室数据资产研究室主任、复旦大学数据产业研究中心主任助理；朱扬勇，复旦大学计算机科学技术学院教授、复旦大学数据产业研究中心副主任。

络空间的唯一存在。网络空间的数据具备一些特有属性，即物理属性、存在属性、信息属性等。

当有用的数据积累到一定规模时就可形成数据资源，数据资源是具有可开发利用价值的。数据资源满足一定的条件，符合资产的定义和确认条件后，可以作为资产对待。从数据自身的特点和规律出发，给出数据资产定义如下：数据资产是拥有数据权属（勘探权、使用权、所有权等）、有价值、可计量、可读取的网络空间中的数据资源。

数据作为资产的理念正逐步达成共识，不同的社会单位团体以及研究机构通过报告文件、国家标准、研究成果等多种形式给出各自有关数据资产的认识和定义①。其中，大多数有关数据资产的定义都是从会计学资产的定义发展而来，本质上与上述从数据自身出发给出的"数据资产"定义是一致的。

数据资产是由数据组成的，因此与数据一样，具有物理属性、存在属性、信息属性。数据资产的物理属性主要指数据资产是以二进制形式占有存储介质的物理空间，在物理上是有形的；数据资产的存在属性指数据资产的可读取性，只有可被读取才有可能对数据资产的价值进行挖掘和实现；数据资产的信息属性是其价值所在，数据资产所包含的信息价值是因人而异、因场景而变，其预期未来经济效益具有高度的不确定性，体现出无形资产特征。

数据资产的物理属性加上存在属性形成了数据资产的物理存在，是有形的，表现出了有形资产的特征；数据资产的信息属性以及相应的数据权利等表现出了无形资产的特征。此外，由于数据极易复制，一份数据可以被复制成多份数据质量无差的副本，且其复制成本远低于生产成本，使得数据资产具有极好的流动性；数据在使用时不易发生损耗，使得数据资产具备可以长期存在并被使用的条件。

（二）数据的资产满足性

数据的价值和资产性已经获得广泛认可，但并非所有的数据都可以作为数据资产，如毫无意义的"垃圾数据"、没有权益的数据等都不会是资产，只有那些

---

① 中国资产评估协会的《数据资产评估指导意见》中"数据资产是指特定主体合法拥有或者控制的、能进行货币计量的且能带来直接或者间接经济利益的数据资源"；CCSA TC601 的《数据资产管理实践白皮书（6.0 版）》中将数据资产定义为"由组织（政府机构、企事业单位等）合法拥有或控制的数据，以电子或其他方式记录，例如文本、图像、语音、视频、网页、数据库、传感信号等结构化或非结构化数据，可进行计量或交易，能直接或间接带来经济效益和社会效益"；国家标准《信息技术服务 数据资产管理要求》（GB/T 40685—2021）中将数据资产定义为"合法拥有或控制的，能进行计量的，为组织带来经济和社会价值的数据资源"。

满足一定条件后的数据资源才有可能成为数据资产。

数据资源成为数据资产需要具备哪些条件？根据数据资产的定义可知，数据资源只有满足拥有数据权属、有价值、可计量、可读取这4个必要条件，才能被认为是某个经济主体的数据资产。如果数据资产还具有良好的数据质量、合理的货币计价与评估方法、数据资产价值增减变动规则这3个附加条件，那么拥有数据资源的这个经济主体就可以管理和运行这些数据资产。

1. 数据资产的必要条件及其可满足性

数据有价值的满足性。数据资源是数据积累到一定规模后形成的，是具有开发利用价值的。若要成为某个经济主体的数据资产，该数据资源必须满足对这个经济主体是具有直接或间接价值的条件，能为这个经济主体带来预期的经济利益流入或产生服务潜力。对于一个经济主体而言，判断一个数据资源是否对其具有价值是相对比较容易的，但确定该数据资源具有多少价值则存在一定难度。

数据可读取的满足性。网络空间中的数据只有能被机器所读取，才有可能对其进行分析、运行和处理，也才能获取有用信息，发掘数据价值。可机读是数据资源成为数据资产所必须要满足的条件。对于一个经济主体而言，基于其所掌握的数据读取能力及外部支持方式，判断一个数据资源能否被读取出来是相对容易的。通过对数据集样本数据的机读操作，可以判断出以该经济主体现有水平能否读取出这个数据资源。

拥有数据权属的满足性。经济主体只有拥有数据资源一定的数据权属，才有可能获得数据资源价值创造的相关利益。合理界定数据权属是数据资产化所必需的工作。在数据资产化过程中，只有确定数据资源的相关权属后才能让相关经济主体的合法权益得到保护，从而让数据权属的合理合法转移得以实现，最终让数据变现或获得数据资产收益变为可能。对于一个经济主体而言，判断其是否拥有数据资源的权属是重点也是难点，主要是由于数据资源的特殊性质让已有的知识产权法和物权法并不完全适用造成的。随着法律界、产业界等各方的积极推动和实践，有关数据资源确权工作正在积极开展中。当前，可以对数据权属相对清晰的数据资源先行开展数据资产化。

数据可计量的满足性。成本或价值能被可靠计量的数据资源，更易被经济主体准确地掌握或控制，更有利于资源规范化管理工作的开展，让数据资源计入会计报表成为可能。可靠的计量是数据资源成为数据资产所必须满足的条件。对于一个经济主体而言，判断数据资源是否可被计量是重点也是难点。由于数据的特殊性，使数据资产表现出多种不同的资产特征，使传统的会计计量模式用于数据价值计量时存在一定的不适配性；加之数据类别多样、复杂度高，也给数据的技术计量带来挑战。当前，虽然有些数据还没有找到合适的计量方法，但已有一些数据资源能被可靠计量，对于这类数据资源可先行对其开展资产化工作。

2. 数据资产的附加条件及其可满足性

良好数据质量的满足性。对于实物产品，人们愿意追求高质量产品，不希望产品在质量上存在问题；类似地，对于数据资产，经济主体同样追求具有良好的数据质量。要确保一个数据资产具有良好的质量，就要对其进行数据质量管控，包括对数据资产的质量问题开展识别、度量、监控、预警等系列工作，通过数据质量管控团队的建设、相关流程的建立和优化、各种技术的采用等方式方法管控数据质量。

合理的货币计价与评估方法的满足性。对于一个经济主体而言，合理的货币计价与评估是数据资产价值的反映和表达，有利于开展数据资产的管理和运行工作。在数据资产管理过程中，对数据资产价值进行合理的货币测算，能为经济主体在资源计划投入与经济利益产出间的平衡性提供参考依据，也为数据资产价值变动提供了计算基础。合理的货币计价与评估方法将随着法规、技术、应用等的整体演进而越发适用和满足。

数据资产价值增减变动规则的满足性。对于一个经济主体而言，数据资产价值增减变动规则是数据资产管理和运行过程中需要考虑的。数据资产与传统资产不同，除了会出现减值的情况，还存在增值的可能。数字经济下，数据所呈现出的乘数效应使数据资产增值备受关注。随着数据完整性的不断提升，新技术、新需求、新场景的更迭出现，数据资源的新价值被进一步发现，新的业务增长点出现。在数据资产管理过程中，经济主体不仅要考虑数据资产减值的情况，还要考虑数据资产增值的可能性。

3. 数据资产化工作内容

数据资产化的工作内容是通过技术的方法和手段要把数据的资产满足性加以实现和完成。基于数据的资产满足性条件，开展数据资产化框架的有关设计工作。由于有价值、可读取（机读）的条件是相对容易甄别、界定和满足的，因此，在数据资产化过程中不需要设计专门的工作，而只需通过前置环节加以确认判断即可。虽然判定一个数据集对经济主体是否有价值是相对容易的，但判定其到底有多少价值则存在一定难度。然而，在数据资产化过程中却需要对数据集的价值大小进行确认，这样才能更好地计入会计报表，而数据集的价值大小，很大程度上与数据集的质量高低有关。鉴于此，我们把数据资产化过程的工作分成数据资源确权、数据价值确认与质量管控、数据入库管理、数据资产入表、数据资产减值/增值的管理五个方面。

其中，数据资产入表指企业通过一系列的会计处理流程和环节，将满足资产确认条件的数据资源计入到资产负债表中，为财务报表使用者提供决策有用的会计信息。根据 2023 年 8 月财政部制定印发的《企业数据资源相关会计处理暂行规定》，可将满足条件的数据资源确认到无形资产或存货等资产类别科目下。有关数据资源类别的这种确认归类，是在现行会计准则下，针对数据资产表现出的多种不同资产特征而采用的处理方式。数据资产无论被确认到哪个科目，都需要对数据资产有技术上的形态描述①。数据资产技术形态描述标准化工作的开展能提高数据资产会计处理与现有会计准则体系二者间的适配性，使得数据资产有一个可计量的技术形态，提升数据资产货币化计量的可靠性，从而推进数据资产化进程。

（三）数据计量计价的技术形态

形态是计量计价的基础。数据资产形态被清晰界定后，才能被更可靠地计量，进而被准确地计价。因此，数据计量计价的技术形态描述界定工作，无论对于增强数据资产入表实操性，还是提高数据资产价值评估的有效性，都具有十分重要的意义和价值。

盒装数据可以作为一种数据计量计价的技术形态标准。作为一类记录和传播信息的载体产品，传统图书与数据资产存在很多相似之处，且经过长时间的发展和实践，传统图书已形成了非常成熟且固定的产品形态。参考图书形态，用数据盒包装多种类型的数据，形成一个数据交易标的标准形态——盒装数据。数据盒是技术实现的标准化的数据组织存储框架模型，自带自主程序单元并具有内在计算能力。封装在数据盒中的数据只能通过单元接口进行受控访问，以实现在数据使用和流通过程中，既能保证数据盒中的数据使用方便，又能很好地维护数据拥有方的权益，即数据盒外部可见、可理解、可编辑，内部可控、可跟踪、可撤销。数据盒可以像图书容纳文字那样，作为一种容纳数据的容器，多种不同类型的数据可封装到数据盒中形成盒装数据。盒装数据主要包括盒内数据和盒外包装两部分，数据基础规模大小设定为 1GB。

1. 盒内数据

为了能在技术上实现数据资产形态的标准化，针对数据集的三维特征将数据从内容维度、时间维度、空间维度加以规整和表达，并将其灌入到数据盒中形成盒内数据，即"时间+空间+内容"三维度的数据立方体组织，一般由包括图像、图形、视频、音频、文本、结构化数据等在内的多种数据类型组成。

内容维度是数据集中每个数据对象的内容，即数据对象有哪些属性，这些属性描述了数据对象的完整内容，使得数据对象作为实体独立存在，属性可以是一

---

① 例如典型的无形资产"采矿证"，会有生产规模、矿区面积、矿区范围的形态描述。

个或多个。

时间维度指每个数据对象的时间覆盖范围，即数据对象在不同时间上的值。由于很多数据交易标的描述了一段时间的事物或行为的变化，因此数据交易标的会有一个时间维度来描述每个数据对象在不同时间上的具体值。

空间维度指符合数据交易标的的描述的数据对象的空间覆盖范围，即满足数据交易标的的描述的数据对象全体。如果是对于一个数据集而言，应明确指明其对象空间应覆盖的范围。

可能会存在一些没有时间维度的数据，但内容维度和空间维度是必须的。内容维度是数据对象的描述，空间维度是数据对象的全体。对于多来源多类型的数据集，可以用数据盒的组合形式表示，即将多个数据盒装入一个大的数据盒中，形成复合型盒装数据。这类似于用零部件组装成一个大的部件，然后还可以继续组装，直到形成需要的数据资产。

2. 盒外包装

盒外包装主要包括登记证书、说明书、质量证书和合规证书等。

盒装数据的登记证书是对盒内数据的概述性介绍，由专门的数据登记主管部门审核发放；只有登记后的盒装数据才具有合法性，才被允许在数据市场上进行流通和交易，并受法律保护。

盒装数据的说明书包括数据内容说明、生产方式/著作方式说明（被加工数据来源的合法性证明）和使用说明等，其中，使用说明则详细介绍使用环境、使用接口、使用举例、接口代码等内容。

盒装数据的质量证书是盒装数据中的数据集达到相应质量标准和要求的证明性文件，是其开展交易流通的重要凭证，质量证书内容主要涵盖数据集三个维度的质量保障，用完整性来表达，即时间完整性、空间完整性、内容完整性等方面；由数据质量检测机构出具。

盒装数据的合规证书主要用于承诺盒内数据是符合如《数据安全法》《网络安全法》《个人信息保护法》等国家有关法律要求的法律文书，是合法合规的，由律师事务所提供的相关证书。

3. 盒装数据的计量

参照图书的做法，可以设计一个标准化的盒装数据的基础规模，盒装数据有了基础规模后就可以作为数据计量计价的形态标准。盒装数据的基础规模设定要体现市场需求和监管需求。

首先是市场需求。显然，数据流通的基本单位不是一条一条数据，也不是一个简单的数据集。到底多大规模的数据才更适合流通？为此，向国内外上百位数据科学家和数据从业人员发起的大数据问卷调查显示，有96%的受访者认为一个大数据产品至少应该达到 GB 级别以上的数据规模，其内容应至少包括图像、图形、音频、视频、结构化数据、文本等两种以上数据类型。

其次是监管需求。盒装数据在市场上流通，就需要政府监管。对于数据市场，政府监管有两个目的：一个是维护市场的公平、公开、公正；另一个是保护国家数据安全和公民个人信息。前者是所有商品市场都需要的，主要是市场法规的建设；而后者是数据市场相对比较独特具备的。那么，什么样的数据规模有利于监管的实施呢？以公民个人信息保护为例：我国法律中针对侵犯公民个人信息有专门的量刑标准，若非法获取、出售或者提供公民个人信息 5000 条以上的应认定为刑法中规定的"情节严重"，已构成犯罪事实，要接受法律的惩处。根据测算 5000 条个人数据有 1GB 左右的规模量。

盒装数据的数据基础规模大小在市场需求和监管需求的双重考虑下，将其设定为 1GB。对于小于 1GB 数据规模的数据集，从生产、登记、管理和流通成本多个方面来看，目前暂时不予考虑作为盒装数据，以免使情况过于复杂，成本过高且难以被监管。此外，当前已在市场上流通的作为终端用品类的数据产品如照片、图书、音乐等，其已经有一套完整的产品体系，让其沿用原有体系和形态即可。

（四）数据资产管理

数据资产管理对于释放数据价值、推动数据资产高效流通、激活组织数据活力都有着积极而关键的作用。财政部 2023 年 12 月 31 日印发的《关于加强数据资产管理的指导意见》及 2024 年 2 月 5 日发布的《关于加强行政事业单位数据资产管理的通知》后，数据资产管理开始逐渐得到各方的关注和重视。

数据资产管理工作涉及面广、内容复杂，需要探索数据资产管理方式方法，加强数据资产全过程管理，严防数据资产应用风险。数据资产管理工作包括但不限于数据资产目录管理、数据资产入库管理、数据质量管理、数据安全管理、数据价值评估、数据资产减值/增值管理等。其中，数据资产减值/增值管理是针对计入会计报表后的数据资产的重要管理工作。由于数据资产不同于传统资产，其价值增减变动也会有所不同，在开展相关数据资产减值/增值管理时首先要弄清楚有哪些因素造成了数据资产价值变动。

1. 数据资产减值因素

由于数据本身不会老化，因此数据资产减值通常不是因为数据不能用，而是数据的时效性出现了问题，即数据随时间推移会出现质量下降或者使用效力降低等情况，进而带来数据价值减损。此外，数据资产管理成本累积、授权期限临期或到期等也是引起未来经济利益流入可能性变小的因素。

时效性数据具有时间效力，超出特定时间后，其所描述的数据对象的准确性、一致性等将有所下降，进而造成数据质量的降低，使数据价值变低。例如，一些点评商业网站（大众点评、Yelp 等）、商业查询平台（如企查查、天眼查等）中的数据随着时间的推移数据质量会有所下降，因此这些平台需要及时对有关数据进行更新维护，以保证其数据质量不降低，保持数据的价值性。

时效性使用指数据在使用过程中其数据质量并未随时间变化而改变，但数据的使用效力却随时间推移在下降，甚至出现完全无用的情况，导致数据价值出现减损，影响未来经济利益流入的可能性。通常情况下，流式数据是属于比较典型的具有时效性使用特点的数据。例如，证券行情数据、交通流量数据、气象预报数据等。

数据资产管理成本会随着数据资产管理工作的开展而持续性产生并累积，这会对冲掉数据产生的相关收入，使数据资产未来能够带来的收益变小，当累积的管理成本超出数据产生的收入时，该数据资产对于企业而言将没有价值。数据资产管理成本主要涵盖数据存储管理、数据资产目录维护、数据安全管理、数据备份等在内的多方面运营管理的费用支出。

数据资产授权临期或到期。通过授权方式所持有的数据资源，其未来经济效益创造能力会受到授权期限长短的影响。随着授权期限的临近或到期，授权数据的使用价值会下降。例如，一款为用户提供实时交通状况、位置服务和地图导航功能等的地理信息商业服务应用，在所获得的相关地理空间数据的商业许可到期后，很可能会出现应用中的交通信息滞后、导航准确性下降等问题，将面临对手竞争而导致用户流失，进而影响未来收益流入。

2. 数据资产增值因素

数据的价值创造及对经济社会的赋能作用引人注目。数据资产除会发生减值的情况外，还存在增值的可能。随着数据完整性提升、数据新用途发现会出现数据资产增值的情况。同时，随着技术的进步和发展会使得相关生产经营成本降低，从而带来更高经济利益流入的可能性。

数据完整性的提升可以带来数据质量的提高，进而有利于数据价值的挖掘和创造，是数据资产增值的重要因素之一。数据完整性越高，其所描述反映的事物就越准确和一致，有助于提高人们认识事物的水平、有利于掌握事物发展的规律、更好地发掘出数据的潜在价值。一般意义上的数据集用内容维度、时间维度、空间维度表达是比较科学的方式，数据完整性可从内容完整性、时间完整性和空间完整性等方面加以提升。数据每个维度完整性的提升，都可以带来数据价值的提升。

数据新用途的发现可以带来新的业务增长点，甚至可以形成新的业态，是数据资产增值的重要因素之一。数据的不断积累、聚合、应用，将有益于数据新领域的探索、有利于应用新场景的发掘，更好地发挥数据的价值。新技术的发展有助于数据处理能力的提升，新需求的出现推动着数据更深层次的利用；在二者的相互作用下，应用新场景不断涌现，将促使数据新用途的发现，从而实现数据资产增值。版权图书数据用于大型语言模型训练语料就是一个极好的例子，由于图书版权数据作为语料数据质量高、内容权威、产权清晰，是极好的大模型语言模型训练语料，使拥有图书版权的出版社的价值得到大幅度提升，直接表现为出版行业的股票价格大幅度上涨。

技术的进步和发展会使数据相关生产经营成本降低，从而带来更高经济利益流入的可能性，是数据资产增值的重要因素之一。随着技术的进步，可以用更少的成本获得同品质或者更高品质的数据，这有助于生产效率和竞争力的提高，有益于利润率和盈利水平的增加，从而实现数据资产计量上的增值。同样的数据，技术的进步使其生产成本或采购成本在下降。此外，随着新型存储技术的发展，数据存储的能力在提升，单位存储成本在下降。

二、数据产品化和资产化的路径[*]

随着全球数字经济进入蓬勃发展时期，数据作为数字技术、数字经济发展的必然产物，数据已成为全新的资产和新的生产要素，正成为企业创新生产经营方式和重构估值体系的重要因素，成为政府、企业及各种组织经营决策的新驱动、新资产、新内容、新手段，成为链接服务国内大循环和国内国际双循环的引领型、功能型、关键型要素。加快推进数据产品化和资产化，发展数据要素市场是数字经济发展的关键。数据产品化不仅仅是简单地对数据资源进行加工处理，而要根据用户的业务需求和实际应用场景，设计出具有特定功能或用途、能够解决实际问题或满足用户业务需求的数据集合或服务。数据资产化指从会计学角度出发，核算数据产品的账面价值并确认数据资产，以无形资产或存货的形式披露于财务报告的流程。在数字经济时代，相比于有形资产，数据资产正在成为企业最核心的资产，而且在将数据产品确认为数据资产后，其他企业能够公开获取有关财务信息，有利于推进企业间的数据产品交易。以场景需求为牵引形成的数据产品，通过赋能生产制造、市场营销、交通物流、金融服务、医疗健康等商业领域

---

* 李远刚，上海商学院商务信息学院副教授、数字交叉研究院副院长。

和公共服务领域，将数据要素的"乘数作用"嵌入到全流程的生产经营活动中，最终发挥数据要素对传统生产要素的放大、叠加、倍增作用。

（一）数据产品化路径探索

1. 数据产品的基本形态

数据产品有多种形态，比较常见的数据产品首先是基础数据产品，是目前交易最多的一类场景，以数据包或者数据 API 的形式，是一种相对比较简单的方式。这些数据是经过治理脱敏合规后的数据，所以是可以交易和流通的，这些数据对企业分析决策有很大帮助。其次是模型类服务产品，可以理解为把数据结合模型算法整体对外提供服务，征信模型、偏好模型等，还有风险类、诊断类、销售预测类、预警类等，类似一个 SaaS 服务。金融行业或者零售行业比较多的是知识产品，如对外输出分析报告或者提供一些数据信息服务，这也是一种常见的方式。然后更多的是看板产品，这类场景更多服务企业内部，如针对经营管理的数据而提供内部经营决策分析，满足内部经营分析会的汇报。最后有一部分应用产品，把数据加工成一个程序或者一个工具，如数据采集或开发的标准组件，然后对外提供这种能力给到其他客户。

2. 数据产品化的流程

数据产品化不仅仅是简单地对数据资源进行加工处理，而是根据实际应用场景，设计出具有特定功能或用途、能够解决实际问题或满足业务需求的数据集合或服务。数据产品化主要分为四个过程：一是数据资产识别和梳理；二是数据治理和加工管理；三是数据产品设计和开发；四是数据产品运营，如图 5-1 所示。

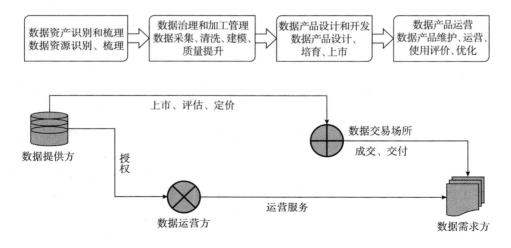

图 5-1　数据产品开发流程

其中，数据开发流程涉及四方：数据提供方是对数据直接应用的企业；数据运营方更多是被授权去做数据的运营；数据交易场所是把数据产品发布到数据交易平台，产生实际效益，带来实际的业务收入；数据需求方，数据产品是以数据需求方的意向为牵引来设计的，确保设计的产品满足数据需求方，为他们带来真正的价值。

数据资产识别和梳理是一套相对规范的标准流程，盘点数据包括实体、数据项、指标、模型，也会对数据做一些标注，涉及业务方法、业务系统，像 OA、ERP、CRM 等这些业务系统都要梳理盘点，最终输出对外发布的资产清单。

数据治理和加工管理、数据产品设计和开发环节，常用的方法是基于 DataOps 数据研发流程，把整个数据从采集到设计开发，从产品规划到培育到合规审查，从治理到对外产品上市全流程管控，最终数据产生的结果或者模型算法可以直接服务于数据需求方，实现数据处理全链路管控。合规审查一般会借助一些第三方机构，产品上市是去数据交易所发布数据产品，后续还有产品维护，因为产品模型是持续迭代的，尤其预测类、推荐类、客户征信类产品，持续对产品丰富度做系统的升级和维护。

数据产品运营领域一般分为三个部分：一是需要对数据产品创新能力持续迭代，同时不定期下线一些 ROI 较低的产品；二是对外的推广和运营，如一些生态合作，包括行业的协会等，在企业内部建立相关的数据文化，让大家认识到数据的潜在价值；三是持续的数据使用评价，以推动和指导数据产品的不断创新，其中包括它的访问量、准确性和规范性，用这些指标衡量数据使用效果。

（二）数据资产化路径探索

1. 数据资产化的基本前提

数据资产化的核心工作是数据资源经识别确认为数据资产的过程。对照企业会计准则关于资产的定义以及国标（GB/T 40685—2021）给出的数据资产的定义，即"合法拥有或者控制的、能进行计量的、为组织带来经济和社会价值的数据资源"。从企业会计确认的角度看，企业资产定义的三要素与资产会计确认的三条件基本一一对应。企业数据资产确认的基本前提可对应为：一是来源条件，即数据资源必须来源清晰，由企业历史生产、交易或者事项形成（可以是生产的数据副产品、事项数据以及通过流通交易获得的数据，且来源清晰无争议），构成对企业历史信息的反映；二是权属条件，即企业必须对数据资源拥有合法控制权，由于数据产生过程复杂，可能涉及众多主体和环节，因此，权属条件仅从控制权角度对企业进行要求，避免对企业数据资源所有权的确权讨论；三是利益（价值）条件，即企业拥有的数据资源是现时或未来收益的现时权利，一般与业务相关，并对企业未来的收益有所贡献，结合权属条件构成"控制以获利"，即控制权归属企业从而保证利益资金流入的可能性。

2. 数据资产化的流程

数据资产化流程一般包含数据资产登记（包括数据核验）、数据资产质量评价、数据资产价值评估、数据资产入表以及后续可能的一系列数据资产金融创新活动等环节。

首先，数据资产登记，即登记申请人在依法设立的数据资产登记机构完成规定登记流程，并确认数据资产相关权属的过程，目的是确权和公示并服务于后续流通利用和价值释放。数据资产登记过程中，为确保数据资产的真实性和合法性，登记机构会对数据来源合法性、内容真实性以及登记的唯一性进行实质审查，为保障核验独立、客观和公正，通常会引入具有资质的独立第三方核验服务机构进行独立核验。其次，采用科学的质量评价标准、模型和方法从准确性、一致性、完整性、规范性、时效性、可访问性等维度精准识别数据资产质量水平和存在缺陷，是确保数据资产场景应用和价值释放的关键步骤。数据资产价值评估是在特定的应用场景下，采用成本法、收益法、市场法以及综合法等对数据资产的价值水平进行科学测度的过程。数据资产入表是企业将已登记数据资产确认为会计报表中的一类"资产"项目，通过会计财务处理反映数据资产真实价值和业务贡献，具体入表包含数据资产的会计确认、计量、科目设定和列示报告等内容。

（三）企业数据资产化实践案例研究

1. 企业数据资产化探索过程模型

当前企业数据资产化路径仍处于探索阶段。本部分对相关研究的数据资产化路径中的关键阶段进行综合，并参考典型数据价值链理论，提出探索企业数据资产化探索过程模型，如图5-2所示。

基础设施层面涉及原始数据—数据资源—数据产品的数据资产化演进路径，流通交易层面涉及数据资产—资产应用—已入市数据产品的演进路径。一方面，作为企业数据资产化路径的基础，企业内部的数字化基础设施建设过程涉及数据采集、处理和加工，完成数据产品从无到有、从有到优的生产过程；另一方面，作为企业在数据资产板块获取收益的主要途径，其在场内市场或场外市场的成功交易和变现至关重要。

数据产品进入市场后，可以重新成为其他数据商的原始数据来源，通过构造新的业务场景，数据商能够从中继续萃取数据价值，进而实现数据产品从生产到消费的闭环，形成了以"原始数据—数据资源化—数据产品化—数据资产化—资

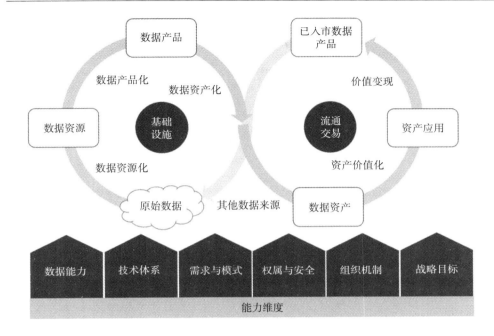

图 5-2　企业数据资产化探索过程模型

产价值化"的数据要素形态演进路径。企业的数据资产化是一个复杂多维的过程，上述单一角度难以全面地反映数据要素演化的丰富内涵，本部分从更有效地释放数据要素价值的角度，扩展了企业数据资产化探索过程模型的能力维度，分别从数据能力、技术体系、需求与模式、权属与安全、组织机制以及战略目标六个维度来调研企业数据资产化的实践路径，提出了扩展后的"五段六维"企业数据资产化探索过程模型，如图 5-3 所示。

（1）"五段"：原始数据、数据资源化、数据产品化、数据资产化、资产价值化。

原始数据通常指未经过加工处理、具有一定规模、来源于自有积累、外部采购与合作或互联网爬取的数据资源。

数据资源化是有含义的数据集结到一定规模后形成的。数据资源的产生与管理依赖于数据能力和治理体系，通常借助成熟的商用或自主开发的数据处理平台，包括数据集市、数据指标库、标签库、基础模型库、数据中台、数据仓库和数据湖的建设。

数据产品化完成数据资源到数据产品的转变，是企业将数据作为生产要素并参与收益分配的关键环节。构建数据产品既需要企业具备整合、加工、分析和建

	原始数据	数据资源化	数据产品化	数据资产化	资产价值化
数据能力	□ 非真实体性 □ 多样性 □ 可加工性 □ 价值易变性	□ 元数据与主数据 □ 数据资源目录 □ 质量评估与数据标准 □ 数据能力成熟度	□ 产品形态 □ 产品定价 □ 质量验证方法 □ 数据产品组织	□ 数据资产的信息要素 □ 登记、变更 □ 数据资产管理能力	□ 数据资产化成熟度 □ 数据资产入表 □ 数据资产变现能力
技术体系	□ 数据采集技术 □ 数据采集工具 □ 数据采集策略	□ 大数据技术架构 □ 数据平台与支撑工具链	□ 智能加工处理技术与平台 □ 多方安全计算 □ 数据产品运营效能评价	□ 流通模式与依托平台 □ 流通技术	□ 货币化收益的计量与评价 □ 数据资产的金融衍生服务技术
需求与模式	□ 与数据能力提供方的合作模式	□ 内部使用 □ 应用场景 □ 业务数据化	□ 目标客户需求分析、应用价值图谱 □ 外部商业化 □ 交易频率、规则、流程	□ 对外共享、交易、开放、成本构成 □ 定价方法 □ 交易模式	□ 价值评估手段 □ 价值化观念 □ 销售渠道、运营模式
权属与安全	□ 权属类型 □ 合规策略 □ 遵循约束	□ 数据血缘 □ 安全存储、处理、交换 □ 分类分级、脱敏策略	□ 可信计算 □ 合规策略 □ 应用风险	□ 数据资产入市制度 □ 数据资产生存周期 □ 安全	□ 应用风险 □ 流通风险、隐私保护 □ 收益分配
组织机制	□ 数据规范流程与管理概要 □ 数据治理组织架构和体系 □ 高层支持	□ 业务、数据、技术部门协同 □ 数字人才和团队建设	□ 运营团队建设 □ 与市场、销售部门协同 □ 测试客户选取与联接	□ 数据资产组织落实 □ 经营管理团队 □ 与财务、法务部门协同	□ 企业数字文化 □ 数字人力资源评价 □ 孵化数商公司
战略目标	□ 企业短、中期和业务场景 □ 业务范围 □ 企业发展理念 □ 行业现状	□ 企业数字化规划 □ 数字化转型	□ 企业短期、中长期业务规划 □ 数字产业化状态	□ 与数据资产相关的业务、业态和商用模式 □ 数据资产化战略 □ 数据资产产业化战略	□ 数据业务拓展与转型规划 □ 融资计划 □ 并购计划 □ IPO资产

图5-3 "五段六维" 企业数据资产化探索过程模型

模的能力，又需要基于特定应用场景和目标用户更好地挖掘数据价值。

数据资产化是数据产品在市场交易中创造经济价值的过程，是数据价值实现的核心。通过释放数据生产要素的价值、更新数据基础设施和数字技术、培养数字化劳动者、建立数据确权、深化应用场景以及创新生产模式。

资产价值化主要关注数据资产化成熟度、数据资产的变现能力、数据资产化市场培育以及数字化业务拓展和转型能力，涵盖数据供给、价值需求、数据平台和安全保障，以及政府支持数字基础设施和专业人才培养，促进数据要素的高效流通和价值释放。

（2）六个维度：数据能力、技术体系、需求与模式、权属与安全、组织机制和战略目标。

数据能力，首先体现在数据的来源、渠道和更新频率，包括数据是否为外部合作/购买/企业自有，数据的规模、数据的类型等；其次体现在数据资源的规模、维度、增量以及治理体系；最后体现在产品化后还涉及的数据产品形态、应用场景和驱动因素、数据资产管理以及数据资产的变现能力。

技术体系，首先体现在数据采集的方式、策略以及采集/接入的工具和平台；在数据资源化阶段，主要体现在技术架构、工具和核心平台方面；其次体现在产品化阶段研究数据产品相关的处理技术与平台、运营效能评价机制以及数据产品的可持续和自服务能力；最后体现在数据资产化阶段，主要研究流通模式与依托平台，在资产价值化阶段，研究数据资产的货币化收益计量方法以及其衍生产品与价值提取技术。

需求与模式，首先研究数据提供方的合作模式；其次在数据资源化阶段，研究需求方的应用场景以及根据用户类型、应用价值图谱、交易频率、规则流程和条件确定需求模式；最后在数据资产化和价值化阶段，研究由数据驱动而增长的业务和交易模式及定价方法、价值评估体系和兑现途径。

权属与安全，首先界定外部数据的权属，如使用权、所有权、勘探权、收益权等；其次在数据资源化阶段研究数据的分类分级政策、脱敏策略以及数据的安全存储、处理和交换方法；再次在数据产品化阶段研究可信计算方法，并建立相应的数据产品权属制度；最后在数据资产化与资产价值化阶段，研究数据资产的入市制度和模式。

组织机制，首先研究制定数据管理的标准、规范、流程及体系；其次研究组织架构、人才和协同机制；再次在数据产品化阶段研究运营、市场和销售部门的协同机制；最后在数据资产化阶段，研究运营、财务和法务部门的协同机制，在资产价值化阶段，研究人力资源的数字化能力评价机制和数商企业的孵化能力。

战略目标，首先在原始数据与数据资源化、产品化阶段，研究数据收集、汇聚与融合战略，使其与企业的短、中、长期业务目标和规划以及数字化转型战略融合；其次在数据资产化和资产价值化阶段，研究与数据资产相关的业务、业态和商业模式等方面的战略部署。

2. 企业数据资产化实践案例分析

（1）案例选择。本部分深入调研上海市内的代表性企业及其标杆数据产品，开展企业数据资产化的实践案例研究。选择这些调研对象基于两个主要依据：首先是上海市重点行业企业，在上海的"五个中心"建设和数字化城市转型中发挥关键作用；其次是其数据产品已在上海数交所挂牌交易。因此，本部分选取航运、交通、能源和金融行业中各一家典型企业，分别命名为 H 企业、T 企业、N 企业和 J 企业作为案例对象。

（2）案例描述与归纳。通过对案例数据的整理和对其中关键举措的剖析，形成了如表 5-1～表 5-4 的企业数据资产化实践特色。本部分梳理了企业开展数据资产化过程中的活动举措，总结该企业具有代表性的实施内容，并从中洞察和凝练关键影响因素。若该企业在某一阶段并未关注特定能力，将被标记为"—"。此外，探索结果还可用于验证本部分提出的探索过程模型的全面性和指导性。

以下列出的企业数据资产化实践特色为基础，本部分从两方面提炼并总结各自案例带来的启示，即数据产品和数据资产的成因与关键点，以及企业在数据合规等方面采取了何种举措，从而促使其数据产品成功在上海数据交易所挂牌。

如表 5-1 所示，H 企业从最初只关注数字化平台的建设，至目前形成围绕船舶、港口及航线等系列数据服务，可以归结为以下关键点：①迭代规划，创新机制。H 企业的研发创新中心成立后，经过层层筛选和反复讨论，确定平台化发展为集团主业方向，数据、算法、平台工具等逐渐沉淀、迭代和再启动。②源头即明晰的数据产权。H 企业避免使用企业的生产数据，通过采购协议明确数据权属。③多维数据、技术与业务模式合力并进。H 企业深度融合了多维数据，建立了产品、算法和销售团队的三元团队结构。④安全合规地促进数据流通应用。数据产品通过了数交所一系列场内交易的合规性审核。

表 5-1　H 企业数据资产化实践特色总结

	原始数据	数据资源化	数据产品化	数据资产化	资产价值化
数据能力	核心数据（购买）；第三方企业数据（购买）	AIS 数据融合位置服务，汇聚海图、船舶和气象数据	船舶、港口及航线等系列数据服务	以船舶为核心的数据资产；数据产品的登记挂牌	—

续表

	原始数据	数据资源化	数据产品化	数据资产化	资产价值化
技术体系	API调用第三方数据	航运数据中台（26万艘商船，115种智能算法）	SaaS化服务、API产品；定制化服务	数据交易所；数据管道	—
需求与模式	与数据商形成采购协议	内部使用；船舶轨迹分析和行为识别	从船舶、航线、港口、探索、大数据、App等六个维度打造产品和数据链路	参考市场定价；和客户（共建）的商业模式	标准化撮合与用户的个性化定制双轮推动
权属与安全	第三方数据的勘探权；核心生成和业务数据的所有权	核心生成和业务数据私有云存储	混合云模式	—	避免销售具备原始数据产权的风险；避免数据出境
组织机制	重大重组合并	成立研发创新中心	产品团队、算法团队和销售团队	—	—
战略目标	为集团数字化赋能	成为航运、交通数字化产业标杆	面向企业客户服务	"聚数、创智、建云"	面向全球供应链提供数字服务

如表5-2所示，T企业从最初数据服务于内部，演变为数据产品挂牌交易的关键因素可以归因为以下关键点：①政府支持下的国资背景的科技型服务定位，使其战略目标既包含公益性的社会服务目标，又包含通过科技创新实现企业效益的目标。②管理层主导与各部门协同的数据治理体系（技术体系+管理体系）建设，使T企业具备采集、存储、加工政府公共数据的能力。③通过形成数据产品并挂牌交易的合规流程，反哺企业数据治理体系建设是其开发数据产品的重要动机。

表5-2 T企业数据资产化实践特色总结

	原始数据	数据资源化	数据产品化	数据资产化	资产价值化
数据能力	核心数据（合作单位的公共数据）；自有数据（App自积累）；第三方企业数据（购买）	公交、轨交、轮渡和停车数据，融合位置服务	"智慧泊车"和"出行热力"两款场内交易产品	以交通数据为核心的数据资产；数据产品的登记挂牌	机构用户科研服务建立数据资产目录
技术体系	免费采集公共交通数据；API调用第三方数据	MaaS大数据平台（出行技术和数据技术）和BI系统	API形态的查询类、指标类、标签类、模型类和报告类产品	数据交易所；数据管道	—

续表

	原始数据	数据资源化	数据产品化	数据资产化	资产价值化
需求与模式	与数据商形成合作协议	内部使用；C端用户出行和B端用户经营决策	拟推出面向政府交通决策、企业需求预测、机构科研的数据产品	参考同类数据产品定价；探索成本导向的数据资产定价模式	挖掘政府端政策制定需求；企业端经营决策需求；机构端的科研需求
权属与安全	公共交通数据与第三方数据的勘探权，自有数据的所有权	自建数据中心存储多源数据；安全架构、安全制度条例与物理安全措施	私有云提供服务	律师事务所出具合规鉴定报告	公共交通数据与自身出行业务数据权属确认的政策风险；用户隐私数据的泄露风险
组织机制	技术团队的开发与治理一体化	数据技术团队负责数据的接入、管控和数据质量的反馈	"部门协同，一岗多能"；产品部、技术部、信息安全部协同	产品团队与法务部门协同	—
战略目标	打破公共交通数据孤岛	通过业务价值驱动数据资源建设	以出行数据为基础，开发可交易的数据产品	挖掘用户的生活消费场景，促进城市实体经济	通过变现数据产品，助力企业融资估值

如表5-3所示，N企业从集成电网各环节数据出发，构建"一体四翼"布局，积极推动数据产品的数交所场内交易。其关键要点包括：①通过建立研究院，吸纳卓越的专业人才，已经率先落地了"数据+AI"的高阶探索。②各相关子公司之间协同发展，充分挖掘内部数据的潜在价值。大部分数据产品未参与数交所场内交易，但它们在子公司内部广泛应用。③考虑到电力数据的敏感性，为规避潜在的流通风险和隐私泄露，仅持有银行牌照的企业才能合法使用N企业发布的数据产品。

表5-3　N企业数据资产化实践特色总结

	原始数据	数据资源化	数据产品化	数据资产化	资产价值化
数据能力	核心数据（自积累）；第三方企业数据（合作）	用户数据；电网数据；社会环境（地理数据和气象数据）；基于FDA的数据质量度量标准	电力数据研究等系列数据产品	以电力数据为核心资产；数据产品的登记挂牌	—

续表

	原始数据	数据资源化	数据产品化	数据资产化	资产价值化
技术体系	自采集用户和电网数据；API 调用第三方合作数据	电力大数据基础平台（典型大数据组件、通用机器学习算法和面向电力应用算法的专用组件）	API 形态的指标类和指数类产品	数据交易所	—
需求与模式	与数据商形成合作协议	内部使用；企业信用评价；用户画像；行业景气分析；数字化指数	企业用电综合评价数据产品	参考同类数据产品定价	为政府提供发展数据和消费指数；金融分析机构对用户进行信用评估
权属与安全	用户和电网数据的所有权；第三方数据的勘探权	自建高性能数据集群；数据的行列安全控制，高级别安全管理体系	私有云提供服务；为金融机构提供的数据产品以隐私计算或联邦学习的方式提供	在政府主导下，以强化安全保障为前提的数据产品挂牌和交易	仅具有银行牌照的企业才可使用
组织机制	某能源企业的全资子公司	成立科学研究院	众多博士研究人员组成的研究团队	—	孵化征信公司
战略目标	建设数据业务系统，集成电网各环节数据	集成外部数据，加快电网向能源互联网升级	坚持绿色发展，注重智慧赋能；面向企业客户服务，目前以银行等国企为主	强化安全保障，突出价值创造	发展金融业务、国际业务、支撑产业和战略性新兴产业

　　如表 5-4 所示，J 企业致力于解决金融行业的"数据孤岛"问题，借助人机耦合的基础数据处理平台，实现数据的融合。J 企业的金融咨询、企业融资和风险系列产品已在上海数交所挂牌。其关键点包括：①专业顶层设计与散点式需求相结合。邀请行业顶级专家和领军人物对业务系统进行顶层设计，同时在运营过程中不断检测场景符合度，并将分散的需求集成到数据产品设计中。②校企合作共赢。通过自主研发和与高校合作，充分发挥各自优势，将高校的算法研究与企业的产品实施相结合。③普惠金融服务理念。通过为 C 端用户提供免费服务，带动流量并促进 B 端消费从而实现盈利。

表5-4　J企业数据资产化实践特色总结

	原始数据	数据资源化	数据产品化	数据资产化	资产价值化
数据能力	核心数据（公开采集、自身沉淀）；第三方企业数据（合作、购买）	金融大数据；企业大数据；特色数据（区域经济、舆情等）；全流程的数据治理体系	金融咨询、企业融资和风险等系列数据产品	以企业风险数据为核心资产；数据产品的登记挂牌	—
技术体系	数据爬取；API调用；合作方FTP下载	基础数据处理平台（人机耦合）；大数据智能处理平台（机器学习、NLP、语义分析、知识图谱）	SaaS服务；API产品	数据交易所；数据管道	—
需求与模式	与数据商形成采购协议	C端用户金融数据、企业数据和区域经济数据开放；B端用户多维分析和风险预警；场景符合度校验	融合六个AI角度，结合人工干预，呈现全面预警、深度查询与分析等数据产品	统一标准化定价和阶梯定价	为C端和B端用户提供标准化产品；数据开放，合作共赢
权属与安全	公开数据采集后，沉淀数据的所有权；第三方数据的勘探权	与业务场景深度融合的多维数据库；双通道数据质检	公有云模式	—	—
组织机制	某金融数据企业旗下金融信息服务子公司	人工智能研发中心成立	销售团队、数据清洗和服务团队；校企合作（算法层面）	数据产品销售团队	—
战略目标	数据的发展、本地化和底层架构	数据治理流程化、数据的全结构化和产品自动化	普惠金融理念，C端用户免费，拉动B端用户收费	以专业金融数据库为基点，向各个行业延伸	取决于母公司的战略和财务管理机制，子公司没有独立决定权

三、数据资产入表带来的价值革命[*]

　　资产是能够产生价值的资源，但能产生价值的资源并不都是财务和法律意义上的资产。2024 年以前，数据是一种能为企业创造巨大价值，但却不能被认定为资产的特殊资源。显然，传统财务会计对数据资源的巨大价值视而不见的做法已经不再适应现代数字经济的需要。2023 年 8 月 21 日，财政部发布了《企业数据资源相关会计处理暂行规定》，并于 2024 年 1 月 1 日开始施行。这是一份具有重大历史意义的文件，因为它首次明确了数据资产入表的条件，扫清了在财务报表中披露数据资产价值的政策限制，是对国际财务会计准则的重大创新。资本市场给出了非常积极的反应，相关个股应声大涨。数据资产入表带来的价值革命由此正式展开，并将对未来的社会和经济生活产生深远的影响。

（一）数据的价值

　　人类社会已经步入信息化时代，数字经济是当今经济发展的新生态和主旋律，而这一切的基础都是数据。数据不仅仅包含数字，也包含文字、图像、声音、视频等形式。每个人既是数据的消费者，也是数据的创造者。比如，我们每天形影不离的手机就是一个巨大的数据源，我们发出的每一条信息，阅读的每一篇文章，下的每一个订单，听的每一首歌，看的每一个视频都既接受了外界的数据，同时创造了新的数据。通过分析我们的浏览和操作数据，媒体可以更精准地推荐内容，商家可以更有效地销售商品和服务。而这些仅是数据庞大价值的冰山一角。从网购到无人驾驶汽车，海量数据是维系现代社会高速、平稳运行不可或缺的基本要素。随着技术的进步，人们收集、整理、分析和利用数据的能力也在突飞猛进。如火如荼的人工智能大发展正是海量数据叠加先进的算法和算力的产物。无论从任何角度看，数据对现代经济和社会生活的重要性都毋庸置疑，且日益上升。

　　2020 年 4 月 9 日，中共中央、国务院印发《关于构建更加完善的要素市场化配置体制机制的意见》，将数据定义为一种新型生产要素，成为土地、劳动力、资本、技术要素后的第五大生产要素，在顶层设计层面确认了数据的独特地位。

　　* 黄蓉，复旦大学管理学院会计系李达三讲席教授、博士生导师；周平，路博迈基金管理（中国）有限公司董事总经理、量化投资部总经理。

2022 年 12 月 19 日，《中共中央 国务院关于构建数据基础制度更好发挥数据要素作用的意见》（即"数据二十条"）发布，明确提出数据产权的确认。2023 年 8 月 21 日，财政部发布《企业数据资源相关会计处理暂行规定》，并于 2024 年 1 月 1 日开始实施，首次明确数据资产确认入表的会计规则，使得原先只能费用化处理的数据资源开发成本在满足一定条件后得以确认为资产，为报表使用者提供决策有用信息，同时帮助数据驱动型企业吸引外部融资、优化财务结构、提升公司价值。数据资产入表是中国在现代会计制度上的一项重大创新，反映了数据资源对现代经济产生广泛、深刻影响的现实。

政策发布当日，涉及数据要素领域的板块股价显著上升。当天市场收盘时，包括国家发展和改革委员会的数据合作平台上海钢联、专注于数据分析与决策支持的零点有数以及大宗商品价格指数供应商卓创资讯在内的多个公司股价涨停。此外，涉及人工智能与大数据服务的汇纳科技、数据智能服务提供商每日互动以及数据资产化服务公司易华录等的股价涨幅超过 15%。在随后的一周内，A 股市场中的数据要素相关板块继续领跑市场。资本市场对新政策的热烈响应明显表明，投资者普遍预期，随着政策的实施，相关企业的数据价值将得到进一步释放，数字经济将进一步蓬勃发展。

从重磅政策的接连发布到资本市场的热烈反响，敏锐的企业家和投资者已经可以感知到数据价值革命的大幕正在中国徐徐拉开。在这场革命中，数据资产的评估和入表将是关键问题之一。

（二）数据资产的特性

并不是所有数据都能算作资产，只有那些企业拥有或控制的、能为企业带来经济利益的数据资源才是数据资产。换句话说，数据能直接为企业带来明确可计量的经济利益，才算得上是资产。举个例子，普通企业里员工的薪酬数据尽管对企业管理本身很有价值，但企业不能直接用薪酬数据产生数据产品或提供服务来获取收益，因此不能算作数据资产。但是，如果一家咨询公司专注于人力资源服务，花了很多时间和费用建立了一个完备的薪酬数据库，并依据这些数据为不同的企业定制薪酬方案，或者向其他需要使用薪酬数据的企业提供有偿服务，那么这些薪酬数据就是这家咨询公司重要的数据资产。

数据资产在现代经济中的重要性是不言自明的，它有很多特性，其中最重要的一个特性叫作"场景依附性"。场景依附性的意思是数据资产的价值与使用的场景高度相关。这意味着同样的数据，在不同的业务中能创造出不同的经济价值。举个例子，零售行业中顾客的购买数据：对于一家电商平台，这些数据能帮助他们分析消费者行为，推荐合适的商品，提升销售额；而对于供应链公司，这些数据可以指导库存管理和物流规划，降低成本，提高效率。除场景依附性外，数据资产还有几个关键特点。比如，它不会因为被使用而消耗掉（非消耗性），可以在多个部门或公司之间共享（共享性），而且共享数据并不会影响其价值（非竞争性）。在商业环境下，如何分类、管理这些数据，并且为它们制定一个合理的评价体系，成为企业提升竞争力的关键问题。

数据资产是现代经济中的一种宝贵资源，它的价值和使用方式跟其他常见的商业资源（如库存、设备或者应收账款）有显著不同。这就意味着，我们不能用过去的方法评估它的价值，而需要开发新的评估方法。数据资产的种类很多，可以根据它的价值、如何产生的、存储在哪里、谁拥有它、怎么供应以及如何使用这些标准来分类。对于商业人士来说，理解数据资产的这些特点和分类方式很重要，因为它们直接关系到如何正确评估数据资产的价值，进而影响业务和财务决策。

（三）影响数据资产价值的因素

企业从数据资产中的获益方式对数据资产的价值评估有重要影响。一般而言，企业对原始数据的加工程度越深，则最终形成的数据资产的价值越高。企业通过数据资产获利有两种主要模式：数据支持和数据增强。数据支持型企业通过出售数据或提供数据许可，销售与数据相关的产品获利，代表性企业包括地理信息系统提供商超图软件，客户关系管理服务商 Salesforce，国内规模最大的财经数据和信息提供商万得信息科技（Wind）以及全世界规模最大的财经数据和信息提供商彭博（Bloomberg）等。数据增强型企业则通过利用数据优化现有产品和提高生产效率来增加收入，代表性企业包括电商巨头阿里巴巴和亚马逊（Amazon），搜索巨头百度和谷歌（Google），社交网络公司腾讯和脸书（Facebook）等。除获益方式外，影响数据资产价值的其他重要因素还包括成本、固有价值、市场价值和环境条件等。成本因素涵盖了数据生产的全过程花费，无论是购买外部数据的支出还是收集和处理自有数据的成本，包括人工、材料和间接费用等，准确归集、记录和分配这些成本对于财务部门完成数据资产入表非常关键。固有价值因素关注的是数据本身的特性，如质量、规模、多样性和活性。这里面的数据质量尤为重要，它是数据产生经济价值的基石。市场价值因素指特定应用场景下数据资产的供求关系，如有没有提供类似数据或数据服务的竞争者。举个例子，上市公司过往的财务数据对投资者很有价值。如果只有一家公司独家提供这些数据，那么这些数据资产的价值会非常高。但如果有很多公司都可以提供这些数据，则这些数据资产的价值就会下降。另外，环境因素主要与数据所有权和隐私相关。由于数据的边际复制成本极低，在使用数据资产时不可避免地会面临数据所有权确认和数据隐私保护等问题，这些都会影响到数据资产的价值。

数据资产的价值往往与使用场景紧密相关，需要根据不同行业的特点来制定更加具体和适应性强的评估及管理体系。数据资产的真实价值在不同行业和应用场景下表现出来的形式各不相同，因此，场景化的估值、计量、管理和报告体系显得尤为重要。

我们看四个实际的例子。

第一个例子是制造企业上汽集团。上汽集团是中国三大汽车集团之一，主要业务是乘用车、商务车和汽车零配件的生产、销售、开发和投资，以及相关的汽车贸易和金融业务。上汽集团从传统的"以产品为中心"模式转型为"以用户为中心"，通过完整的数据闭环和应用，为用户创造了更多价值。对上汽集团来说，数据资产主要表现在客户关系维护方面的应用价值和创造力。这说明，在制造行业，数据资产的评估应重点考虑开拓和维护客户关系以及用户体验的提升。

第二个例子是金融企业浦发银行。浦发银行是大型股份制商业银行，2022 年在英国《银行家》杂志发布的"全球银行品牌 100 强"中排名第 18 位，在上榜中资银行中排名第 9 位。浦发银行主要通过推动数据产品的创新和实用化，实现了数据驱动的场景金融服务，依托新技术快速响应客户和管理需求。因此，金融企业的数据资产价值不仅体现在其金融产品和服务的创新上，还体现在通过数据驱动提升的用户管理能力上。

第三个例子是医疗企业至本医疗。至本医疗是一家专注于肿瘤精准诊疗的创新型医疗科技企业。至本医疗的主要数据资产是其建立的癌症患者基因库，这项数据资产既具有科研价值，也具备转化为数据产品的潜力。因此，在医疗行业，数据资产的评估既要考虑其对科学研究的贡献，也要探讨其商业化的可能性和路径。

第四个例子是科技公司数库科技。数库科技是一家引领产融数字化的数据科技公司，作为平台化数商企业，主要面向金融机构、企业及政府部门提供智能数据产品，覆盖对公营销、智能风控、产业规划、招商引资等多种应用场景。数库科技的主要业务包括标准化推送产品（包含 SAM 产业链、供应链、SmarTag 新闻分析数据、企业图谱、发债企业运营数据、企业财务数据六大产品）和定制化交易服务（包括数据治理及整合服务、定制化系统开发服务两大业务）。不同于前三个例子，数库科技的主要资产正是其数据资产。对于数库科技的数据资产的价值评估主要考察哪些成本支出可以被资本化，而哪些必须费用化。所谓资本化指这些成本支出不是被当期消耗掉，而是形成了可以带来未来收益的资产。反之，费用化指这些成本支出没有形成明显可以确认的资产，因此在当期作为费用处理。举个例子，普通家庭花 10 万元买辆汽车的支出应被资本化，因为这辆车会服务这个家庭很多年，而这个家庭某次旅行花 1000 元租车的支出则应被看作是这次旅行的费用。同样的道理也适用于数据资产的评估。因此，在科技行业，数据资产评估的关键在于判明成本支出是否形成了能带来确定性未来收益的产品或服务。

这些例子说明，数据资产是高度复杂的资产，与企业所在行业的特点、数据的应用场景以及数据资产的生命周期等息息相关。这意味着，企业需要根据自身的情况，因地制宜地制定适合自己的数据资产分类、成本归集以及后续会计计量的方法。

（四）数据资产入表

前面提到财政部发布的《企业数据资源相关会计处理暂行规定》（以下简称《暂行规定》）的当日数据要素板块的上市公司股价大涨。导致股价大涨的直接原因就是《暂行规定》明确提出数据资产可以入表。"入表"是计入财务报表的简称。数据资产入表的意思是数据资源可以在满足一定条件下被计入财务报表，作为资产列示。与以前的规定相比，新规会让数据资产丰富的公司的资产负债表上的资产和净资产同时增加，损益表上的成本费用下降，盈利上升，这些都直接利好公司的股价。此外，资本市场对不同资产的估值是不一样的，在数字经济时代，资本市场更愿意给数据资产高估值，因此，数据资产入表对很多企业来说是非常重要的。

《暂行规定》提出，按照数据资源有关的经济利益的预期消耗方式，根据企业持有对客户提供服务、日常持有以备出售等不同业务模式，将数据资源分类为无形资产和存货科目进行确认、计量和报告。对于不符合资产确认条件的数据资源，在出售或提供服务时按照收入准则处理。此外，《暂行规定》对数据资源的列示与披露均做出了细化规定。列示方面，企业需根据重要性原则和企业实际情况在资产负债表中以报表子项目的形式单独列示；披露方面，《暂行规定》创新性地对数据资源采取"强制披露加自愿披露"方式，企业需强制披露数据资源的取得方式、期间变动情况与相关会计政策、会计估计，还可根据实际情况自愿披露数据资源的应用场景或业务模式、原始数据类型来源、加工维护和安全保护情况、涉及的重大交易事项、相关权利失效和受限等相关信息。

《暂行规定》自 2024 年 1 月 1 日起正式施行，因此 2024 年被称为"数据资产入表元年"。截至 2024 年 5 月 31 日，共有 18 家上市公司在 2024 年第一季报中披露了数据资产，其中首家披露数据资产的上市公司是山东高速。从行业分布看，首批披露数据资产的上市公司中有 12 家属于科技行业，其中属于计算机行业的有 7 家。剩下的 6 家公司中有 2 家属于交通运输（港口和高速），4 家属于传统制造业。这 18 家公司中有 6 家属于工信部认定的专精特新企业，另有 2 家公司也属于高新技术行业。因此，从行业分布上看，首批披露数据资产的企业的科技属性较强。

从数据资产的分类看，17 家公司将数据资产分类为无形资产或开发支出（开发支出可以看作是尚未完成的无形资产），仅有 1 家公司将数据资产分类为存货。值得一提的是，最初披露数据资产的上市公司一共有 24 家，其中有 6 家公司后来发布公告将原先披露的数据资产重新划分为其他资产，而这 6 家公司最初都将数据资产分类为存货。数据资源要划分为存货需要该资源只能被出售一次，而不能重复出售。由于数据独有的非消耗性、共享性和非竞争性等特点，数据资源较难被确认为存货，而满足无形资产（或开发支出）的条件则相对容易。比如，山东高速披露的数据资产包含财务共享中心的财务智能分析平台、高速股份的路网车流量、通汇资本的对公数字支付科技平台数据监测产品三大数据应用场景，全部分类为无形资产。首批 18 家公司披露的数据资产的总金额较小，总和约为 1.03 亿元，其中无形资产约为 7866 万元。首批披露的数据资产总额较小的主要原因是有关数据资产入表的会计实务仍在初始阶段，还有很多亟待厘清的问题（前述 6 家公司发公告撤回最初披露的数据资产反映的正是这种情况），因此绝大多数公司采用了非常谨慎的会计计量原则。

《暂行规定》为数据资产入表提供了原则性的指导。在实践中，数据资产入表面临很多挑战，主要包括以下方面。首先，数据资源的确权问题尚未得到妥善解决，很多时候，数据资源的持有权、加工使用权与产品经营权属于不同的企业，相互之间如何框定各自拥有和控制的数据资源的边界不是一个简单的问题。其次，数据资源的成本有时很难可靠计量，因为数据资源的形成可能牵涉很多部门和流程，某些数据资源可能是其他产品的副产品，成本归属和分摊相当复杂。再次，数据资产的会计处理仍有不少难点，比如数据资源在研究阶段的支出应当费用化，而在开发阶段的支出可以资本化，但有时候有效界定数据资源的研究阶段和开发阶段比较困难。最后，《暂行规定》鼓励企业根据自身情况自愿披露数据资产信息。尽管企业可以借助自愿披露展示自身在数据资产方面的优势，但自愿披露会产生一定的费用并可能加剧竞争压力，因此数据资源的自愿披露能否达到政策预期仍有待研究。

（五）优化数据资产入表实践

随着政策和法规层面对数据资产入表的认可和支持，越来越多的企业正探索如何评估和记录数据资产。与传统资产相比，数据资产的价值确认、分类及其后续的会计处理（如摊销和减值等）更加复杂，缺乏先例。基于对一系列企业的调研，我们提出了几点建议，希望能为数据资产入表的实践提供有价值的建议。

首先，政府与会计、法律、信息技术等领域的专家深入合作，围绕数据资产的商业应用场景，收集典型企业的实际操作数据，探讨数据资产的确权、记录、计量和报告等关键问题，并编制具体的会计处理案例。这将有助于指导和规范企业如何将数据资源纳入财务报表。

其次，企业采用更清晰的数据资产化服务模式。比如，通过提供标准化的API数据接口，允许客户根据需求查询特定数据，并通过API调用实现收益分成。这种方式既反映了数据采集的成本，也体现了数据产品的收入。同时，企业应建立内部的数据管理体系和成本分摊机制，进一步完善与数据资源相关的内部控制系统。

再次，企业需要合理估计数据资产的生命周期。考虑到数据资产在不同应用场景下展现出的多样化价值生命周期，合理预测其生命周期是确保数据资产可靠计量和适当摊销的基础。例如，根据我们对某家数商的前期调研，其数据产品的价值活跃期为3~5年，建议采用直线法在此期间内进行摊销。

最后，企业应遵循《暂行规定》的要求，披露与数据资源相关的无形资产和存货的成本、收入和计量方法等会计信息。此外，企业还可以自愿披露关于数据资产权属、维护和交易方式的信息，如上海钢联在其年报中就数据资产进行了详细的披露，提供了一个很好的例子。

通过充分、透明地披露数据资源信息并合规记录数据资源的价值及其变化，企业不仅能够提升自身数据资产的价值，同时能活跃数据要素市场、构建数据生态、发展数字经济、推动数据价值革命。

四、数据资产价值评估的道与术[*]

（一）数据资产化的意义与作用

数据天生具有很强的业务属性，企业的生产经营活动通过电子表单、信息系统、数字化连接以及数字孪生等技术手段，形成不同类型、不同时效、不同价值密度的数据资产。数据资源不仅描绘了企业生产经营的全貌和外部竞争环境，还蕴含了丰富的业务信息和巨大价值。数据的价值体现在业务经营与管理决策中，

＊ 何铮，德勤中国数据资产服务合伙人；李雯，德勤中国数据资产服务总监。

通过数据分析和应用能够准确反映过往业务状况，精确预测未来发展趋势，从而提升管理者对业务的认知和决策的准确性，为企业塑造差异化优势和可持续发展的竞争力。

企业的数据资产化是通过信息化及数字化建设和技术应用而构建内外部数据生态的过程。这一过程涉及将内部生产运营数据、管理数据和生态圈数据等数据资源进行资源整合、加工和应用，旨在为企业提供商业洞察、机会捕获、运营增效，从而实现商业价值。这一系列技术和管理活动最终促成以数据资产为主体的新型价值体系。在数字化时代背景下，数据资产在企业资产结构中的比重逐步提升，其在数字化时代的价值倍增效应将显著增强。

数据要素是对数据经济价值更社会化的表述，反映了数据作为社会化生产资料的特质。根据全国信标委大数据标准化工作组 2022 年发布的《数据要素流通标准化白皮书》中的定义，数据要素指参与到社会生产经营活动、为使用者或所有者带来经济效益、以电子方式记录的数据资源。从实践看，国外尚未把数据上升为数据要素，多是从产业本身出发，注重数据在企业转型升级和经营决策中的重要作用。中国将数据视为第五大生产要素，标志着一项重要的制度创新。2019年，党的十九届四中全会首次提出将数据纳入生产要素范畴，参与生产和分配。2020 年 4 月 9 日，中共中央、国务院印发的《关于构建更加完善的要素市场化配置体制机制的意见》中，正式将数据列入与土地、劳动力、资本和技术并列的生产要素。

数据要素化特征体现在生产经营和服务提供过程中作为生产性资源投入，通过要素的实质性加工和创造性劳动，或是形成具有新的应用价值的数据资产再次投入数据要素流通，或是数据资产对生产者自身的经营活动形成支撑助力，创造经济价值。因此，经济价值是数据资产化和数据要素化的共同且唯一的特征。数据要素市场化进一步突出了数据作为生产资料在价值实现过程中的交易关系和市场属性。数据要素市场化后，通过数据要素市场进行货币化交易，实现数据资产特定权属的交换，进而实现价值置换。

2022 年 4 月，中共中央、国务院印发的《关于加快建设全国统一大市场意见》中强调了加速培育数据要素市场的重要性。意见指出要建立健全数据安全、权利保护、跨境传输管理、交易流通、开放共享、安全认证等基础制度和标准规划，并深入开展数据资源调查，以促进数据资源开发利用。2024 年，党的二十届三中全会明确要构建全国统一大市场，包括构建全国一体化技术和数据市场等，推进要素市场制度和规则的完善。与此同时，多个省市陆续出台数据要素市场化促进文件，推动了我国数据要素市场的蓬勃发展。

企业的数据资产化与数据要素市场化相辅相成，相互促进。企业数据资产化是数据要素市场的前提，为数据要素市场提供充分的资产供给。数据要素市场化为数据资产流通变现、价值实现提供了规范合规的市场条件和交易环境，进一步激发企业数据资产化的意愿和活力。

企业数据资产化方兴未艾，数据要素市场化起到了催化作用。数据资产化其本质是企业数字化战略的迭代升级，是基于数字技术、数据技术和数据管理，与业务经营全面融合，对企业的业务边界、竞争能力和资产价值进行重构的过程。首先，通过数据资产化，企业可以将数据资源转化为有价值的资产，可以为企业提供更准确、更全面的商业洞察。其次，通过对数据资源的深度分析和挖掘，企业可以发现潜在的市场机会、了解客户需求、优化产品和服务，从而提升竞争力。再次，数据资产化可以优化企业的运营效率。通过对数据的实时监控和分析，企业可以及时识别风险并调整策略。最后，数据资产化可以促进企业的创新和业务模式的转型，发现新的商业模式、创新产品和服务，从而在市场中获得竞争优势。

以开展数据资产化较早的银行业为例，银行通过长期多轮信息化和数字化建设，从业务经营、客户服务、生态伙伴中积累了海量数据，数据技术储备充分，并较早开展了数据治理工作，形成了一批用于企业经营分析、营销获客、风险评估、运营提效等数据应用。虽然大部分银行参与数据要素生态是以数据需求方的角色出现，较少作为数据资产供应商，但在数字化转型过程中，银行的数据收集和应用能力得到进一步提升。随着银行金融科技能力的提升和数据资产化进程的深入，银行与专门的金融科技公司，或是与第三方金融科技公司联合，在安全合规的框架下，将有场景需求的行业级数据资产通过数据要素市场挂牌，以数据资产供应商的角色参与数据要素市场，探索并引领金融数据资产创新。当然，银行作为金融机构，还可以通过数据交易清结算、数据资产抵质押融资、数据资产托管运营、数据咨询服务等多种角色，借助金融资源和专业服务参与数据要素市场，护航数据要素的金融属性发展。数据要素市场化是企业数据资产化的"催化剂"。数据要素市场提供了数据生态体系中各类企业发挥优势的场所，供需匹配、合规流通和价值发现的优势，会进一步激发企业数据资产化的意愿和动力。同时，数据要素市场也是顺应数据要素发展趋势、创新型业务模式和提升自身数据研发能力的实践平台。

任何要素市场的主体都是企业，数据要素市场也不例外。数据要素市场主体包含供给主体、需求主体和中介服务主体，数据资产是市场流通和交易标的之一。数据资产供给是市场建设与运行的基础原料，数据资产的生产过程，也是企业数据资产化的过程。供给主体企业建立数据资产的生产体系，同时配套建立完善的数据治理体系，严格管控数据资产生产全过程的质量，及时收集要素市场和需求主体的数据资产的反馈，迭代优化数据资产，不断创新升级，保持数据资产在数据要素市场的活跃度和认可度。

（二）数据资产价值评估的定位

数据资产价值评估是确保数据资产交易公允性的关键环节，它涉及对数据资产的多维度量化分析和科学的价值评估方法。

在进行数据资产价值评估时，需要充分考虑数据资产类型差异对评估维度和评估方法的影响。按照数据类型可以划分为数据资源类资产、数据产品类资产和数据资产类资产：

（1）数据资源类资产是根据上海数据交易所有关管理规范，在场内实现登记、备案，并经授权许可在上海数据交易所指定数据基础设施留存托管的数据资产；数据资源类资产具备原始数据资源特征，资源呈现分布分散化、非结构性等特点，需要进一步开发。

（2）数据产品类资产是用于市场交换的标的物。数据产品通常可以被认为是企业为组织内外用户提供的一组可满足于用户不同业务需求的数据。

（3）数据资产类资产是通过交易所系统登记之后的数据资产，可以进行潜在的股权融资，抵质押信贷等资本活动。

在具体开展数据资产价值评估时，同时考虑数据的内部内在价值和外在价值至关重要。内在价值既包括数据本身的特征与属性，如准确性、完整性、时效性等，也包括数源管理能力，如基础设施建设完善度、数据资产管理与运营的成熟度、数据安全与合规的依从度等，这些属性直接影响数据的可靠性和有效性。而外在价值则涉及数据的应用场景广度、市场需求热度以及企业决策的支持程度，它体现了数据资产在特定情境下的效用和潜在的经济收益。

为了综合考虑这两个方面的价值，在评估的过程中可以采取"五步走"的工作步骤：

（1）识别数据资产特征与属性。明确数据资产的类型、规模、来源和管理情况，这些都是影响其价值的基础因素。整体来看，数据资产的价值较高，数据资源的价值较低。具有较好管理能力的企业所形成的数据资产价值高于管理能力较弱的企业形成的数据资产价值。

（2）评估数据资产的内在价值。通过分析数据资产的准确性、完整性、一致性、时效性、关联度等方面，评价数据资产的内在质量；通过评价数据资产管理能力，对数据资产价值挖掘与释放是基础评估。从以上两个维度构建数据资产质量和管理评估参数，可以对不同质量、不同特征、不同管理能力的数据资产进行评级，得到差异化的数据资产内在价值。

（3）分析数据资产的外在价值。考察数据资产在特定应用场景下的使用情况和市场需求，预测其对企业决策、管理和运营的潜在影响。例如，数据资产能否在企业拓市场、提效益、控风险、助决策等领域实现价值贡献或业务影响；数据资产是否具有较大的市场需求及较高的稀缺性，从而形成较高的交易热度和交易价格。

（4）采用合适的评估方法。结合数据资产的特性和评估目的，选择合适的评估方法。常用的方法包括成本法、市场法和收益法。成本法侧重于数据资产的获取和维护成本；市场法依据类似数据资产的市场价格进行估值；收益法基于数据资产预期带来的经济利益进行评估。

1）成本法。基于数据资产的获取、处理和维护成本来估算其价值，适用于数据资产的初始价值评估，尤其是在数据资产的市场价值或收益模式不明确时。未来可以根据数据资产的类型进一步拓展，如大宗标准定价法、可比开发法等。

2）收益法。基于数据资产未来收益的预测来估算其价值，适用于能够直接或间接产生经济收益的数据资产。未来可以进一步根据数据资产的应用场景进一步拓展，如收益开发法、产品分成法等。

3）市场法。基于市场上类似数据资产的交易价格来估算目标数据资产价值，适用于有明确交易记录和可比性的数据资产。未来可以进一步按照数据资产交易市场的成熟情况进一步拓展，如可比产品法、远期合约法等。

（5）充分考虑合规与风险因素影响。在数据资产价值评估过程中，风险与合规因素是至关重要的考量点。具体包括：

1）数据资产的法律因素。这包括数据资产的权利属性、权利限制以及保护方式。评估专业人员需要关注数据资产所有权的具体形式、以往使用和转让的情况，以及数据资产的历史诉讼情况等，以判断法律因素对数据资产价值的影响程度。

2）数据资产的隐私保护风险。在使用数据资产的过程中存在可能损害国家安全、泄露商业秘密、侵犯个人隐私的风险。资产评估专业人员应关注数据资产在实际应用中的合法性及其对评估的影响。

3）数据安全合规要求。我国《数据安全法》强调了数据本身的安全，并要求企业建立健全数据安全管理制度，采取技术措施保障数据安全。企业需要在数据收集、存储、使用等环节进行风险监测、评估和防护。

4）数据资产的合规管理。数据合规管理不仅影响数据资源能否入表，还影响入表后资产的价值。数据合规管理可以"校准"评估减值风险，是数据资产评估中不可或缺的一部分。

数据资产的价值实现不仅与数据资产的内容和质量相关，也与数据资产利用过程中的算法、模型和算力相关，并依于数据资产的应用场景。此外，数据资产的价值评估还面临权属复杂性、价值易变性、评估方法局限性等风险和挑战。

通过"五步走"的工作步骤，构建多维度量化分析和科学的价值评估方法，可以更全面地评估数据资产价值，确保评估结果不仅反映了数据的质量、特征等属性，数据资产管理开发能力，还考虑了其在不同市场需求和应用场景下的潜在价值。

财政部发布的《关于加强数据资产管理的指导意见》中提到，要健全数据资产价值评估体系，推进数据资产评估标准和制度建设，规范数据资产价值评估，并加强数据资产评估能力建设，培养跨专业、跨领域数据资产评估人才。

在数据资产交易方面，国家发展和改革委员会提出要构建"交易场所+数据商+第三方服务机构"协同创新的多元生态，以促进数据资产的合规高效流通和交易。

因此，数据资产价值评估对于确保交易的公允性至关重要，需要综合考虑多种因素，并在不断演进的政策和市场环境中进行。

（三）数据资产价值评估体系

数据要素政策多重催化，数据资产价值评估更进一步。一是在数据要素市场化配置过程中，要丰富完善数据基础制度、推动数据基础设施建设、促进数据流通和开发利用等方面；二是要考虑数据具有规模报酬递增、非竞争性、低成本复用等特点，在作用于不同主体、与不同的要素结合时可产生不同程度的倍增效应；三是要从供需两端发力，在智能制造、商贸流通、交通物流、金融服务、医疗健康等若干重点领域，加强场景需求牵引、打通流通障碍、提升供给质量，推动数据要素与其他要素相结合，催生新产业、新业态、新模式、新应用、新治理。

此外，为深入贯彻落实党中央决策部署，规范和加强数据资产管理，更好推动数字经济发展，财政部2023年12月31日颁布《关于加强数据资产管理的指导意见》（以下简称《指导意见》），《指导意见》确定了包括依法合规管理数据资产、明晰数据资产权责关系、完善数据资产相关标准、加强数据资产使用管理、健全数据资产价值评估体系等12项主要任务，旨在推动数据资产在交易市场的流通。

健全数据资产价值评估体系指出："要推动数据资产价值评估业务信息化建设，利用数字技术或手段对数据资产价值进行预测和分析，构建数据资产价值评估标准库、规则库、指标库、模型库和案例库等，支撑标准化、规范化和便利化业务开展。"

数据资产评估模型库是用于评估数据资产价值的数理性模型集合，根据梳理归纳不同的数据特性和业务需求，以此提供定制化的数据资产评估方法，作为数据资产评估过程中的核心算法支撑，确保相关数据资产评估结果的科学性和准确性。数据资产评估指标库则是通过结合数据资产价值影响因子，形成用于衡量数据资产价值的关键指标的集合。指标库从不同维度评价数据资产的价值，如数据质量、数据容量、数据管理等。指标库是数据资产价值评估过程中的基础，为模型提供输入参数，并衍生出相应指标评价的标准库和规则库，同样为数据资产评估提供相应不同资产类型下的案例数据奠定底层数据沉淀。案例库是历史数据资产评估案例集合，不同行业、不同资产类型的案例为后续数据资产评估提供参考，协助数据资产评估者了解不同情况下的评估策略和结果。案例库的建立为数据资产评估发展提供经验支持和实践指导。

在数据资产评估体系的建立过程中，模型库、指标库和案例库三者之间逐渐形成紧密且高效的互补关系。模型库的运作离不开指标库所提供的数据指标，数据资产相关数据指标是进行精确评估计算的基础，通过利用数据指标，模型库能够对数据资产进行深入分析和评估，从而确保数据资产评估结果的准确性和可靠性。同时，案例库在数据资产评估体系中也扮演着至关重要的角色。它不仅为模型库和指标库提供了丰富的实际应用场景，还通过经验反馈帮助其余模型的优化和调整。三库间的相互支持关系使数据资产评估体系更加完善，能够更好地服务于数据资产评估管理和决策制定过程。数据资产价值评估服务体系的建立，有助于推动数据资产合规、高效流通使用，有序推进数据资产化，加强数据资产全过程管理，更好发挥了数据资产价值。

数据资产价值评估指标库是承上顶层数理模型启下案例数据的核心关键。指标库在数据资产评估中的作用是多个方面的。首先，它为数据资产价值评估提供了标准化的度量工具，确保评估的一致性和可比性；其次，帮助评估者快速识别数据资产的关键价值点，从而更有针对性地进行评估；最后，作为数据资产价值评估模型库的输入，直接影响其价值评估结果的准确性。指标库的价值体现在其能够为数据资产评估提供全面、细致的度量标准。通过指标库，可以更准确地量化数据资产的商业价值、法律价值、技术价值等多维度价值，从而为数据资产的管理和决策提供有力的数据支持。同样，指标库在数据资产评估中具有较高的门槛地位，因为它要求资产价值评估者不仅需要具备深厚的行业知识，还要对数据特性拥有深刻理解。此外，指标的选择和权重设置需要专业知识和经验，以确保评估结果的科学性和公正性。

数据资产评估指标是评估过程中用于量化数据资产价值的具体度量标准，而评估因子是影响这些指标的外部条件或内在属性。指标与评估因子共同决定了数据资产的价值评估结果。指标库中的指标需要根据评估因子的变化进行动态调整，以确保评估结果的时效性和适应性。

综上所述，数据资产价值评估体系的构建是系统性工程，需要模型库、指标库和案例库等多库协同构建，以及评估指标和评估因子的精确应用。通过搭建数据资产价值评估体系，使企业更科学、更规范地进行数据资产价值评估，为数据资产的管理、交易和保护提供坚实的基础。

（四）积极拥抱新资产和新价值

数据资产化通过将数据转化为可交易的资产，激活了数据流通与交易的动力。为了确保交易的公允性，数据资产价值评估体系扮演着关键角色，它依赖于科学、合理的评估指标库来准确衡量数据资产的价值。评估指标是衡量其价值的基础，而影响因子则影响评估结果的准确性。数据资产价值评估指标库不仅提供了评估指标的定义、计算方法和应用范围，还可根据不同应用场景进行调整和完善，以适应各种数据资产的评估需求。通过指标库应用案例的展示和分析，企业数据资产价值评估人员可以更好地理解和掌握指标库的使用，从而提高评估的准确性和效率。

五、数据资产估值方法及应用解析[*]

在数字化时代，数据已成为企业最宝贵的资产之一。它已不仅仅是信息的集合，更是通过合理开发利用数据资源，企业得以"提高市场分析能力，客户分析能力，优化提升产品服务水平，增强客户黏性，探索二次曲线的增长"。而在这个过程中，如何判断哪些数据可以给企业带来价值，带来的价值如何量化，以及通过外部交易以实现价值的倍增的估值定价分析显得至关重要。本部分通过估值的历史演进，剖析数据资产估值的货币化分析和非货币化分析的应用场景及分析方式，以提供一个全面的视角来理解和评价数据资产的价值。

（一）解读不同时代下资产"估值"的演进

说起资产的估值，似乎可以追溯到早期的商品交换时期（即物物交换）。随着生产力的发展和社会分工的细化，产生了对不同生产要素如土地、资本、设

---

* 詹睿，普华永道中国模型与评估咨询服务合伙人。

备、技术等进行市场定价的需求，这逐渐催生了价值评定的过程。我们都知道，生产要素是企业生存经营之本，当然企业也需要考虑对生产要素的投资、建设甚至交易，在上述任何一个环节，均需要对投资及建设所需要的花费，交易对应的价格进行确定。特别是在交易中，由于涉及交易双方，往往需要有经验的第三者对交易标的的价值进行估计判断，以实现等价交换，这就是我们所熟知的资产估值。

由此可见，估值的演进是一个深刻反映经济形态变迁和生产力发展的过程。从土地估值到技术估值，再到数据估值，每一次演进都是对资产价值认知的深化和扩展，然而我们也发现，每一次估值需求的产生，往往来自企业价值再创造的需求，如自有资产的增值、资产建设投资，抑或是我们最常见的"交易"。

土地属于典型的实物资产，作为农业经济时代最主要的生产要素，其价值主要取决于地理位置、规划用途、容积率以及使用年限等因素。因其"实物"这个特性，从估值技术角度，相对更为容易一些，主要原因是变化可控，而现有的土地交易市场（包括一级市场和二级市场），也为土地估值和定价提供了有力的参考依据。

技术是工业及科技发展的产物，作为一种"无形"资产，其价值不仅体现在直接的经济收益上，还体现在提升生产效率、增强产品竞争力等方面。技术估值往往需要考虑技术的独特性、成熟度、市场应用前景以及相关的法律保护等因素。在技术估值中，我们看到了多样化的收益法估值分类，如节省费许可法、增量现金流折现法、多期超额收益法，均根据技术的不同特性衍生出的适用于不同技术类型的估值技术。值得一提的是，纯市场法在技术估值中相对较少，其主要原因是技术天然的不确定、独特性及法律属性，使得可以参考的公开交易案例缺乏，其快速的变化和迭代也决定了在技术估值中，收益法有着不可撼动的主导地位。

进入数字经济时代，数据估值成为新的焦点。数据作为一种新型的生产要素，其价值不仅在于数据本身可不断被复用的特征，更在于数据经过加工、分析后形成新的洞见及业务决策支持能力，改善企业的生产经营活动，创造业务价值。也正因此，同样的数据在不同的场景下被不同的使用方使用，或经过不同途径的加工而形成不同的作用，则实现的价值就不同，因此用户和场景决定了数据的价值。举个出行数据的例子，出行平台自身可以对出行数据进行多重分析，形成更好的派单算法，以提高用户黏性，提升经济效益；政府通过对出行数据的分析，可以优化城市交通设施布局；医疗行业通过出行数据中的相关指标（步行里程、速度等），提炼出个人健康关键信息；物流行业可以优化其配送线路，等等。接下来的问题是，所谓的场景和用户如何在估值中进行考量呢？

在讨论该问题前，我们依然要回到为什么要估值，古往今来看，估值的最终目的往往来自于交易的需求，由此衍生出来的场景也很多，如交易双方需要协商一个一致的价格，需要估值；在某些情形下，交易需要内部及外部监管的审批，需要第三方估值/评估；某些交易涉及纳税，而价格是纳税的依据之一，可能也需要估值。这些情况下，我们所说的估值就需要计算出点值或区间值，这里我们称为货币化估值。

（二）经典的货币化估值理论

1. 主流的货币化估值方法

谈到货币化估值，必须提及的就是中国资产评估协会于 2023 年 9 月印发的《数据资产评估指导意见》（以下简称《指导意见》），并指出该指导意见的发布是为了规范数据资产评估执业行为，保护资产评估当事人合法权益和公共利益。与其他资产类似，《指导意见》依然围绕评估界三大方法，即成本法、收益法和市场法在数据资产评估中如何进行具体应用进行规范。笔者对此进行简要的摘录及相应的解读：

数据资产评估采用成本法应确定数据资产的重置成本及价值调整系数，其中重置成本包括前期费用、直接成本、间接成本、机会成本（合理的利润）和相关税费等；关于价值调整系数，《指导意见》并未给定明确的评价方式，而该系数，可以类比传统实物资产评估中的"贬值特征"（通常包括功能性贬值、实体性贬值和经济性贬值）。不过，数据资产不同于实物资产，因为其独有的特征，价值调整系数倒不一定以"贬值"形态存在，甚至在某些情况下，数据价值不仅不随时间递减，还有可能递增。实务中，我们一定要考虑质量因素对价值调整系数的影响。

收益法的理论基础是资产的价值由其投入使用后的预期收益能力体现，是基于数据资产的预期利益，对预期产生的未来经济利益进行折现的一种估值方法。相较于成本法对资产的重置取得价值的关注，收益法更注重资产能够为企业带来经济利益贡献。数据资产为企业带来的收益大致可分为两大类，收入增长和成本节约。收入增长可能来自于通过数据产品的销售、许可或服务收费拓展新的市场，也可能由于采用数据产品扩大生产能力从而实现收入规模的增加；成本节约体现在提高运营效率、减少资源浪费、增强客户满意等从而提高市场黏性等方面。通过识别数据资产的收益来源，预测数据资产在未来能够确定的收益，扣除其他资产的贡献后归属于数据资产的现金流，并考虑其时效性和维护需求确定收益期后，以适当的折现率反映数据资产的潜在风险和未来收益的不确定性等折现，继而得到数据资产在收益法下的货币化估值。

市场法是根据相同或相类似的资产的现时或近期交易价格，经过比较得到评估对象价值的方法。具体而言，市场法的应用中，需要两个必要前提，一为活跃市场，正如《指导意见》指出"数据资产或者类似数据资产是否存在合法合规的、活跃的公开交易市场，是否存在适当数量的可比案例"；二为可比案例的可调整性，该可调整性需要有足够的可量化指标，比如，供求关系、容量及质量差异等。

2. 主流的货币化估值方法的适用性分析

数据资产具有非实体性、依托性、多样性、可加工性、价值易变性等几大特性，既有类似无形资产的特征，又因多样性和非耗尽性而异于常见的无形资产。因此在估值方法的选择和适用性分析上，一定程度上类似于无形资产，但因数据其特征，与无形资产存在些许差异：

成本法：毫无疑问，成本法最大的优点是计算方便且易于理解。而成本法最大的弊端，是无法在估值结果较为准确地包含数据资产未来实现的收益。在当前数据要素市场发展的阶段，多数企业持有的数据资产较多的停留资源性的数据，或者报表或者看板上，场景的经济附加值较低，该等数据资产在交易或者融资环节中，即使进行估值，其溢价也不明显，因此估值方法选择中，成本法依然被普遍采纳。

收益法：由于数据资产在形态上类似于无形资产，而收益法在无形资产估值中占有主流地位，因此在收益法可以适用的情形下，使用收益法可以最为恰当地反映数据资产的经济价值。然而，这里指可以适用的情形，在现阶段却不容易满足。一般而言，企业依托数据资产开发出的产品或者服务能够满足特定的业务场景需求，存在明确的价值实现路径，收益法才有可能较为准确地估计出该数据资产的价值。比如，某企业多年的业务数据积累经过一定的分析发现可以形成知识洞见，并具有相当规模的第三方市场需求，形成了知识数据按次访问或者查询访问的收费模式，经过一段时间的商业模式探索，客户稳定且复购率较高。对于该情景下的数据资产，我们看到数据资产有明确的商业应用方向及相应的收益预测，使用收益法可以更全面地评估数据资产的经济价值。但现阶段，上述明确场景且收益预测也较为确定的情景相对较少，我们通常会发现数据资产的应用场景可能为场景 A，也可能为场景 B，甚至还有 C。由于这种多场景属性及开发路径的不确定性，是否收益法完全不适用呢？笔者认为也值得进一步探讨，基于收益法使用的灵活性，在上述情形下，可以考虑多情景分析叠加实物期权的方式进行分析，企业在短期利润与长期价值间权衡取舍后，会自然选择最优开发时点和路径，而暂不考虑或以较低概率考虑场景价值高度不确定的情形。同时，与不确定性对应的现金流匹配，估值时对折现率的考量也需要格外注意，当现金流不确定性高的情形下，也需要适当调高折现率水平。

市场法：如前述，市场法的使用受限于"活跃市场"的前提条件，如果严格从理论角度出发，笔者和大多数评估从业人员一样，认为市场法在现阶段的数据资产评估中完全不具备适用条件。然而，如果比照股票交易市场，数据交易市场（如当前主流的数据交易所）所需要经历的时间可能无法想象，那是不是市场法则根本无法使用呢？研究和实践表明，交易中以"数据集"或者"数据包"形态存在的资源性数据资产的标的较为主流，这些数据集或数据包有着到手即用、一数多用的共同点，且标准化程度较高。在此情形下，笔者认为，以标准化单元的数据集或数据包为参考，对待估数据集或数据包进行多维调整，可作为市场法的延伸使用。笔者也带领团队协助上海数交所就市场法在标准化数据集或数据包估值的适用性上进行了深入探索，有了一定的突破，2024 年 6 月底，上海数交所正式发布其场内交易估值产品"金准估"，并指出数据产品的场内交易合约是数据资产评估的"金标准"，为深化市场法在数据资产估值的运用迈出了里程碑式的一步。

（三）探讨当前货币化估值的应用障碍

近年来，在政产学研用的共同推动下，我国数据生产、存储和计算呈现规模大、增速快的特点。根据《全国数据资源调查报告（2023 年）》，2023 年我国数据生产总量达 32.85ZB，同比增长 22.44%。累计数据存储总量为 1.73ZB，相关机构预测，未来我国将逐步超越美国成为世界数据保有量排名第一的国家。然而，我国的数据交易流通表现并不理想。根据弗若斯特沙利文的研究，我国当前仅占全球数据市场交易规模的约 13.4%，远低于美国的 46.0% 和欧洲的 22.4%。这与我国海量的数据储量并不匹配，数据交易活跃度不足。

一直以来，我国在数据流通层面强调数据的场内交易。相较于场外交易，场内交易更具规模优势、效率优势以及合规优势。然而，根据国家信息中心的统计，目前我国场内交易占全国数据交易总量不到 5%。全国数据资源调查工作组发布的《全国数据资源调查报告（2023 年）》显示，当前交易所需求方是供给方的 1.75 倍，数据产品成交率为 17.9%，数据场内交易供需匹配率低。此外，金融行业在 2022 年中国数据交易规模占比中达到 35.0%，然后是互联网行业占比 24.0%，工业制造行业仅占 7.0%。我国丰富的应用场景优势并未充分发挥，应用空间亟待开拓。

结合以上数据以及在近年来相关项目中积累的经验看，我们认为目前出现两大矛盾的问题：一是企业不知道自己有哪些有价值的数据可以提升业务价值或出售给其他企业；二是企业不知道自己需要哪些数据来进一步提升业务价值。出现上述问题的根本原因是很多企业对数据的价值认识不足，尚未能理清数据如何助力其自身业务价值提升，则更加不确定其持有的数据能够形成什么样的产品或资产在交易所进行对外交易。

前面我们提及的三大方法均用于货币化估值，而货币化估值最主要的应用场景为"交易"，那么如上所述，如果企业还需要解决价值认知障碍的情形下，现阶段应用更为广泛的可能会是广义的估值，或者称为"非货币化估值"。货币化估值侧重估计以货币形式表现的价值，非货币化估值注重质和效的评价，通过非货币化估值引导企业认识数据对业务价值提升的效果，这对于大部分企业的数字化转型有着至关重要的作用。

（四）非货币化估值思路

1. 非货币化估值在企业数据资产建设中的应用

史凯的《精益数据方法论》中贯穿全文的便是"价值"二字，文中所提倡的精益数据战略是以精益数据方法为指导，以业务价值为目标，具有轻量级、快速反馈机制等特点的数据战略形式。精益数据战略下，非货币化估值在数据资产建设前的"预评价"及建设后的"反馈评价"起到至关重要的作用。

预评价主要用于筛选高优先级场景。Gartner 提出的业务价值（Business Value of Information，BVI）模型是衡量数据资产对于业务的贡献的经典方法。Gartner 设定的公式为：

$$数据资产的业务价值 = \sum_{p=1}^{n}（相关性\ p）×准确性×完整性×及时性。$$

式中，相关性是指数据资产对于业务的效用（0-1）；准确性和完整性同上；及时性指数据的更新是否能够及时获得。n 代表业务流程/职能的数量。

在应用 BVI 模型时，需要对于企业的各业务部门有熟悉的认知，这依赖于前期调研工作。同样地，Gartner 的上述 BVI 模型并非一成不变的，企业可以根据自身情况调整评价因子以及定义各个评价因子的具体评价标准。BVI 模型结合了数据自身的属性和与业务的关联度，一定程度上体现了数据的业务支持能力。在实务中，项目的预评价可以根据实际情况进行调整，如将相关性拓展为与企业价值驱动因素高度相关的指标评价，包括收入提升、运营效率提升、风险降低等。而与数据和技术相关的其他维度可以归纳为对于企业数据和技术就绪程度的判断分析，这样形成价值相关度和就绪程度两维矩阵。

反馈评价，也称为后评价。我们通常所称的 A/B 测试则是后评价的常用方式之一，理论界中以 Gartner 的绩效价值（Performance Value of Information，PVI）模型为主。该模型分析数据资产对于核心绩效指标（KPI）的影响，衡量数据应用前后 KPI 的变化。Gartner 设定的公式为：

$$数据资产的绩效价值 = \frac{\sum\limits_{p=1}^{n}\left(\left(\dfrac{KPIi}{KPIc}\right)-1\right)_p}{n} \times \frac{T}{t}$$

式中，i 指应用数据资产的业务流程数；c 指未应用数据资产的业务流程数；n 指测试中考虑的 KPI 总数；T 指数据的平均可使用时长；t 指 KPI 测试时长。PVI 模型是一个事后对比模型，需要企业分析比对应用数据资产前后业务 KPI 的变化，因此企业需要对于应用数据资产前后的 KPI 都能有科学合理的监控和评判，并严格控制好除数据以外的其他外部变量。

2. 非货币化估值在企业数据资产内循环中的应用

数据在企业的内循环通常指企业内部数据的共享、整合加工及流通。数据内循环是企业数据资产化非常重要的一个环节，内循环有效地突破数据孤岛，将数据在企业级层面高效地进行整合和共享，大大提高了集团各分子公司，企业各业务部门数据的使用效率。但内循环往往受到诸多限制因素，如数据的确权及合规问题，如何对分享方进行有效激励的问题等，由于本部分着重探讨估值，我们暂不对数据确权及合规问题进行进一步探讨，而重点解决有效激励。当然最直接的激励为分享即获得对应的回报，即分享为有偿，等同于交易。然而，企业内部如果设置复杂的有偿的数据交易市场（即以货币作为交易计价形式）则过于复杂，且可能给企业内部的会计核算带来沉重的负担。因此笔者认为，可以采用类似"积分"的计量模式进行计价，而在一段期间后，对集团各分、子公司或企业各业务部门的积分结果进行晾晒，并奖励，以达到激励效果。

"积分"计量模式，相较于前述经典的货币化估值，则可以比较灵活。理论方法还是参考 Gartner 内部价值（Intrinsic Value of Information，IVI）模型，IVI 模型主要对数据资产的准确性，完整性和稀缺性进行评价。Gartner 设定的公式为：

数据资产的内部价值＝准确性×完整性×（1-稀缺性）×使用寿命

式中，准确性指正确数据的占比；完整性指数据总量占潜在设想数据量的比例；稀缺性指有多少竞争者可能有同样的数据；使用寿命是指数据的有效可使用时长。

我们认为，在 Gartner 的公式基础之上可以根据企业自身数据的实际情况对于公式中的评价因子进行相应的拓展或变形，如可以考虑一致性、规范性、及时性、可访问性等评价维度，对于不同的评价维度也可以赋予不同的权重。IVI 模型是比较简单的一类非货币化估值模型，比较资源性数据的价值分析，尚未结合业务维度的评价。实际应用过程中，可以根据企业自身数据的特点，选择 IVI 公式中的部分维度进行评价，抑或是甄选其他新的数据特征进行评价，如数据集的字段数等，运用该评价最关键的地方为选择统一的标尺。

为完善内循环机制，企业可考虑建立内部数据货架以进行数据资产的上架及挂牌，为各部门设立虚拟账户管理积分，搭建前中后全链路的完善交易机制以及D2D（Data to Deal）线上化数据交易平台，实现数据产品在企业各部门间的流通与共享。企业各部门可以依托交易账户及交易平台，依据类货币的计量，进行数据产品的买卖、交割、结算。

盘活数据资产，不仅体现在内部的"活"，很多企业也很关心如何通过数据资产为企业带来额外的收益，即是否可以将数据资产在外部市场进行流通交易。在内循环的过程中，企业可以不断以标准化、规范化的流程和方式充分挖掘自身数据资源，积累一定数量的有较高价值与质量的数据产品，利用内部数据产品交易市场不断熟悉交易模式并试错，为后续逐步过渡到数据交易外循环做好准备。此外，上文中介绍的数据资产非货币化估值体系，也为企业在未来数据外循环中的产品定价提供了坚实的参考和依据。

第六章　数据产业

一、数据产业的构成及发展趋势[*]

在 2024 年 8 月召开的第十届中国国际大数据博览会（贵阳数博会）上，国家数据局刘烈宏局长和陈荣辉副局长对外宣布，将正式出台促进数据产业发展相关政策，从优化产业布局、培育多元经营主体、强化政策保障等方面，系统布局培育壮大数据产业。数据产业政策研究专班牵头人张向宏教授发布了我国第一份《数据产业图谱》，首次展示了我国数据产业的基本含义、构成、主体、特征，显示了我国数据产业的发展现状和巨大潜能。

（一）发展数据产业的重要意义

数据是人类社会从农业社会、工业社会进入数字社会的新型生产要素，是国家的基础性、战略性资源。大力发展数据产业，是增强国家竞争力的战略选择，是发展新质生产力的必然要求，是推进数字中国建设的重要举措。

1. 从全球竞争看，大力发展数据产业是打破美西方技术封锁、抢占主动权的战略选择

数据作为新型生产要素，是人类社会发展史上又一次重大要素和动力机制变革，已成为世界各大国新的角力场和竞争高地。数据产业的发展水平，直接决定了数据资源的开发利用能力和流通交易水平，已成为一个国家或地区综合竞争力的关键指标。世界各国纷纷围绕数据产业作出一系列战略部署，力争赢得未来发

---

[*] 张茜茜，北京物资学院副教授；涂群，北京化工大学副教授；张向宏，北京交通大学 ICIR 中心特聘教授。

展和国际竞争主动权。目前，西方国家不断加大对我国算力芯片、工业软件、大数据、人工智能等数据产业相关领域打压力度，亟须加快数据产业优化布局，促进数据产业高质量发展，将我国新型举国体制、超大市场规模、海量数据资源、丰富应用场景优势转化为数据产业竞争优势，以应对风高浪急甚至惊涛骇浪的国际竞争的重大考验。

2. 从经济发展看，大力发展数据产业是发展新质生产力、培育发展新动能的必然要求

纵观人类社会已经历过的机械化、电气化和信息化等三次科技革命发展历史看，都是由一种新技术与劳动者、劳动资料和劳动对象等生产力三要素相结合，催生出了一种新质生产力，并推动经济和社会向前发展。当前，数据资源已成为一种新型生产要素，数据技术正在日新月异地迭代升级，数据资源和数据技术不断与劳动者、劳动资料和劳动对象等生产力三要素相结合，进而迸发出一种效率更高、范围更广、程度更深的新质生产力，不断推进产业转型升级，催生出数据产业新形态，并推动经济社会更快向前发展。数据产业已成为新经济、新技术、新模式、新生态的催化剂，成为抢占新质生产力先机、培育经济发展新动能、赢得竞争优势的产业高地和动力支撑。

3. 从改革实践看，大力发展数据产业是推进数据要素市场化配置改革、加快建设数字中国的重要举措

当前，我国经济社会正步入数据要素化发展新阶段，数据资源开发利用和流通交易正在加速实施，国家数据基础设施正在建设和运营，"五位一体"数字中国建设正在稳步推进，数据安全新模式新业态正在形成和完善。数据产业作为数据要素化的产业支撑，其各种产业主体不仅是数据要素的资源供给者、流通实现者、应用创新者和安全保障者，有效实现数据资源供得出、流得动、用得好、保安全，还是数据基础设施的建设者和运营者，更是数字中国建设的引领者和探路者。

（二）数据产业的两层含义

数据产业是数据要素化发展新阶段的一种新型产业形态。按照分析维度不同，数据产业有两种基本达成共识的含义：

含义一：从产业构成要素维度看，数据产业是由数据资源、数据技术、数据产品、数据企业、数据生态等集合而成的新兴产业。其中，数据资源是数据产业的底层基础，数据技术是数据产业的内在手段，数据产品是数据产业的外在形态，数据企业是数据产业的具象载体，数据生态是数据产业的核心竞争力。

含义二：从数据全生命周期维度看，数据产业是利用数据技术对数据资源进

行产品或服务开发，并推动其流通应用所形成的新兴产业，主要包括数据采集汇聚、计算存储、流通交易、开发利用、安全治理、数据基础设施建设和运营等环节。

综合以上两个维度，数据产业可以定义为：数据产业是利用数据技术对数据资源进行产品或服务开发，并推动其流通应用所形成的新兴产业，主要由数据资源、数据技术、数据产品、数据企业、数据生态等集合而成，涵盖了数据采集汇聚、计算存储、流通交易、开发利用、安全治理、数据基础设施建设和运营等数据全生命周期各个环节。

（三）数据产业的构成要素

数据产业由数据资源、数据技术、数据产品、数据企业、数据生态五大要素构成。

1. 数据资源

数据资源指以电子或者其他方式记录的，可以被识别、采集、加工、存储、管理和应用的原始数据及其衍生物。按照不同维度，数据资源可以分为不同类型。依据结构化特征不同，数据资源可以分为结构化数据、半结构化数据和非结构化数据。依据持有主体不同，数据资源可以分为公共数据、企业数据和个人数据等。

2. 数据技术

数据技术指围绕数据"采存算管用"全生命周期不同环节分别对数据进行采集存储、加工分析、流通交易、应用治理等处理的各种技术的总称，包括数据采集存储技术、数据加工分析技术、数据流通交易技术、数据开发应用技术、数据安全保障技术等。

3. 数据产品

数据产品指运用大数据、人工智能、区块链、隐私计算等各种数据技术，在数据全生命周期各个环节对数据资源进行加工处理，形成的不同级次、不同形态的产品和服务。数据产品能提供直观的数据洞察和分析展现，并辅助用户进行有效决策和高效驱动业务。

4. 数据企业

数据企业指以数据为关键生产要素，运用数据技术，对数据资源进行加工处理形成数据产品，并对外提供流通交易和开发利用的企业，包括数据资源企业、数据技术企业、数据服务企业、数据应用企业、数据安全企业、数据基础设施企业等。

5. 数据生态

数据生态指在产业上下游链条上、大中小企业之间或一个区域内，数据资源、数据技术、数据产品、数据企业等数据产业各环节间，所形成的相互依存、相互支撑的产业体系，包括数据资源生态、数据技术生态、数据企业生态和数据产业生态四种类型。

（四）数据产业的经营主体

数据产业主体指以数据采集汇聚、加工分析、流通交易、开发应用、安全治理，以及数据基础设施建设和运营为主业的各种企业。主要包括数据资源企业、数据技术企业、数据服务企业、数据应用企业、数据安全企业、数据基础设施企业等。

1. 数据资源企业

数据资源企业指凭借技术领先和资源垄断优势，拥有海量数据资源的企业或其他机构。包括政府机构、行政事业单位、行业垄断性企业，互联网平台企业、其他数据资源企业等。

2. 数据技术企业

数据技术企业指凭借其拥有的大数据、人工智能、区块链、云计算、先进存储、隐私计算等独特数据技术，对数据资源进行加工处理的企业。包括从事数据采集汇聚、计算存储、流通交易、开发利用、安全保障、数据基础设施建设业务的技术型企业。

3. 数据服务企业

数据服务企业指为数据流通交易提供平台服务、技术服务、中介服务的企业或机构。包括数据交易机构、数据商和第三方服务机构等类型。

4. 数据应用企业

数据应用企业指运用数据技术开展数据治理，推动实现数字化转型的企业。包括利用自己的数据技术工具实现数字化转型，以及利用专业公司的数据技术工具实现数字化转型等两种类型。

5. 数据安全企业

数据安全企业指运用隐私计算、数据空间、联邦安全计算、区块链等数据安全技术，覆盖数据全生命周期各个环节可信安全的企业。

6. 数据基础设施企业

数据基础设施企业指依托网络和算力设施支撑，面向数据大规模、快速率、高通量流通的需求，提供数据可信安全流通利用基础设施的企业。主要包括算力一体化建设和服务企业，以及数据空间建设和运营企业等。

需要强调指出的是，数据企业既可以是专业从事某一类数据业务的企业，如许多数据资源企业、数据技术企业、数据服务企业等；也可以是横跨两个以上数据业务领域的企业，如许多数据资源企业也在不断开发自己的数据技术，许多数据技术企业也在持续积累数据资源，许多数据应用企业不仅拥有海量数据资源、独特数据技术，还具有成熟的数字化解决方案，一些数据基础设施企业也将业务向下游延伸，提供数据技术和数据应用服务；甚至还有一些企业是综合性、全能性企业，其业务覆盖了所有六种类型，最典型的如华为、阿里、百度、字节跳动、滴滴、美团、京东等平台企业。

（五）数据产业的基本特征

随着经济社会进入数据要素化发展新阶段，数据资源规模和质量出现了质的跃升、数据在经济活动中的关键要素作用越来越明显，数据产业在数据、技术、产品、企业、生态、安全、基础设施等构成要素方面表现出七个方面特征：

1. 数据资源是数据产业的核心要素

数据资源是数据产业的核心要素，数据产业的其他要素都是围绕数据资源这个核心要素构建形成的。一方面，随着数据要素在社会生产中的广泛深入应用，其协同优化、复用增效、聚合增值、融合创新等乘数效应得到充分发挥；另一方面，各种技术、产品、企业都在围绕数据资源进行迭代、升级、创新，形成以数据资源为核心的技术体系、产品体系、企业体系和生态体系，构建起新型的数据要素产业形态。

2. 数据技术是基础要素并快速迭代

数据技术不仅是数据产业的基础要素，而且具有快速迭代的特点。一方面，数据技术是数据产业的基础要素。以人工智能、大数据、云计算、区块链、隐私计算等为代表的数据技术，在数据采、存、算、管、用全生命周期各环节能发挥各自不同作用，推动数据资源在各行各业场景中广泛应用。另一方面，数据技术具有快速迭代特点。人工智能、大数据、云计算、可信数据空间、区块链、隐私计算等数据技术表现出迭代周期更短、技术性能更强等方面特点，并且数据领域的颠覆性技术出现概率更大。

3. 数据产品种类繁多并不断升级

数据产品既具有种类繁多的特点，又具有随着数据技术快速迭代而不断升级换代的特点。一方面，数据产品种类繁多。既可以是原始数据，也可以是脱敏脱密数据，还可以是数据应用产品和服务；既可以是静态展示型数据产品，也可以是动态交互型数据产品；既可以是自建商业智能数据分析平台，也可以是为外部企业使用的商业型数据产品，还可以是个人型数据产品；既可以是解决方案等，也可以是平台型数据产品，还可以是工具类数据分析展示产品，更可以是算法类数据产品。另一方面，数据产品具有持续升级特点。大多数依附于数据技术形成的数据产品和服务，也随着数据技术的不断更新迭代而快速升级，并且升级后的数据产品的功耗水平更低。

4. 数据企业龙头引领并共生共融发展

数据企业既具有龙头引领发展的特点，又具有产业链上下游、大中小企业共生共融发展的特点。一方面，数据龙头企业是引领全球数据产业发展的主力军；另一方面，数据企业具有大小共生、相互依存的特点。大量高质量数据掌握在一些中小企业和机构手中，数据技术企业与数据服务企业、数据应用企业共生共融的生态格局，大型数据平台企业与中小型数据企业共生发展，数据基础设施企业、数据安全企业与其他数据企业共生发展等生态格局也正在形成和完善。

5. 数据生态多维构建并相互融合

数据生态是数据产业的核心竞争力。数据生态既表现出多维层次和多种类型特点，又表现出各种类型数据生态相互融合的特点。一方面，数据生态有多维层次和多种类型。包括数据资源生态、数据技术生态、数据企业生态和数据产业生态等多维层次和不同类型。另一方面，数据的多维生态常常表现出融合发展的特点。一个具有良好数据产业生态的国家和地区，往往聚集了大量数据企业。数据龙头企业凭借自身在数据技术和数据资源方面的优势，引领和赋能其他中小型企业，形成了大中小协作共生数据企业生态。一个拥有领先数据技术生态的企业，往往会对数据资源生态和数据企业生态形成颠覆性改变。

6. 数据动态安全和全过程可信安全

数据安全是保障数据在大规模、快速度、高通量流通过程中实现动态安全和全过程安全。一方面，数据安全具有动态安全的特点。数据要素化发展新阶段，要求数据必须大规模、快速度、高通量流通，特别是大量涉敏涉密数据同时也是高价值数据，必须在流通利用过程中才能释放价值和发挥作用。实现数据既要畅通流动又要确保安全的目标，成为当前数据开发利用和流通交易等的新要求、新特点。另一方面，数据安全具有全过程可信安全的特点。数据安全涉及数据采集存储、计算分析、流通交易、开发利用、应用治理等全生命周期各环节可信安全互操作，应通过制定和部署各种标准协议、操作工具、数据连接器、通用算法模型和构件库，确保数据在全生命周期各环节处理过程中各类主体、工具和数据的可信安全流通和互操作。

7. 数据基础设施具有继承、创新和覆盖特点

国家数据基础设施（NDI）是经济社会进入数据要素化发展新阶段的新型基础设施，具有全面继承性、鲜明创新性和广泛覆盖性的特点。首先，国家数据基础设施具有全面继承性特点。国家数据基础设施对传统网络基础设施和算力基础设施具有全面继承性。升级换代后的网络基础设施和算力基础设施是硬基础设

施，是国家数据基础设施的重要组成部分。其次，国家数据基础设施具有鲜明创新性特点。国家数据基础设施正在创新出全国一体化算力网、国家软基础设施和国家数据空间基础设施等新型基础设施。最后，国家数据基础设施具有广泛覆盖性特点。国家数据基础设施横向上覆盖数据采、存、算、管、用数据全生命周期各环节，对数据采集、汇聚、加工、共享、开放、运营、交易、存储等业务形成全面支撑，并形成国家数据资源平台、国家政务数据共享交换平台、国家公共数据开放平台、国家公共数据授权运营平台、国家数据资源统一登记平台、国家级数据交易平台、国家级数据跨境交易平台等新型国家数据基础设施。

（六）数据产业的发展趋势

随着数据要素化进程不断推进，全社会将有更多资源向数据领域集中和汇聚，数据采集汇聚、加工处理、流通交易、开发利用、安全治理、数据基础设施等各个方面，都将得到进一步提升和扩展，数据产业生态也将得到进一步健全和完善，数据产业将继续保持高速发展。

1. 数据采集汇聚将更加广泛高效

一是数据采集将更加广泛。智能手机终端更加普及、智能制造将更加深化、智慧城市全面升级、智慧家庭、智能驾驶的不断推广普及，使每一部手机、每一台智能生产设备、每一个监控设备、每一个智能家具、每一部智能汽车，都成为数据产生源头和数据采集工具。二是数据汇聚将更加高效。依托 5G 技术、高速光纤、IPv6、下一代互联网、卫星互联网等泛在互联的高速通信网络，叠加物联网、区块链、标识编码和解析等一系列技术，各种多源、多维数据可以高效接入、可信登记、精准确权、高速传输。数据汇聚将更加广泛、便捷和精准。

2. 数据加工处理将更加强大便捷

一是人工智能技术将广泛应用于数据加工处理。人工智能技术被广泛应用于自动化数据处理、模型构建、异常检测以及预测分析等领域，使大数据能够自我学习、不断优化并提供更为精准的洞察，智能分析和预测能力将显著提升。二是云计算正在成为数据计算存储的主要手段。云计算平台可以对结构化、非结构化和半结构化数据提供全面的数据分析能力，对海量数据进行快速处理和分析，挖掘数据中的隐藏价值。云计算平台的分布式存储解决方案，可以将数据分散存储在不同的物理位置，确保数据存储的高效性和可靠性，并能够实现对数据进行随时随地访问和处理，提升了数据处理的便捷性。三是分布式计算和边缘计算将成为主流。分布式计算技术通过将计算任务分解并分布到多个计算节点，充分利用各个节点的计算资源，将复杂的数据处理任务分解为多个子任务，减少了数据传输的带宽需求，实现了数据处理的高效协同和并行处理，提升了数据处理的效率和性能，显著缩短了数据处理的时间，降低了数据处理的成本，提升了数据处理的速度和效率。此外，边缘计算逐渐成为主流。通过在数据源附近部署计算资源，能够在数据生成的第一时间进行处理，实时监控设备状态和环境变化，提高响应速度和处理效率，极大地提升了数据处理的实时性和响应速度。同时，避免了单点故障和网络瓶颈问题，提升了数据处理的可靠性和稳定性。

3. **数据流通交易将更加安全普惠**

一是数据可信流通技术不断成熟。数据空间、隐私计算、区块链、数据脱敏、数据沙箱等数据可信流通技术不断成熟。二是数据可信流通交易成本不断降低。一方面通过数据空间、隐私计算、区块链、数据脱敏、数据沙箱等开展技术集中攻关；另一方面通过鼓励对相关技术的大规模商业应用，大幅度降低资源消耗和成本，增加技术的普适性。三是保障了数据流通交易安全可信性。数据空间、隐私计算、区块链、数据脱敏、数据沙箱等技术的不断成熟，确保了技术工具、标准、协议、合约等的规定开展数据流通，确保了数据在安全可信的前提下，在不同主体间进行安全、高效的流通、共享、交换和互操作。

4. **数据开发利用将更加智能深入**

一是企业决策更加智能化。通过利用大数据分析和人工智能技术，通过收集和分析海量数据，帮助企业发现潜在的趋势和模式，为企业和组织提供精准、及时的决策支持。二是企业开发更加智能化。通过智能化工具和手段，可以帮助企业提升创新效率和产品质量，实现智能化的生产管理，实时监控生产设备的运行状态，进行预测性维护，减少设备故障和停机时间，提升生产效率，还可以通过整合供应链各环节的数据，实现供应链的全程可视化和智能化管理。三是企业运营将更加智能化。智能技术工具和规则在企业全流程生产环节的广泛深入应用，将帮助数据应用方优化设计、生产、管理、销售及服务全流程，进一步降低数据应用门槛，提升数字化水平。

5. **数据安全治理将全过程动态化保障**

在数据要素化发展新阶段，数据安全表现出两个鲜明特点：一是动态安全。经济社会进入数据要素化发展新阶段后，前期大量产生而形成的大数据成为生产要素，数据大规模、快速率、高通量的流通利用成为发展主流，在数据流通利用过程中确保数据安全可信，成为这一时期数据安全的要求，动态数据安全成为数据要素化发展新阶段安全保障的主要特点。二是全过程安全。在传统信息化、网络化发展阶段，保障系统安全、主机安全、应用安全等各独立系统和应用的安全，是主要的安全保障工作，安全产品和解决方案都是围绕各种系统和应用开发部署的。进入数据要素化发展新阶段后，来源于不同系统和应用的数据相互融合、快速流动，通过隐私计算、区块链、数据加密、数字身份等技术手段，以数据为对象，保障数据"采、存、算、管、用"全生命周期各环节的全过程安全，成为数据要素化发展新阶段安全保障的主要特点。

6. 国家数据基础设施将建成运营

20世纪90年代初，伴随着全球互联网的快速普及，在传统的物理空间外，人类创新发展出一个新型的网络空间。随后30多年，网络空间逐步演化为计算空间和数据空间，基础设施形态也从物理基础设施演化为新型基础设施，而在信息化、数字化和数据要素化不同发展阶段，新型基础设施主要表现为网络基础设施、算力基础设施和数据基础设施等不同形态。未来3~5年，以行业数据基础设施、区域数据基础设施为主体，以企业数据基础设施为补充，横向打通、纵向贯通、协调有力的全国一体化国家数据基础设施将建设形成，构成国家数据基础设施的网络基础设施、算力基础设施、数据流通利用基础设施和数据安全基础设施将高效运营，在国家数据基础设施的统一支撑下，数据技术创新实现重大突破，数据应用创新全球领先，数字治理体系更加完善，数据跨境流动和国际合作打开新局面，数字中国建设取得重大成就。

7. 数据产业生态体系将更加完善

新型举国体制是我国发展壮大数据产业的独特优势，我国将全面推动全国一体化数据产业生态建设。一是构建数据产品和服务链条。我国将从金融政策、产业政策等多方面，支持有条件的企业构建高端产品链和优质服务链。二是构建企业协同发展格局。我国将加大政策扶植力度，培育一批数据龙头企业和创新型中小企业，形成多层次、梯队化的创新主体和合理的产业布局。三是优化数据产业区域布局。我国将在数据产业特色优势明显的地区建设一批数据产业集聚区，发挥产业集聚和协同作用，以点带面，引领全国数据产业发展。统筹规划数据产业跨区域布局，利用数据资源推动数据共享、数据消费、资源对接、优势互补，促进区域经济社会协调发展。

二、数据产业的统计与监测*

在数字经济时代，数据已成为驱动经济增长的新引擎，促进了产业结构的深度调整与转型升级，为全球经济的可持续发展注入了新的活力。数据产业的兴起，作为新兴经济领域的重要代表，正引领着全球经济格局的深刻变革。该产业

* 许宪春，统计学者；雷泽坤，中央财经大学助理教授。

依托大数据、云计算、人工智能等前沿技术，构建起数据采集、存储、处理、分析及应用的全链条服务体系，不仅催生了众多新兴业态与商业模式，还推动了传统产业的数字化改造与智能化升级。数据产业通过高效整合与深度挖掘数据价值，为各行各业提供了精准化、智能化的解决方案，促进了生产效率与服务质量的显著提升。

在此背景下，数据产业统计与监测的重要性日益凸显。准确、全面的数据统计与分析，能够为政策制定者提供科学、客观的决策依据，帮助他们更好地把握数据产业的发展趋势，识别潜在的风险与挑战，从而制定出更加符合实际、具有前瞻性的政策措施。这不仅有助于优化数据资源配置，促进数据要素市场的健康有序发展，能够激发数据产业的创新活力，推动其持续健康发展。同时，通过定期发布数据产业的相关报告和指数，能够增强公众对数据产业的认知与信心，为产业吸引更多的人才、资金和技术支持，进一步壮大其整体实力与竞争力。因此，加强数据产业统计与评估工作，对于指导政策制定、促进产业健康发展具有深远的意义。

（一）数据产业的概念、范围及其特征

1. 数据产业的概念范围

随着云计算、人工智能等数字技术的发展，数据产业逐渐受到学术界、产业界和政府部门的关注，纷纷对其展开了探索。关于数据产业的概念界定，不同学者与机构基于各自的研究视角与实践背景，提出了多元化的界定与阐释。

孙庆君（1998）从广义与狭义两个维度对数据产业进行了初步界定。狭义视角下的数据产业仅聚焦于信息加工业与信息服务业。广义视角下，数据产业不仅涵盖信息加工与信息服务在内的整个信息工业范畴，还包含生产处理数据所需的软件与硬件制造业、数据传输所依赖的网络通信业。类似地，汤春蕾（2013）分别从狭义和广义两个视角对数据产业做了界定。在狭义上，它聚焦于数据准备、数据挖掘与可视化等直接数据相关活动，如数字出版、电子图书馆及数据产品服务等。在广义上，数据产业涵盖了数据采集、存储、管理、处理、分析、展示以及数据产品评价与交易等全链条环节，形成了从基础支撑到应用市场的完整生态体系。韩国的《数据产业促进和利用基本法》将数据产业定义为提供与数据生产、分配、交易和利用相关的服务及创造经济附加值的产业行为集合。这一定义强调了数据产业在促进数据流通与利用、推动经济增长方面的积极作用。张向宏（2024）聚焦于数据要素化发展的新阶段，指出数据产业是由数据资源、技术、产品、服务及企业等多元要素融合而成的新型产业形态。他提出，数据产业在横向上由数据技术、产品、服务及企业构成，纵向上则细分为数据基础产业、要素产业与安全产业等多个层次，展现了数据产业结构的复杂性与多层次性。2024 年，中国国际大数据产业博览会上，国家数据局数据资源司司长张望进一步强调了数据产业作为新兴产业的地位，明确指出数据产业是利用数据技术对数据资源进行产品和服务开发的过程中所形成的产业形态，数据产业的经营主体包括技术创新者、资源开发者、技术赋能应用者、产品与服务交易者以及基础设施建设者，共同构成了数据产业生态的多元参与体系。

从上述概念看，数据产业的界定随着时间的推移和技术的进步而日益丰富和完善。总体而言，数据产业本质上是利用数据技术深度挖掘数据资源价值，开发多样化产品或服务，并推动其流通应用所形成的新兴产业。它不仅涵盖了数据采集、存储、处理、分析、交易等各个环节，还涉及数据基础设施建设、数据安全与合规管理等。其核心要素主要包括五大方面，具体为数据资源、数据技术、数据产品、数据企业和数据生态，这五大要素相互关联，相互作用，共同构成了数据产业的完整框架。其中，数据资源指通过电子或其他方式记录的，可以被识别、采集、加工、存储、管理和应用的原始数据及其衍生物。这些数据资源具有规模巨大、类型多样、价值密度高等特点，是数据产业得以发展的核心要素。数据技术涵盖数据采集存储、加工分析、流通交易、应用治理等环节。这些技术的不断迭代升级，为数据资源的深度挖掘和应用提供了有力支撑。数据产品指运用各种数据技术，在数据全生命周期各个环节对数据资源进行加工处理，形成不同级次、不同形态的产品和服务。这些产品既包括静态展示型数据产品，也包括动态交互型数据产品，满足了不同行业和领域的需求。数据企业作为数据产业的主体，数据企业以数据为关键生产要素，运用数据技术对数据资源进行加工处理形成数据产品，并对外提供流通交易和开发利用服务。这些企业涵盖了应用企业、数据资源企业、数据服务企业、数据技术企业、基础设施企业和安全企业等多种类型，共同推动了数据产业的发展。数据生态是在产业上下游链条上、大中小企业之间或一个区域内，数据资源、数据技术、数据产品、数据企业等数据产业各环节间形成的相互依存、相互支撑的产业体系。数据生态的构建有助于促进数据资源的共享与利用，推动数据产业的协同发展。

2. 数据产业的特征

数据产业的特征可以归纳为以下几点：数据资源核心化、技术快速迭代、产品服务多样化、生态多维构建。

（1）数据资源核心化：数据产业中，数据被视为核心资产，其质量、规模及流动性直接决定了产业的价值创造能力。数据资源的丰富性、多样性和实时性成为驱动产业升级与创新的关键要素。通过高效的数据收集、整合与管理，数据产业能够深入挖掘数据背后的价值，为决策支持、市场洞察及个性化服务提供坚实的数据基础。

（2）技术快速迭代：随着云计算、大数据、人工智能等技术的不断突破，数据处理与分析的能力得到了质的飞跃。这些技术不仅提升了数据处理的效率与精度，还催生了新的数据处理模式与应用场景。技术的快速迭代推动了数据产业的持续进步，促使企业不断寻求技术创新与突破，以保持竞争优势。

（3）产品服务多样化：基于数据资源的深度挖掘与分析，数据产业能够提供从基础数据服务到高级数据分析、智能决策支持、个性化推荐等一系列丰富的产品与服务。这些产品与服务不仅满足了不同行业、不同领域的差异化需求，还促进了数据价值的最大化利用。产品服务的多样化不仅丰富了数据产业的业态结构，也为用户提供了更加便捷、高效的数据服务体验。

（4）生态多维构建：数据产业的蓬勃发展还体现在其生态体系的多维构建上。这一生态体系涵盖了数据资源提供者、数据处理与分析者、数据产品与服务提供者以及数据消费者等多个参与主体。各主体间通过数据共享、技术合作、业务协同等方式紧密相连，形成了一个相互依存、共同发展的多维生态体系。这一生态体系的构建不仅促进了数据资源的优化配置与高效利用，还推动了数据产业的持续创新与健康发展。

（二）国内外数据产业发展现状

1. 国外发展现状

国外数据产业在技术创新、政策引导、市场需求及国际合作等方面均取得了显著成效，为全球数据产业的发展树立了标杆与典范。尤其美国，作为全球数据产业的"领头羊"，其数据市场规模与创新能力均居世界前列。得益于政府对大数据战略的高度重视与持续投入，美国不仅构建了覆盖数据采集、存储、处理、分析及应用的全链条产业生态，还孕育出了一批在全球具有影响力的数据巨头企业，如谷歌、亚马逊、微软等。这些企业通过技术创新与模式探索，不断推动数据技术向各行各业渗透。据美国商务部经济分析局统计，2022年美国数字经济规模已达到2.6万亿美元，同比增速为6.3%。

欧盟在推动数据一体化市场建设方面展现出了独特的战略眼光。近年来，欧盟通过一系列立法举措，如《通用数据保护条例》（GDPR）的实施，强化了数据主体的权利保护，同时促进了数据在欧盟内部的自由流通与共享。在此基础上，欧盟致力于构建开放、竞争、安全的数据市场，鼓励企业利用数据资源进行创新。此外，欧盟加大了对数字基础设施的投资力度，提升了数据处理与分析能力，为数据产业的快速发展提供了有力支撑。

日韩两国作为亚洲数据产业的佼佼者，同样在数据产业发展方面取得了显著成效。日本凭借其在电子、汽车等领域的深厚积累，积极推动数据技术在传统产业中的应用与升级。同时，日本政府加大了对人工智能、大数据等前沿技术的研发投入，力图在新一轮科技革命中占据先机。据中国信息通信研究院测算，2022年，日本数字经济规模已超过1万亿美元。韩国则依托其在半导体、通信等领域的优势，大力发展数据存储与传输技术，为全球数据产业提供了重要的基础设施支持。在政策方面，为促进数据产业发展，2021年10月，韩国颁布了全球首部数据产业法——《数据产业振兴和利用促进基本法》；2022年4月，发布了《数据产业振兴综合计划》，并成立了国家数据政策委员会；2022年9月，进一步提出了《大韩民国数字战略》。此外，韩国政府积极推动数据开放与共享，鼓励企业利用政府数据进行创新应用。

从全球视角看，发达国家的数据产业发展呈现出以下四个共同特征：一是技术创新活跃，数据驱动的新技术、新模式不断涌现；二是政策引导有力，政府通过立法、规划等手段为数据产业发展提供了良好的外部环境；三是市场需求旺盛，各行各业对数据资源的需求日益增长，为数据产业提供了广阔的发展空间；四是国际合作深化，各国在数据流动、标准制定、技术研发等方面加强合作，共同推动全球数据产业的健康发展。

2. 国内发展现状

近年来，我国数据产业市场规模持续扩大，年均增长率保持在高位。《数据产业图谱（2024）》的统计数据显示，自2020年以来，数据产业规模实现了跨越式增长，从万亿元级别跃升至2023年的2万亿元，2020~2023年年均增长率高达25%；据《全国数据资源调查报告（2023年）》的统计，全国数据生产总量2023年达32.85Z字节，同比增长22.44%。这一迅猛势头预示着数据产业已成为推动国家经济发展的新引擎，展现出巨大的发展潜力与广阔的市场前景。展望未来，预计至2030年，数据产业规模将突破7.5万亿元大关，年均增长率有望保持在20%以上，持续引领经济社会的数字化转型。

从产业链来看，我国数据产业已初步形成了涵盖数据采集、存储、计算、分析、应用及安全治理等全生命周期的完整产业链。在这一链条中，涌现出一批具有核心竞争力的大数据企业，如华为、中兴、百度等，它们在技术创新、市场开拓及产业链整合等方面发挥着引领作用。同时，随着政策的持续推动和市场需求的不断增长，越来越多的中小企业纷纷加入到数据产业的行列中，共同推动着这一领域的繁荣发展。

值得注意的是，数据技术的快速发展为数据产业的增长提供了强有力的支撑。以人工智能、大数据、云计算、区块链等为代表的前沿技术不断迭代升级，为数据资源的深度挖掘和高效利用提供了可能。这些技术的应用不仅提高了数据处理的速度和精度，还推动了数据产品的多样化和个性化发展，满足了不同行业、不同场景的需求。

总的来看，我国数据产业正处于快速发展期，市场规模持续扩大，产业结构不断完善，技术创新活力四射。

（三） 数据产业中数据资产的统计监测方法

数据资产价值评估分为两部分：一是数据产出价值评估，即数据作为生产活动的结果，对于产出的价值；二是数据资本存量价值评估，即符合资本化条件的数据的存量价值。本部分分别介绍了数据产出价值评估和数据资本存量价值评估。

1. 数据产出价值的测算

数据产出价值对数据生产活动增加值具有决定性的影响，从而决定了数据生产活动对 GDP 的贡献。由于数据具有一系列不同于传统产品的特征，数据产出的估价方法存在争议，需要进一步深入研究。这里借鉴传统产品和知识产权产品产出的估价方法，并结合数据产品的特征进行讨论。主要包括收益法、市场法和成本法 3 种基本方法。

（1）收益法。收益法是基于数据的未来预期应用场景，对数据预期产生的经济收益折现得出数据的合理价值。传统的收益法指通过估算被评估资产未来预期收益，并按照适宜的折现率折算成现值来确定被评估资产价值的资产评估方法。对收益法进行一定程度的适用性转化，使之可以应用于数据产出估值。

尽管收益法在理论上是一种较为合理的数据产出价值评估方法，但在实践中却存在一定的挑战和限制。首先，数据的用途呈现出多样化特征，在预测未来收益时往往存在较大的不确定性，使得收益法在实践中难以精准应用。其次，数据可能受到技术变革、市场变化等因素的影响，从而影响其未来收益的实现。这需要在评估过程中考虑到各种不确定性因素，以准确反映数据的风险和价值。

（2）市场法。市场法指参照市场上同类或类似的数据的近期交易价格估计目标数据产出价值。理论上讲，当市场上有足够多的数据交易类型和模式，可以收集到完整、可靠的类比目标资产的可比指标、技术参数等信息时，应该采用市场法。对于数据来说，采用市场价值法评估其价值，至少应该包括直接出售或交易数据以及利用数据开发新产品所产生的货币价值。然而，由于数据的价值具有与应用场景相关这一特征，数据应用场景的多样性使得价值变动十分敏感，导致较难在市场上匹配到同类或类似的数据产品。同时，数据具有非竞争性特征，使市场交易往往是数据的复制许可或使用许可，此时的市场交易价格多数反映数据复制许可或使用许可的价值，而不是数据原件的价值。

在实践中，市场法仅适用于极少数数据原件的市场交易情形，并不适用于绝大多数自用型数据的估值。除极少数数据原件的市场交易情形外，对绝大多数自用型数据原件的价值评估失效。此外，市场价值法仅考虑了支付意愿，无法评估数据的使用对数据价值的影响。

（3）成本法。成本法指通过加总数据生产过程中的各项成本来测度数据的价值。基于成本价值法对数据进行价值评估，主要指将数据生产过程中产生的各项生产成本视为数据的价值，包括数据增值过程中的劳动成本、中间投入以及使用的资本服务成本。该测量框架下通常假定数据生产过程中涉及的相关数据是有价值的，并且数据的价值不会受到当前可用状态和最终用途的限制，与其所带来的现实经济效益也无关，更适用于市场交易不活跃的自给型数据。从国民经济核算国际标准看，2025 年 SNA 数字化工作小组就"在国民账户中记录数据"专题中认为，以成本法评估数据的价值在理论和实践上都具有明显的优势。相对于其他方法，成本法更具客观性、可靠性和较强可行性。

在国民经济核算体系下，成本法各产出项目构成如下：

成本法的数据产出价值=劳动力成本+固定资产成本+中间消耗+资本回报。

式中，劳动力成本指支付给从事数据相关业务人员的劳动报酬总额[①]；固定资产成本指从事数据相关活动所耗减的固定资产价值；中间消耗指从事数据相关活动所消耗的各种原材料、服务费及其他各种费用支出；资本回报指固定资产净收益，即数据相关活动的营业盈余。

2. 数据资本存量的测算

数据资本存量估算分为两步：一是估算数据资本形成总额，也即当年数据产出价值中符合资本化条件的部分；二是通过永续盘存法估算数据资本存量。

（1）数据资本形成总额的估算。估算数据资本形成总额的关键在于确定数据资本化系数。由前文对数据资产概念的界定，在生产过程中被反复或连续使用一年以上的数据才属于数据资产。因此，本部分参考 ISWGNA（2023），Calderón 和 Rassier（2022）的做法，将使用不足一年的数据作为中间消耗处理，并将数据产出资产化的比例系数设定为 50%。

（2）数据资本存量的估算。数据资本存量是考虑数据要素之后经济增长分析中最为重要的经济指标之一，是测度数据要素对经济增长贡献的核心指标。数据资本存量测度可以借鉴传统固定资本存量的测度方法。传统固定资本存量的测

---

① 劳动报酬总额包括计时工资、计件工资、奖金、津贴和补贴、加班加点工资、特殊情况下支付的工资。工资是税前工资，包括单位从个人工资中直接为其代扣或代缴的个人所得税、社会保险基金和住房公积金等个人缴纳部分，以及房费、水电费等。

度方法有直接调查法和间接测算法两种。使用直接调查法的门槛较高，需要较为完善的统计基础，且成本极大，需要耗费大量的人力、物力和财力。因此，传统固定资本存量核算一般使用间接测算法，永续盘存法（Perpetual Inventory Method，PIM）是最为常用的测算方法。国际上，有关 R&D、计算机软件等知识产权产品资本存量测算也均以 PIM 为主。

固定资本存量的 PIM 测算公式可以简化为：

$K_t = (1-\delta) \cdot K_{t-1} + I_t$

式中，K_t 为第 t 期资本存量，I_t 为第 t 期固定资本形成总额，δ 为固定资本折旧率。

从而，基于 PIM 测算数据资本存量需要确定的关键变量有：初始数据资本存量 K_0，数据资产折旧率 δ，当期数据资本形成总额 I_t。此外，测算可比价数据资本存量，还需要构建数据资本形成总额价格指数。

由于不同时期数据资本形成总额的价格不同，不能直接相加，因此，测算数据资本存量，还需要构建数据资本形成总额价格指数，把不同时期的数据资本形成总额换算成统一的价格。

（1）数据资产折旧率的确定。由于数据具有非消耗性特征，关于数据资产是否应该以及如何计算固定资产折旧存在争议。从统计与核算角度讲的固定资产折旧实际上是国民经济核算国际标准 2008 年 SNA 所讲的固定资本消耗。所以，我们先来看一下 2008 年 SNA 关于固定资本消耗的界定。2008 年，SNA 将固定资本消耗定义为由于自然退化、正常淘汰或正常事故损坏而导致的，生产者拥有和使用的固定资产存量现期价值的下降（2008 年 SNA，6.240）。这一定义将因固定资本消耗而导致的固定资产存量现期价值的下降归结于自然退化、正常淘汰和正常事故损坏三个方面。

2008 年 SNA 指出：固定资产价值不仅可能因为自然退化而下降，还可能因为技术进步和新替代品的出现导致对其服务需求减少而下降（2008 年 SNA，6.242）。2008 年 SNA 也指出，固定资本消耗不应包括因意想不到的技术进步（可能大大缩短某些现有固定资产的使用寿命）所造成的固定资产的损失（2008 年 SNA，6.244）。这表明，可以预见的技术进步和新的替代品出现所导致固定资产存量现期价值下降也属于固定资本消耗的范围。

2008 年 SNA 指出，由正常或预料之内的意外损失所导致的固定资产损失，也就是说，由于火灾、风暴和人为失误等致使生产中所使用的固定资产发生的损坏，也应包括在固定资本消耗中。如果这些事故的发生有一定的规律性，则在计算该固定资产的平均使用年限时就应将其考虑在内（2008 年 SNA，6.243）。

2008 年 SNA 指出，实践中，包括公路和铁路轨道在内的许多构筑物，会由于遭淘汰而被废弃或拆毁，即使诸如道路、桥梁、水坝之类的建筑物，其预计使用年限可能很长，但也不能认为是无限的。因此，所有类型的建筑物（包括由政府单位拥有和维护的）以及机器和设备，都需要计算固定资本消耗（2008 年SNA，6.242）。

数据资产也存在上述各种原因导致的自然退化、正常淘汰或正常事故损坏的情况，因此，针对数据资产，也应计算固定资产折旧。

与传统固定资产折旧率的计算方法相同，根据数据资产的使用寿命、折旧模式和残值率确定数据资产的折旧率。

第一，数据资产使用寿命的设定。美国经济分析局在未对数据资产进行分类的情况下，将所有数据的使用寿命均设定为 5 年；加拿大统计局把数据资产分为数据、数据库和数据科学三类，其中，数据的使用寿命设定为 25 年，参考计算机软件将数据库的使用寿命设定为 5 年，参考 R&D 资产将数据科学的使用寿命设定为 6 年。

第二，数据资产折旧模式确定。"单驾马车式"、直线下降模式和几何下降模式是当前固定资本存量研究中常用的三种折旧模式。考虑到数据资产价值在最初几年下降的较快，大多数国家都采用几何下降折旧模式来计算固定资本存量。

根据数据资产的使用寿命、折旧模式和残值率，美国经济分析局将数据资产的使用寿命设定为 5 年，对应的数据资产折旧率为 33%。

（2）初始数据资本存量的确定。参考 Young（2003）和张军等（2004）的思路，利用当前数据资本形成总额与数据资本存量的比例关系推算初始数据资本存量。应用这种方法的前提条件是，假定数据资本形成总额和数据资本存量的增长率在长期是大致相同的。两者之间的关系满足下式：

$$\frac{R_t - R_{t-1}}{R_{t-1}} = \frac{I_t - I_{t-1}}{I_{t-1}} = g_A$$

式中，R_t 为第 t 期的数据资本存量；g_A 为当期数据资本形成总额和数据资本存量的平均增长率。当 $t = 1$ 时，初始数据资本存量 R_0 可以由基年数据资本形成总额 I_1、当期数据资本形成总额和数据资本存量的平均增长率 g_A 以及数据资本折旧率 δ 表示，如下式所示：

$$R_0 = \frac{I_1}{g_A + \delta}$$

（3）数据资本形成总额价格指数的构建。由于缺少可观测的数据市场价格，很难直接测算数据资本形成总额价格指数。

成本价格指数法根据各项投入成本的价格指数来构造数据资本形成总额价格指数，是在无法获取数据资产市场价格时最合适的数据资本形成总额价格指数的构造方法。因此，可分别对总成本中的劳动力成本、固定资本成本和中间投入价格进行缩减，并以各自的投入比重为权重加权计算总指数。同时，因成本价格指数法隐含地假定投入价格变化和产出价格变化是完全一致的，忽略了生产率变化对产出的影响，可通过劳动生产率对数据资本形成总额价格指数进行调整。当劳动生产率上升时，将成本价格指数适当地向下调整；当劳动生产率下降时，则将成本价格指数适当地向上调整。

在确定了数据资产折旧率、初始数据资本存量和构建了数据资本形成总额价格指数后，可以通过永续盘存法测算历年不变价数据资本存量，然后利用数据资本形成总额价格指数测算出历年现价数据资本存量。

数据资本存量的测算对国家资产负债表中的资产总量产生影响，增加了国家资产总量。数据资本存量的测算也对国家资产负债表中的资产结构产生影响，增加了固定资产和生产资产在总资产中的占比。数据资本存量的测算也对国家资产负债表中的资产负债差额，即国民财富产生影响，增加了国民财富。

三、数据要素型企业的创业与发展[*]

在数字经济时代，数据作为新型生产要素，已成为经济发展的关键引擎。为充分激发数据要素潜能，释放其价值，我国出台《"十四五"数字经济发展规划》《中共中央　国务院关于构建数据基础制度更好发挥数据要素作用的意见》等一系列政策。在此背景下，数字经济领域的创业活动蓬勃发展，数据要素型企业不断涌现。数据要素型企业指以数据的采集、整理、清洗、分析、应用、交易以及数据衍生产品和服务为主营业务和核心能力的企业，是数据产业生态的关键微观主体。其发展仍然面临诸多挑战，数据要素型企业创业与发展的基础理论与基本商业逻辑如何认识？政策法规、基础设施等环境因素对数据要素型企业的创业与发展存在哪些制约？数据要素型企业的资源基础和能力建设存在哪些问题？这些都是完善数据产业生态建设必须回答的问题。基于此，本部分在阐明数据要素型企业发展现状的基础上，结合理论与案例分析，通过挖掘数据要素型企业的创业过程、创业过程的内外部影响因素、发展的保障条件并提出针对性的政策建

---

　　* 蔡莉，吉林大学商学与管理学院教授；朱秀梅，广东工业大学管理学院教授；陈姿颖，吉林大学商学与管理学院博士研究生；费宇鹏，吉林大学商学与管理学院教授；尹苗苗，吉林大学商学与管理学院教授；郭润萍，吉林大学商学与管理学院教授。

议，为数据要素型企业的创业实践提供指导，进而赋能数据产业发展。

（一）数据要素型企业发展现状

1. 数据要素型企业调查

为了解数据要素型企业发展情况，我们对数据要素型企业开展访谈和问卷调查。数据要素型企业包括数据要素技术型企业、数据要素服务型企业和数据要素应用型企业等，其中数据要素技术型企业是提供数据采集、存储、加工、传输、分析、安全等业务的企业及提供相关智能化产品研发、制造的企业，由于其对高质量数据的供给以及数据要素的资产化过程起核心作用（王建冬等，2022），因此调研访谈的企业以数据要素技术型企业为主。共走访调研了数据要素型企业31家，其中，技术型企业22家、服务型企业3家、应用型企业6家。以创业机会为主线，嵌入了资源开发的作用，深入分析了技术型企业的创业过程及影响因素，并梳理了企业在发展过程中所面临的困难。同时，总结了应用型企业的需求对技术型企业创业的引领作用，以及服务型企业的支持对技术型企业创业的辅助作用。同时，针对数据要素型企业，围绕其基本信息、参与数据交易情况、创业过程相关问题（包括内部影响因素、外部影响因素、创业行为、创业结果）等方面开展问卷调研，收回有效问卷423份。

2. 数据要素型企业调查发现

通过对企业实践的分析发现：第一，数据要素技术型企业的机会开发过程经历从单一机会开发到多个关联机会不断开发的演化过程。围绕单一机会的开发，技术型企业基于应用型企业的需求，利用自身所拥有的核心技术以及服务型企业的资源进行机会的识别、评估和利用。在单一机会开发基础上，技术型企业将已经开发出的核心技术应用在多个应用型企业，在服务型企业支持下实现核心技术向不同领域的扩散，使机会不断向横向和纵向扩张，形成规模不断壮大、质量不断提升、关联性不断增强的机会集。机会集指多主体以资源为基础进行互动所开发的一系列机会（已经开发和尚待开发的机会）的有机集合（蔡莉等，2018；杨亚倩等，2023）。这又吸引更多的数据要素型企业对机会集进行开发，成为形成数据生态的核心要素。

第二，数据要素技术型企业机会开发过程受到外部和内部两个方面因素的影响。对于外部因素而言，大数据、人工智能和云计算等数字技术的迅速发展、传统行业内部竞争加剧以及国家对数据相关政策的发布，推动企业运用数据实现新产品或服务的开发。对于内部因素而言，创业导向和数字导向驱动企业密切关注市场发展趋势，致力于使用数字技术创造价值，促使企业识别到前瞻性的机会；数据洞察力有助于企业从数据中发现新的机会；知识、技术、资金、人力等传统资源为企业开发产品或服务奠定基础；数据资源的积累为企业持续开发新的机会提供了有力支撑，也促使企业能力不断提升。

第三，数据要素服务型与应用型企业在数据要素技术型企业机会开发过程中发挥不同的作用。服务型企业通过保障交易合法性，改变技术型企业对数据要素的认知，推动新产品和服务的开发。应用型企业以需求引领技术型企业，为其提供市场、数据资源等，不断丰富后者的能力，进而促进新产品和服务的开发，服务型企业和技术型企业的互动能够为应用型企业提供有效的数据服务方案，解决应用型企业大数据能力构建过程中面临的难题。

第四，数据要素型企业发展过程面临数据定价与流通、环境支持、能力构建、生态构建方面的共性问题。首先，在数据定价与流通方面面临的主要问题包括：①数据定价困难，致使企业参与数据交易的积极性不足；②在数据流通环节中，一些数据资产的供给方将原始数据直接售卖给需方；一些行业的企业因商业数据敏感性而不愿提供数据，互联网平台企业可能垄断数据资源，导致高效完整的数据流通链条无法形成。其次，在创业过程的环境支持方面面临的主要问题包括：①外部环境不能很好地支持机会开发，如存在市场环境竞争激烈或不公平现象、客户对于大数据相关技术缺乏了解等；②资源获取受限，比如研发投入所需的资金资源不足，人才或合作伙伴资源流失，导致机会难以快速落地。再次，在创业过程的能力构建方面面临的主要问题包括：①数字化建设融入战略管理和日常经营管理的能力不足；②难以对市场化的数据产品及服务需求做出有效反应。最后，在生态构建方面面临的主要问题包括：①由于大企业的垄断、互联网平台企业的插足导致技术型企业面临核心产品或服务开放之后被模仿的风险；②由于政府制度等的限制、合作伙伴生态意识薄弱以及企业自身的机会开发能力有限等原因，技术型企业在构建生态系统方面未能充分发挥作用。

（二）数据要素型企业创业过程

1. 数据要素型企业创业机会开发过程

（1）数据要素型企业创业机会的内涵与特征。现有创业研究将机会界定为通过新目的或新手段引入新的商品、服务、原材料、市场和组织方法（Eckhardt和Shane，2003）。而数据要素型企业的创业机会主要指基于数据技术创新或数据资源所形成的智能化产品或服务。数据要素型企业的创业机会具有效率性、新颖性、互补性、锁定性、迭代性、共创性、延展性、生态性、难以模仿性、高数字性等诸多特征（Baum和Bird，2010；张斌等，2018；朱秀梅等，2020；Haftor等，2021；杜晶晶等，2022；杜晶晶和郝喜玲，2023）。具体表现为：①效率性：围绕新机会开发形成的数据商业模式架构能够提高企业的运营效率，使资源消耗低于市场上的替代方案。②新颖性：在机会开发过程中，创业活动的种类、连接参与者的交易机制类型、交互模式和整体治理结构等对市场来说是新颖的。③互补性：数据驱动的创业机会开发要求企业能够有效匹配与组合各种资源和能力，进而促进创业机会开发和价值创造。④锁定性：在对数据和市场信息进行分析与预测的基础上，企业开发的创业机会可以迅速捕捉并快速精准地响应多主体需求，使得商业模式体系架构中的参与者不会轻易迁移至替代方案。⑤迭代性：主要表现为创业机会能够快速开发和持续改进。⑥共创性：创业机会不再由企业单一主体开发，可能源自于多主体高度协同或多来源数据的分析学习。⑦延展性：机会开发过程呈现高度开放性和流动性特征，意味着机会拓展和跨界创新的可能性更高。⑧生态性：生态性是迭代性和延展性在数据场域下的延续，企业能够通过战略性的应用平台或生态赋予的资源进行机会迭代和拓展。⑨难以模仿性：由大数据驱动的创业机会通常基于多主体之间的反复互动迭代和持续学习形成，难以被模仿。⑩高数字性：海量数据规模、多样数据类型、数据高速流转贯穿整个机会开发过程。

（2）数据要素型企业创业机会的开发。我们以现有数据平台生态系统中数据要素企业之间的互动为起点，以"数据驱动的学习—需求感知—机会开发—机会共生"为主线，构建数据要素型企业创业机会开发的过程模型，如图 6-1 所示。

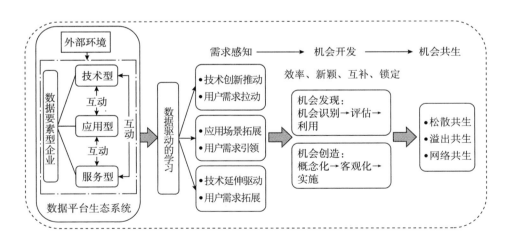

图6-1 数据要素型企业创业机会开发过程

从图 6-1 可见，数据要素型企业创业机会开发过程包括以下环节：

1）数据平台生态系统多主体互动。数据平台生态系统是由直接或间接消费、生产或提供数据和其他相关资源的多主体构成的生态网络。不同主体具有不同功能，并通过网络关系与其他主体联系在一起，主体间的协作和竞争促进了数据生态系统的自我调节（Oliveira 和 Loscio，2018）。数据要素型企业通过与其他企业、外部环境等进行互动，不断积累数据资源和环境信息，为更好地开发创业机会以应对环境不确定性和需求快速迭代提供丰富的信息基础。多主体的互动还促进了数据交易与流通，进而推动创业机会的开发。

2）数据驱动的学习。数据要素型企业的商业模式创新和创业机会开发通常具有颠覆性和挑战性。只有精准识别创业需求，才能成功发现和创造新机会。数据驱动的学习是准确把握市场需求的重要手段和途径，对促进企业需求感知具有关键作用，同时是数据价值创造、数据价值获取和数据价值分配的关键途径和媒介（Gregory 等，2021）。

3）数据需求感知。数据要素型企业与其他企业的交互成为信息和资源共享的渠道，通过数据驱动的学习获得有效信息，从而准确感知多种市场需求。其一，数据要素技术型企业与技术环境、市场环境及用户的交互驱动进行数据学习，从而获取数据技术发展和用户需求信息，产生技术推动和需求拉动效应，有助于企业对技术驱动和用户需求进行感知。其二，数据要素技术型企业与应用型企业的互动，使其在数据需求的引领下，通过场景拓展识别和开发新的创业机会，从而满足应用型企业的数据需求。其三，数据要素技术型企业与服务型企业互动，获得高质量的服务支持，使技术型企业能够进行数据技术延伸并拓展用户需求。

4）机会开发。创业机会主要包括发现型机会、创造型机会和整合型机会，分别对应机会发现观、创造观和整合观。机会整合观整合了前两种观点，认为发现型机会和创造型机会分别嵌入在客观创业情境和认知创业情境中，相互补充并同时存在于创业活动中（蔡义茹等，2022）。基于此，对于数据要素型企业而言，创造型机会和发现型机会都是普遍存在的，两者是相互促进、相互转化和相互融合的关系。即数据要素型企业可以基于现有数据需求，识别并发现已有机会，通过渐进式创新创造数据价值；也可以引领数据需求，创造并开发创新型商业机会，进而通过颠覆性创新创造数据价值。

5）机会共生。数据平台生态系统多主体互动与数据要素池的持续输入促使数据要素型企业及其他主体绑聚在一起识别与开发创业机会，通过机会间横向和纵向关联形成机会集。随着机会集的不断扩大，更多企业被吸引来开发新机会。成功开发发现型和创造型机会的企业又会产生新的数据需求，从而不断衍生出新机会，使数据平台生态系统的机会集进一步实现规模扩张和质量提升。新主体的机会开发又会影响原主体的机会开发行为，进而改变机会集的结构或创新性，从而加强多主体之间的机会松散共生、溢出共生和网络共生。其中，松散共生指多主体总体实力较弱、数量较少、结构不完善且彼此不熟悉，分工合作和资源共享机制尚未完全形成；溢出共生指领先的数据要素型企业能够引领和吸引跟随型企业创业，发挥机会溢出效应；网络共生指随着多主体集聚效应的进一步加强，多主体对系统目标和价值创造形成共同理解，实现更高程度的物质、信息与能量的交换，衍生出更多新机会，新价值在各主体之间实现对称分配。

2. 数据要素型企业创业资源开发过程

（1）数据要素型企业创业资源的内涵与特征。数据要素型企业创业资源包括传统资源、数据资源（见表6-1），两者的融通和整合对企业发展尤其重要。

表6-1　数据要素型企业创业资源类型划分

资源类型		定义	相关学者
传统资源	人力资源	智力资源	Dollinger，1995；Lichtenstein 和 Brush，2001
		声誉资源	
		社会网络	
	物质资源	企业运行所必需的有形资产	Wernerfelt，1984；Barney，1991
		工具和设备	
	技术资源	由工艺、系统或实物转化方法组成	Lichtenstein 和 Brush，2001；Brush 等，2001
	财务资源	企业创建和成长所需要的资金	Grant，1991；Manigart 等，2002
	组织资源	组织关系和结构	Hofer 和 Schendel，1978；Brush 等，2001
		规章和文化	
		组织知识	
	市场资源	消费者所提供的购买订单	Venkataraman，1997；Zhang 等，2020
数据资源		可被企业利用的数据集合，其具有一定的数量和潜在的商业价值，能够保证企业的盈利目的，并且其范围将随企业发展而动态变化	魏鲁彬，2018

数据资源相比于传统资源，呈现出相对无限、独立性、即时性、原始性和开放性等特点。①相对无限的特点是其与传统资源最大的差异。数据资源不会因使用而耗尽，反而在使用的过程中会产生新的数据，不断被更新、创造。这一特点在一定程度上导致了数据是公开免费的。②数据资源具有独立性，意味着数据资

源具有记忆性，不论被记录的客观对象或主观想法是否发生变化，数据资源始终指向对象被记录时的状态。③数据资源具有即时性的特点，是一种易腐品，会随着时间的流逝而迅速贬值。其价值很大程度体现在时效性上。④数据资源具有原始性，即在经过分析处理后数据才具备一定的价值。⑤数据资源具有开放性，即企业可以实时抓取更新的数据资源。

（2）数据要素型企业创业资源的开发。基于数据资源的特性，我们总结出数据要素型企业创业资源开发过程的三个阶段：资源获取、资源利用和资源迭代。

1）资源获取。数据要素型企业依靠大量的数据资源来开展创业活动，其在获取资源的过程中将重点放在如何及时获取有效的数据上。资源获取主要包括外部并购、合作渗透、内部培育三种类型（叶学锋和魏江，2001）。其中，外部并购指采取直接的、一次性的，甚至带有侵略性的方式获得所需资源。数据要素型企业可以选择购入一定量准确有效的数据，这样不仅有利于企业得到及时准确有保障的数据，还有利于突破创业初期面对的壁垒，如技术壁垒。合作渗透指当企业发展到一定程度时积累了一定的名声，会吸引外界与之建立非正式的网络或正式的战略联盟来达成合作。这有利于数据要素型企业收集到某一领域某企业内部的、深层的数据，拓展企业数据的纵向深度，以及实现数据信息的高速传递，从而在一定程度上降低合作渗透的成本。内部培育指企业所需要的资源是通过自身长期不断的摸索、学习、创造等方式积累而获得的。在数据要素型企业积累了一定的客户量后，用户会在使用过程中为企业创造针对企业产品的数据资源。

2）资源利用。数据要素型企业以共享的数据资源为核心要素，如何挖掘出数据隐含的独特价值是其资源利用过程中的焦点问题。资源利用阶段包括资源整合和资源转化。其中，资源整合是企业通过对各种资源的拼凑、组合、优化以及合理配置实现内外资源的集聚，是企业创造经济价值的过程（Sirmon 和 Hitt，2003）。对于数据要素型企业来说，获取的数据可能是各种类别、各种形式的资源。资源整合可以有效地对数据资源进行筛选、分类，保留企业所需要的数据资源，有利于企业更高效地利用数据资源以及规划各类型的数据要素转化的大体方向。资源转化指企业通过员工的个人能力将资源与企业的组织文化相结合，产生独特的竞争优势。数据是原始的，本身无价值，只有赋予其员工的智慧、个人能力、企业文化等，才能转化成有价值的资源。此过程本质是为数据资源赋值。

3）资源迭代。数据要素型企业的数据资源迭代成为其增加可持续竞争力的方式，迭代后的数据资源更能折射出外部环境的特点及变化，有利于企业不断调整资源利用的策略。数据资源之所以能够高速迭代主要依赖于其独特特征：由于数据的开放性，用户在体验产品的过程中可以直接产生数据，这些反馈数据能高效传输给企业，使企业资源迭代过程及时完成；由于数据的相对无限性，企业可以低成本无限次地反复迭代数据资源，不断挖掘其价值（宋立丰等，2020），此过程中企业不仅能得到新的实时数据，也能发现原有数据资源的新价值。

3. **数据要素型企业创业机会开发过程和资源开发过程之间的关系**

（1）机会开发过程对资源开发过程的促进作用。机会开发能够引领和促进资源开发，尤其是数据资源的开发。第一，机会开发过程能够激发数据资源化。数据资源化是对无序混乱的原始数据进行标准化、结构化处理，形成高质量、有潜力的数据，并以可采、可见、标准、互通、可信的形式管理、存储和共享这些数据的过程（孙克，2021）。数据要素型企业围绕数据的采集、清洗和数据应用识别创业机会，数据在机会开发过程中，得到有效利用，原始数据不断转化为数据资源。与此同时，围绕数据资源的机会开发吸引越来越多企业将数据"原矿"转化为结构化数据库并形成企业可以利用的数据资源。第二，机会开发过程能够促进数据资产化。数据资产化是数据与企业具体场景相融合的过程，通过将数据与劳动、资本等传统生产要素相结合，赋能战略导向、供应链管理、数字技术创新等场景（何伟，2020），从而将可控、可量化、可变现的数据资源转化为数据资产。数据要素型企业的机会开发过程中，数据资源与企业业务和应用场景深度融合，不断衍生分化，形成企业特有的数据资产（朱秀梅等，2023）。第三，机会开发过程能够促进数据商品化。数据商品化是数据资产升级为数据商品的过程，能够使有需求的企业在数据市场上以相对公允的价格获取所需的数据要素（李海舰和赵丽，2021）。当数据能通过各种灵活的形式进行交易时，数据资产就成为数据商品。有些数据要素型企业会识别数据市场需求，并整合数据资源和数据资产，形成数据商品，实现数据在多主体、多行业之间的交易流通。

（2）资源开发过程对机会开发过程的促进作用。资源开发能够为机会开发提供资源支持。企业在机会开发过程中需要从外部获取资源，并根据机会开发的需求持续编排、拼凑手边资源及外部资源。除满足原有机会开发的资源需求，有效的资源开发过程还可以通过激活传统资源与数据资源，以及数据资源与传统资源的有效匹配，促进机会的进一步迭代，并发现和创造新的创业机会。尤其对于数据资源的开发，能够催生出更多创新性机会和颠覆式商业模式，提升机会开发过程的质量、效率和效能。具体而言，数据的生成与交易流通促进了数据要素市场快速发展和数据要素成熟度提升，进一步促进了数据产业化和产业数据化，使数据与企业、产业和经济的融合程度越来越深，衍生出新的数据需求，数据技术创新得到强化。更多的新企业会利用数据技术创新识别和开发新机会，以满足新的数据需求。通过有效的机会开发过程，数据要素型企业不断创建和成长，又会衍生出新的数据需求和新机会，形成机会集。

（三）数据要素型企业创业过程的内外部影响因素

1. 数据要素型企业创业过程内部影响因素识别与分析

在内部因素方面，战略导向、资源、能力与创业过程相契合将有效推动企业实现价值创造与构建竞争优势。其一，创业导向体现为创业主体乐于承担风险和勇于创新的精神，被认为是创业的重要驱动因素（谢智敏等，2022），而数字情境下数字导向引导企业开展数字化活动，强调了企业运用数字技术以采取行动的理念（Arias-Pérez 等，2021），创业导向与数字导向反映了企业如何在战略层面把握数字化发展方向。其二，数据要素型企业在大数据资源的获取、积累、运用上具有先天优势，并需要依赖于大数据资源开展创业活动，因而大数据资源是此类企业创业的重要支撑因素。其三，数据作为新型生产要素，具有巨大的价值潜能，企业依托于所获取的数据，在更好地理解市场需求的同时能够产生新见解（马鸿佳等，2024），从数据中洞察有用信息和知识的能力对于企业制定创业决策以及开展实质性行动都具有重要意义。因此，我们从战略导向（即创业导向、数字导向）、资源（即大数据资源）、能力（即数据驱动的洞察力）因素入手，以明确内部因素对于创业过程的影响。

创业导向是一种态度或意愿，这种态度或意愿会导致一系列创业行为（蔡莉等，2011）。在机会开发过程中，具有高创业导向的企业对创业具有更强的意愿，它们支持变革与创新，积极开展创业活动并承担创业风险（Covin 和 Slevin，1989），能够密切关注市场的变化并快速做出回应，从而更好地开发新机会并赢得先动优势（Zahra 和 Covin，1995）。在资源开发过程中，创业涉及一系列资源消耗活动，而具有创业导向的企业更加倾向于进行风险较高的资源投入（Romanelli，1987；蔡莉等，2008），创业导向驱动企业密切关注市场发展趋势并快速获取、利用和迭代资源以持续提升竞争力。

数字导向是数字技术背景下的战略导向，指企业致力于应用数字技术提供创新产品、服务和解决方案（Khin 和 Ho，2018）。在机会开发过程中，数字导向是组织追求数字技术带来的机会以获得竞争优势的指导原则（Kindermann 等，2021）。具有数字导向的企业通过应用机器学习、人工智能等数字技术，进行海量数据的分析，从而更加及时高效地把握并预测企业内外部环境的变化，感知需求变化，并以率先感知到的需求为基础，能够及时针对市场需求开发新的产品或服务。在资源开发过程中，具备数字导向的企业更有可能在整个组织中积极使用数字技术，以增强现有的资源优势或者建立新的资源优势（Drnevich 和 Croson，2013）。具体来说，其倾向于结合多种数字技术，更加高效、便捷地获取大量数据资源；将数字技术广泛地与自身业务结合，将数据资源转化为对企业具有价值的资源,从而提供新产品、服务;通过应用数字技术,不断低成本无限次地反复迭代数据资源,并不断挖掘其价值。

大数据资源是在大数据情境下帮助企业持续运作的要素组合统称(谢康等,2020)。在机会开发过程中,企业从海量数据中发现新需求,并对采集和获取的数据进行加工分析,进而推动企业开发与市场需求匹配度高的新产品和新服务(Nambisan等,2018),并在与其他主体的互动中基于数据资源共同开发新的机会,实现机会共生。在资源开发过程中,大数据通过高颗粒度的数据支撑显著提高资源配置决策的精准度和有效性,能够优化资源配置、提高生产效率,有利于企业的资源开发(陈德球和胡晴,2022)。

数据驱动的洞察力是"使用当前和历史的数据,从不知道如何解决问题转变为知道如何解决问题"的能力(Ghasemaghaei 和 Calic,2019)。在机会开发的过程中,企业可以通过描述性洞察力,结合对过去数据的分析,识别出经营业务的变化规律;通过预测性洞察力对未来趋势和变化进行精准预测,结合二者为机会开发提供条件;企业通过规范性洞察力寻求满足需求、应对变化的最佳方案,指导企业进行机会开发。在此过程中,企业不断与多主体互动,为数据资源的集聚提供可能性,促使企业反复应用数据驱动的洞察力以扩展机会。在资源开发过程中,数据驱动的洞察力引导企业获取更多数据资源后,企业将会基于描述性洞察力、预测性洞察力、规范性洞察力,分别完成对过往业务发展规律的总结、对将来趋势的预测、对正确路径的规划,从而有效利用数据资源。企业反复调用数据驱动的洞察力会促进其自身从不断迭代的数据资源中挖掘新的价值,从而最大化地激发数据价值。

2. 数据要素型企业创业过程外部影响因素识别与分析

在外部因素方面,数字经济背景下企业所面临的环境变得更加复杂,持续动态变化的环境为创业过程带来了前所未有的挑战与机遇(于超等,2023),企业需要根据外部环境的变化不断调整,从而更好地捕捉商机以维持竞争优势(项保华和叶庆祥,2005),因而我们选取环境动态性来整体把握外部环境对于数据要素型企业创业过程的影响。此外,调研访谈与问卷调研帮助我们识别了市场(即行业竞争强度)、制度(即制度支持)、技术(即技术开放性)三个方面重要的外部环境因素。从市场看,数据的巨大潜在价值以及政策支持力度的加大均吸引了大量企业入局,各企业对于数据产业的前景产生了共识,行业竞争强度攀升,这一因素与环境动态性紧密相关;从制度看,我国一系列政策支持并激发了数据要素型企业挖掘数据要素潜能,释放数据要素价值;从技术看,数据要素型企业围绕数据进行创新创业,依赖于对数字技术的应用,数字技术的不断更迭要求企业迅速适应并制定新策略(张铭等,2024),而开放的技术环境减轻了企业的这一负担，为其实现创业过程提供更多可能性。

环境动态性指企业外部环境的波动性和不可预测性（Miller 和 Friesen，1983）。在机会开发过程中，动态环境要求企业敏锐地感知环境变化并及时捕捉新的机会，调整创新方向，从而更好地利用机会，同时促使企业更多地与其他主体进行互动，以共同应对环境威胁。在资源开发过程中，环境动态性同样要求企业灵活调整资源配置，以适应环境变化。

行业竞争强度是特定行业中现有企业、产品或服务之间的竞争程度（Carter 等，2021）。在机会开发过程中，竞争激烈的行业通常伴随着更多的市场机会和潜在创业空间。高竞争强度的数据要素市场中，企业更可能洞察到新的市场机会。在资源开发过程中，高度竞争的数据要素市场中，企业需要更多地获取和灵活地配置资源，以应对竞争对手的挑战。

制度支持是政府赋予企业的一种有效资源（Xin 和 Pearce，1996），包括正式和非正式制度支持。在机会开发过程中，制度支持为企业提供了更多关于外部环境的信息，能够丰富企业的决策依据并加快企业调整战略决策（Planisamy，2005），增强创业企业的机会信念，有助于创业企业开发政府发展规划中潜在的商业机会（蔡新蕾，2017）。在资源开发过程中，企业在制度支持下，可以获得更多的信息、技术、资金、许可证以及经营自主权等相关资源，降低企业在创业初期的风险和资源约束，助力企业获得竞争优势（Li 和 Atuahene-Gima，2002）。

技术开放性是环境中技术相关的信息、知识和资源可以以低成本自由访问、交换或共享的程度（Guo 等，2020）。在机会开发过程中，企业借助开放式技术环境，研发或引入全新的知识和技术，有助于企业运用这些技术实现新机会的开发，进而提升企业整体竞争力（蒋振宇等，2019）。在资源开发过程中，随着数字技术的专业程度与复杂程度提高，单一企业很难拥有创业所需的全部资源，开放式的技术环境能够提高企业资源开发效率，增强企业竞争优势（陈劲和陈钰芬，2006）。

3. 数据要素型企业创业过程内外部影响因素的协同作用

内外部因素对数据要素型企业创业过程的影响并非相互独立，而是协同发挥作用（谭海波等，2019）。在数据要素型企业的创业机会与资源开发过程中，快速多变的环境要求企业持续变革、灵活调整以适应环境，这迫使企业持续创业，不断获取和整合内外部资源、开发创新性的产品或服务以赢得市场地位（刘宇璟等，2019）。通过以上分析发现，具有创新性、先动性、风险承担性的战略导向并且以更加开放的态度将数字技术纳入战略行动来应对变化的企业将表现得更好，即具备创业导向与数字导向的企业会更加积极地发掘市场潜在机会（尤其是数字技术所带来的机会），并利用数字技术评估商机以及开发新产品或新服务，从而有效地抓住机会，此时外部技术环境的较大开放性满足并支撑了企业的这一战略需求。同时，大数据资源的积累为企业带来了海量的信息、知识等资源，资源的快速迭代意味着更大的创新潜力，但是，数据资源越多，并不代表所有企业都越能从中获利，只有能够从数据中洞察有价值的信息并据此进行决策的企业才能更高效地识别和评估机会。中国情境下，政府政策支持推动了整个数据要素行业的合规化，助力行业内企业获取更多的资金、信息等资源，激励企业形成创业导向与数字导向，贯彻落实数字化发展战略，围绕数据以及数字技术开展更多的创业资源开发和机会开发活动。同时，广阔的市场前景也吸引跨行业领域的企业纷纷加入，行业的竞争强度增加。面对这一环境压力，企业必须思考如何在激烈的竞争中脱颖而出，而开发更能满足市场需求的产品或服务则成为它们的必然选择。

（四）数据要素型企业发展的保障条件与政策建议

1. 数据要素型企业发展的保障条件

（1）加强制度创新与资源投入。第一，不断强化制度创新，明确数据要素的经济资源属性，建立合法性基础。①明确数据开放准则，以应对有效数据供给不足的问题。②活化数据交易中的供给与需求。③以场景化应用示范工程，推动企业数字化需求。④引入 VAM（Value Adjustment Mechanism）定价调整机制，试行交易前预估定价范围，交易后特定期限内有条件调整定价并完成结算的灵活定价机制。第二，加快制定数字生态相关规定与法律。①通过立法方式明确数据交易与应用中数据持有权、数据加工权、数据产品使用权等关键性权益的标准化界定及实施细则。②支持全国性数据交易联盟的行业自律行为。③注重国家、企业和个人多层次的数据流通安全与司法保障制度建设。④建立数据资源入表跟踪反馈专家组及工作机制，进一步推动《企业数据资源相关会计处理暂行规定》深化、细化与合规化。第三，加强数字生态基础设施建设。①进一步加强面向数字生态的公共基础设施建设。②加强数字化场景应用示范项目、行业性算力中心及行业性工具平台建设。③设置新专业，认证新职业，推动多层次数字化紧缺人才培养。

（2）加强财政政策扶持。第一，加大对数据技术与应用服务商的财政支持。围绕数据要素产业积极推动数字基础设施建设，并优化财政配套制度，出台专项税收政策。第二，加快对数据交易基础设施、服务体系及中介机构发展的财政支持。第三，加强对数据生产者和数据产品提供方的财政支持。

2. 数据要素型企业发展的政策建议

（1）以文化建设引领企业综合性改革。第一，树立鼓励创新、容错失败、主动捕捉并创造机会的企业文化，把发现机会、创造机会作为每个员工的基本价值导向，把产品层和业务层决策向基层赋权。第二，加强企业内部面向数字化转型的管理创新，把数字化建设融入战略管理和日常经营管理过程，建立扁平化的组织架构、柔性的业务流程、弹性的工作规范以及支撑性的制度。第三，转变IT部门和行政部门工作方式，强化面向基层创新工作的开放式数据平台、流程优化平台和共享化工具库建设。第四，有意识地推动企业数据平台和数据工具沿产业链上下游推广共享，择机推出面向行业的数据产品，参与企业间数据交易，争取产业数字化生态中的话语权。

（2）推动数字资源基础建设。第一，加快传统资源数字化，实现资源整合与平台共享。加强数字化基础设施的建设，推动传统资源的数字化，进而构建数字化资源集成平台。第二，加快数据资源价值化，实现数据价值的创造与增值。数据要素型企业可尝试按不同场景将数据资源资产化，创建数据资产清单并试点入表；可以综合使用多种估值方法探索数据商品的交易定价，并为专业化的数据交易平台探索定价机制助力；已成功实现数据商品化的数据要素型企业可以尝试将其打包为金融产品进入资本市场，开展数据证券化、数据质押融资、数据银行、数据信托等数据资本化创新探索。

（3）加强企业的数据管理与应用能力建设。第一，加强企业数据洞察能力建设。数据洞察能力建设需要兼顾：①投入数据基础设施；②重塑文化、组织、流程、制度等；③对基层员工的数字化赋能和赋权；④以数字化资源共享为操作平台；⑤注重发现机会、创造机会、创造价值。第二，加强数字技术能力和数据管理能力的建设，包括提升自身数据加工和分析能力，加强数据存储、分析与流程嵌入的工具化能力建设，加强企业内部面向数字化转型的管理创新。第三，成立专班积极应对数据资源入表，形成适合本企业的具体实施方案，提升企业投融资能力，改善财务绩效。

（4）参与数字生态系统构建。第一，数据要素型企业的发展离不开政府部门、高校、科研院所和社会其他利益相关者的支持。要加强与各类主体的合作，形成数字技术、数据要素等方面数字化建设方向的战略共识，推动行业共建共享。第二，数据要素型企业可以主动建立由自身主导的数字生态系统，强化"数据二十条"中的"三权分置产权"，带动更多企业参与建设，实现资源与信息的共享，提高自身创新能力和竞争力。

第七章 基础设施

一、国家数据基础设施总体框架与建设路径[*]

（一）国家数据基础设施（NDI）含义、特点和意义

1. 国家数据基础设施的含义

国家数据基础设施（NDI）是国家数据要素化的载体，是经济社会进入数据要素化发展新阶段的新型基础设施，是支撑数据要素基础制度实施，支持数据资源开发利用落地，全面促进数字经济、数字政务、数字文化、数字社会、数字生态文明高质量发展，"五位一体"推进数字中国建设的重要支撑。具体来讲，国家数据基础设施是在网络、算力等设施的基础上，围绕数据采集汇聚、计算存储、流通交易、开发应用等全生命周期，构建的一种适应数据要素化、资源化、价值化的新型基础设施。

2. 国家数据基础设施的特点

（1）新型基础设施在不同发展阶段持续迭代升级。

1）新型基础设施是相对于传统基础设施而出现的。自 20 世纪 90 年代起，全球随着互联网的普及而快速进入信息化发展阶段。世界经济社会发展的驱动力从先前的"铁公机"、能源、电力等传统基础设施，转向了以光纤宽带、移动宽带等信息基础设施为代表的新型基础设施。因此，新型基础设施是相对于传统基础设施而出现的基础设施新形态。在一定程度上可以说，自 20 世纪 90 年代起，

---

    * 涂群，北京化工大学经管学院副教授，《交大评论》首席研究员；张茜茜，北京物资学院信息学院副教授，《交大评论》研究总监；张向宏，北京交通大学 ICIR 特聘教授，《交大评论》创始人。

经济社会已进入以新型基础设施建设为主导的发展阶段。

2）新型基础设施在不同阶段有不同表现形态。随着信息化、数字化、数据要素化发展的不断演进，新型基础设施的内涵和外延不断迭代升级。在信息化阶段，新型基础设施的主要形态是以光纤宽带、移动宽带等为代表的信息基础设施；在数字化阶段，新型基础设施的主要形态是以数据中心为代表的算力基础设施；在目前数据要素化发展新阶段，新型基础设施的主要形态是以可信安全技术构建起来的国家数据空间。

3）新型基础设施的内涵和边界具有明显的继承性。尽管新型基础设施在信息化、数字化、数据要素化三个不同阶段有各自鲜明的特点，但是，后一阶段对前一阶段形成的基础设施并不是推翻重来，而几乎是全面继承，并在前一阶段基础上继续升级。如在信息化阶段，信息基础设施主要以光纤宽带、移动宽带等为主；发展到数字化阶段，数字基础设施除了扩充了5G技术、卫星互联网等新型信息基础设施，还新增算力基础设施；到了当前数据要素化发展新阶段，数据基础设施除了扩充了智算中心、超算中心、算力一体网等新型算力基础设施外，还新增国家数据空间基础设施。

（2）信息基础设施是信息化发展阶段的基础设施。信息化阶段基础设施需要解决的主要问题是，通过互联网络打通不同主体、不同领域、不同区域、不同国别间的时空阻隔，实现信息流通和交换。因此，信息联通是信息基础设施的主要功能。在信息化初期阶段，地面光纤、海底光纤、蜂窝网络是信息基础设施的主要形式。到了数字化和数据要素化发展阶段，信息基础设施朝着带宽更宽、速度更快的方向持续升级换代，主要形式有"双千兆"光纤、5G应用、6G部署、卫星互联网、电信传输能级提升。

（3）数字基础设施是数字化发展阶段的基础设施。数字化阶段需要解决的主要问题是，在信息流通和交换通道已畅通的基础上，借助快速迭代升级的数字化技术，一方面创造快速高效的计算新业态；另一方面对传统业态进行数字化改造。因此，除不断升级的信息基础设施外，以计算中心为代表的算力基础设施和各行各业数字化转型升级形成的融合基础设施，是数字基础设施的主要形式。数字基础设施由信息基础设施、算力基础设施和融合基础设施构成。

（4）数据基础设施是数据要素化发展阶段的基础设施。当前数据要素化发展新阶段需要解决的主要问题是，在信息流通和交换通道已经畅通、新型计算业态已经具备、各行各业数字化水平已经提升的基础上，构建一个跨主体、跨领域、跨区域、跨国别的可信安全互操作国家数据空间。因此，除不断升级的信息基础设施和数字基础设施外，以行业数据空间、区域数据枢纽以及互联形成的国家数据空间，是数据基础设施的主要形式。国家数据基础设施由信息基础设施、数字基础设施和国家数据空间构成。

3. 建设国家数据基础设施的意义

（1）国家数据基础设施将引领全球经济下一个 30 年快速发展。20 世纪 90 年代，美国提出并开始实施国家信息基础设施（NII）行动计划，推动互联网迅速遍及世界各地，借助"互联网+"，引领全球经济高速发展了 30 多年。2023 年，全球经济总量超过 100 万亿美元，比 1990 年增长 4 倍多。同时，美国凭借其在传输网络、根服务器、IPV4 协议等方面的先发优势，培育出了微软、英特尔、谷歌、脸书、亚马逊、苹果、特斯拉等一大批信息技术跨国企业，在软硬件核心技术、互联网技术和云计算技术等方面处于全球领先地位。当前，全球经济社会正进入数据要素化发展新阶段，数据作为一种新型生产要素和国家战略资源，在促进全球经济发展和社会治理方面的作用日益显著。美国以"数据自由流动"为招牌，试图继续维持其在互联网时代形成的领先优势；欧盟以"保护个人信息"为手段，通过建立"共同数据空间"，希望在全球数据治理规则中赢得一席之地；其他国家分别选择加入美国或欧盟的数据流通圈。与 30 多年前美国的国家信息基础设施（NII）一样，我国的国家数据基础设施通过把"互联网+"升级为"数据要素×"，必将在今后 30 年间构建起全球范围的新型数据空间，不断增强在数据交换交易协议和标准等软基础设施制定的话语权，掌握适度超前的通信网络和算力等硬基础设施研发的主动权，进而引领数据新技术、新产品、新模式、新应用爆发，培育出一大批新的全球型数据企业，并引领下一个 30 年全球数字经济高速发展。

（2）国家数据基础设施将为组建"国家数据集团"奠定基础。电力、铁路、通信等关键基础设施是工业时代的国家战略资源，都具有网络状、跨区域分布等特点。我国通过建设覆盖全国的电力网，组建国家电网公司、南方电网公司等中央企业，牢牢控制住了国家电力战略资源；通过建设覆盖全国的铁路网，组建国家铁路总公司，牢牢控制住了国家铁路战略资源；通过建设覆盖全国的通信网，组建中国联通、中国电信、中国移动等中央企业，牢牢控制住了国家通信战略资源。当前，经济社会正进入数据要素化发展新阶段，与电力、铁路、通信是工业时代国家战略资源一样，数据已成为数据要素化发展新阶段的国家战略资源，也必须牢牢掌握在国家手中。数据同样具有网络状、跨区域分布等特点，应该通过建设覆盖全国的国家数据基础设施，并以此为基础组建"国家数据集团"，有效统筹和运营基础性、战略性国家数据资源，将数据这一国家新型战略资源牢牢掌握在国家手中。

（3）国家数据基础设施将成为"五位一体"统筹推动数字中国的"数字底座"。建设数字中国是数字时代推进中国式现代化的重要引擎，是构筑国家竞争新优势的有力支撑。加快数字中国建设，对全面建设社会主义现代化国家、全面推进中华民族伟大复兴具有重要意义和深远影响。一方面，通过做强做优做大数字经济、发展高效协同的数字政务、打造自信繁荣的数字文化、构建普惠便捷的数字社会、建设绿色智慧的数字生态文明，"五位一体"统筹推进数字中国建设；另一方面，通过建设统一的国家数据基础设施，形成数字中国建设的全国一体化"数据底座"，为数字经济、数字政务、数字文化、数字社会、数字生态文明提供数据基础设施支撑。

（二）国家数据基础设施总体框架

国家数据基础设施在基础设施形态、全生命周期数据能力、国家数据空间三个维度相互融合、相互支撑，形成支持数据全生命周期不同环节、不同行业、不同区域数据要素化的统分结合架构，如图7-1所示。

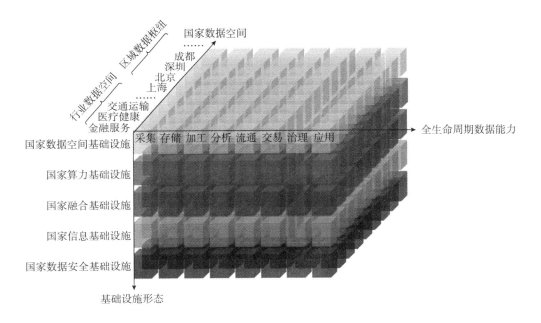

图7-1 国家数据基础设施总体框架

1. 国家数据基础设施纵向构成

国家数据基础设施纵向上由顶到底分别包括国家数据空间基础设施、国家算力基础设施、国家融合基础设施、国家信息基础设施和国家数据安全基础设施共五层架构。其中，国家数据空间基础设施由行业数据空间、区域数据枢纽以及互边形成的国家数据空间构成；国家融合基础设施由工业互联网平台、新型城市基础设施、互联网等构成；国家算力基础设施由通用算力基础设施、智能算力基础设施、超级算力基础设施、算力电力一体化设施、算力安全一体化设施等构成；国家信息基础设施由 5G 网络、千兆光网、通信枢纽、天地一体化网络、IPV6 等构成；国家数据安全基础设施主要由数据内生安全设施和数据外部防护安全设施构成。

（1）国家数据空间基础设施。行业数据空间基础设施建设，应充分整合现有政务一体化云平台、公共数据资源平台、政务信息共享和开放平台、政务业务系统、电子政务外网等数据平台和设施，结合《"数据要素×"三年行动计划（2024—2026 年）》的实施，加快工业制造、现代农业、商贸流通、交通运输、金融服务、科技创新、文化旅游、医疗健康、应急管理、气象服务、智慧城市、绿色低碳共 12 个行业数据空间基础设施建设。区域数据枢纽基础设施建设，应以推动数字城市建设为抓手，通过区块链、隐私计算等多种数据控制、溯源及安全技术应用，统筹各地区一体化公共数据平台、公共数据共享开放平台、授权运营平台、交易流通平台等，实现数据监测调度、数据应用分析、数据资源登记、综合管理和开发利用、数据跨境等功能，加快建设上海、北京、武汉、深圳、成都、西安、沈阳这 7 个中心城市为核心、分别覆盖华东、华北、华南、西南、西北、东北等的区域枢纽数据基础设施，构建数据跨层级、跨地域、跨系统、跨部门、跨业务可信安全流通的区域数据空间，支撑数据要素合规合法应用、高效价值释放，建设形成综合性、区域性、行业性数据流通利用基础设施，打造数字城市的"数据底座"。互联形成国家数据空间基础设施，要以区块链、委托计算、数据编织、隐私计算、大规模多源异构数据管理、大规模图计算、智能数据工程等前沿数据技术为支撑，加快行业数据空间基础设施之间、区域数据枢纽基础设施之间以及行业数据空间基础设施与区域数据枢纽基础设施之间的互联互通，形成层级清晰、体系完善的国家数据空间基础设施，构建数据采集存储、加工分析、流通交易、治理应用、安全监管等全国一体化的安全可信数据生产流通平台，为全国各地的数据持有者、数据提供者、数据生产者、数据消费者、数据应用程序提供者、数据平台提供者、数据市场提供者、身份提供者等多种主体，提供自主操作、公平共享和交换、可信管理和认证，以及互操作等各种可信安全操作。

（2）国家融合基础设施。面向数字化转型升级需求，不断提升和完善各种传统基础设施的数字化水平。①完善工业互联网体系。推进工业互联网标识解析节点建设，加快培育以"羚羊"工业互联网平台为代表的一批工业互联网平台，培育一批有较强影响力的跨行业跨领域综合型工业互联网平台，以及一大批行业型、专业型、区域型工业互联网平台；推进新型城市基础设施建设。②加强传统基础设施数字化、智能化改造，增强数据感知、边缘计算和智能分析能力。③加快城市信息模型（CIM）平台建设。推进"雪亮工程"建设，实现公共安全视频监控联网应用。建设覆盖燃气、桥梁、供水、排水、热力、综合管廊等重点领域的监测网。④鼓励部署车联网基础设施。加强基于蜂窝车联网（C-V2X）的车联网基础设施部署，"条块结合"推进高速公路车联网升级改造和车联网先导区建设。推动 C-V2X 与 5G 网络、智慧交通、智慧城市等统筹建设，加快在城市主要道路上的规模化部署，探索在部分高速公路路段试点应用。推进智能网联汽车道路测试，编制出台智能网联汽车道路测试和应用管理规范实施细则，支持在智能网联汽车试验范围内建设安全可靠的车联网通信基础设施。支持企业跨界协同，研发复杂环境融合感知、智能网联决策与控制、信息物理系统架构设计等关键技术，突破车载智能计算平台、高精准度地图与定位、车辆与车外其他设备间的无线通信（V2X）、线控执行系统等核心技术。

（3）国家算力基础设施。继续深入实施"东数西算"工程，加快构建全国一体化算力网。统筹通用算力、智能算力、超级算力的一体化布局，统筹东中西部算力的一体化协同；统筹推动算力与绿色电力的一体化融合，统筹算力发展与安全保障的一体化推进，统筹算力与数据、算法的一体化应用，以网络化、普惠化、绿色化为特征的算力基础设施高质量发展格局逐步形成。

（4）国家信息基础设施。按照适度超前原则，继续全面推进 5G 技术、千兆光网、通信枢纽、卫星通信、IPv6 等网络基础设施建设。深入推进 5G 网络建设，适时开展 6G 潜在技术研究，全面推进千兆光网规模化部署和应用，大力提升通信枢纽能级，持续开展骨干网络升级，推进国际互联网专用通道建设，推动建设天地一体化信息网络，加快卫星通信建设，有序开展卫星通信应用开发，加速北斗应用推广，统筹集约建设无人机遥感信息获取系统和地面感知设施，着力提升 IPv6 性能和服务能力，推动 IPv6 与人工智能、云计算、工业互联网、物联网等融合发展，支持 IPv6 在金融、能源、交通、教育、政务等重点领域开展技术创新和规模应用。

（5）国家数据安全基础设施。一方面要以区块链、委托计算、数据编织、隐私计算、大规模多源异构数据管理、大规模图计算、智能数据工程等前沿数据技术为支撑，构建国家数据基础设施的内生安全体系；另一方面要体系性建设国家数据基础设施监测预警、态势感知、信息通报、应急处置的安全运行平台和指挥体系，开展网络安全攻防对抗演习，提高国家数据基础设施应对网络安全攻击的水平和协同配合能力，加强网络、数据、算力等设施的冗余配置，提升资源弹性扩展能力，构建国家数据基础设施的外生安全体保障。

2. 国家数据基础设施横向构成

国家数据基础设施横向上覆盖数据采、存、算、管、用全生命周期各个环节，包括数据采集存储平台、数据加工分析平台、数据流通交易平台和数据治理应用平台等。

（1）数据采集存储平台。建立健全以数据库采集、系统日志采集、网络数据采集、感知设备数据采集等数据采集技术为主的标准化和智能化数据采集平台，并鼓励实现与不同类型、不同主体数据采集平台有效对接。充分利用结构化数据存储、列式数据库、文档数据库、图数据库、搜索数据存储、非结构化数据存储、数据湖、蓝光存储等数据存储技术，建立"一地三中心"的本地、异地双容灾备份的国家数据存储中心。

（2）数据加工分析平台。建立健全集成自然语言处理、视频图像解析、智能问答、机器翻译、数据挖掘分析、数据可视化、数据融合计算等功能的通用算法模型、工具和构件，将人工智能技术深度应用于数据标注、数据分析、数据挖掘等数据加工生产流程中，提供标准化、智能化数据服务和数据智能计算。

（3）数据流通交易平台。进一步健全完善国家数据共享交换平台，实现政务数据在全国各政务机关跨地区、跨部门、跨层级共享和交换。探索水、电、气、暖、公交等行业的公共数据，以及平台企业和其他领域的社会数据，与国家数据共享交换平台对接并实现政务数据、公共数据和社会数据之间的多方共享。进一步建立完善现有国家数据开放平台，不断增加公共数据开放数量，持续提高公共数据开放质量。依托上海、北京和深圳等数据交易所已建立起来的数据交易平台，通过机器学习、隐私计算、区块链等先进技术，聚焦数据核验、可信操作、智能合约、跨链协同等功能，建设"上海+北京+深圳"等数据交易所全面联通的全国数据交易平台，提供全国范围的数据产品交易、数据资产凭证服务、数据流通交易合规监管等数据交易全过程服务，实现"一方备案，全链共享；一地挂牌，全链流通；一站交易，全链可溯；一证颁发，全链互认"。

（4）数据治理应用平台。充分利用数据目录、数据集成、数据迁移、数据访问、数据传输等各种数据管理技术，以及区块链技术和各种隐私技术，依托全国一体化政务服务平台建立各地区各部门公共数据运营平台，推动公共数据授权运营、特许开发和融合应用开发等不同数据运营方式。

以推动数字城市建设为抓手，通过区块链、隐私计算等多种数据控制、溯源及安全技术应用，实现数据监测调度、数据应用分析、数据资源登记、综合管理和开发利用、数据跨境等功能，推动跨区域、跨行业、跨机构数据的互联互通和互操作，支撑数据要素合规合法应用、高效价值释放，建设形成综合性、区域性、行业性数据流通利用基础设施，打造数字城市的"数据底座"。

（三）国家数据基础设施建设路径

国家数据基础设施是经济社会步入数据要素化发展新阶段的新型基础设施，不仅将全面继承和持续升级信息基础设施、算力基础设施、融合基础设施和数据外生安全基础设施，而且将创新建设适应数据要素化发展特点的国家数据空间基础设施和数据动态安全基础设施。在推进国家数据基础设施建设过程中，既要注重国家层面顶层设计，又要鼓励市场主体创新发展；既要注重硬基础设施建设，又要注重软基础设施建设；既要全面统筹，又要重点发展；既要标准引领，又要技术突破。

1. 顶层设计与创新应用相结合

国家数据基础设施建设要统筹顶层设计和创新应用。一方面，国家有关部门应加快制定《国家数据基础设施建设指引》《国家数据基础设施建设指导意见》《"十五五"国家数据基础设施发展规划》等顶层文件，力争在国家数据基础设施的概念、建设和运营目标、重点建设任务、保障措施和环境等方面，凝聚社会共识，明确建设方向，推动构建协同联动、规模流通、高效利用、规范可信的国家数据基础设施建设和运营体系。另一方面，应鼓励各地方、行业、领域在国家数据基础设施建设和运营方面开展积极探索，加大隐私计算、数据空间、区块链、数联网等新型数据技术方案的应用，在应用中不断推进技术的迭代升级和成熟应用。

2. 全面发展与重点突出相结合

国家数据基础设施建设应统筹好全面发展与重点突出。一方面，既要统筹发展网络基础设施、算力基础设施等"传统"基础设施，又要重点发展行业数据空间、区域数据空间、个人数据空间，并互联形成国家数据基础设施等"新型"基础设施；另一方面，既要统筹发展全面支撑数据采集汇聚、计算存储、流通交易、开发利用的一体化数据基础设施，又要聚焦于数据流通交易和开发利用两个重要环节，重点发展数据流通利用基础设施。

3. 硬基础设施与软基础设施相结合

国家数据基础设施既包括平台、系统、设备等硬基础设施，也包括标准、机制、标识、登记等软基础设施。一方面，应继续保持适度超前部署新一代高速固定宽带和移动通信网络、卫星互联网、量子通信等数据国家硬基础设施建设，形成高速泛在、天地一体、云网融合、安全可控的网络服务体系。另一方面，应尽快研究制定各种国家软基础设施，制定数据拥有者修改其数据的工具，确保能便捷操作数据授予、撤销、更改访问权限以及指定新的数据访问和使用条件等；制定身份管理工具，确保参与者能确认数据共享的对象；制定认证工具，确保数据平台中的软件连接器可被信任；制定智能合约工具，确保数据仅被以特定的方式利用；制定数据互操作性协议和标准，确保平台上各主体间可以用相同方式进行交互等。

4. 标准引领与技术突破相结合

国家数据基础设施应坚持标准引领和技术突破相结合。一方面，应聚焦数据采集汇聚、计算存储、流通交易、开发利用各环节，围绕重要行业领域和典型应用场景，制定和实施统一目录标识、统一身份登记、统一接口要求，形成统一国家数据基础设施底座。另一方面，要积极部署开展隐私计算、数据空间、区块链、数联网等多项技术路线试点，策划和实施国家数据基础设施建设工程项目，支持地方城市先行先试，以真实场景牵引技术进步，丰富解决方案供给，促进数据跨部门、跨层级、跨区域、跨主体的高效可信流通利用。此外，应尽快组织实施数据连接器国家重大研发项目，为各类主体提供数据访问和交换接口，确保数据在不同系统和设备之间无缝流动，确保验证参与者的身份和授权并建立安全连接，确保数据的完整性和机密性，确保数据的使用控制。

二、可信数据要素流通平台架构与关键技术*

作为数字经济的智慧大脑和循环动脉，数据要素流通基础设施及交易平台的建设，对于服务国家战略和区域经济发展，促进数据健康流通交易，激发数据要素的倍增效应，推动社会经济数字化转型，提升我国数字经济的发展水平和核心竞争力，具有十分重要的作用。

数据具有无形性、非排他性的特点，数据流通的参与者既是合作关系又是竞争关系，在数据产品生产、流通、利用各个环节都需要确保数据权利得到有效保障。如何设计高效可信的数据流通平台存在一系列挑战性的问题。第一，数据流通涉及多主体、多平台、多模态的生态体系，对象和交互关系动态复杂；第二，数据流通平台需要协调多方利益并动态维护和持续优化；第三，数据流通可信性涉及安全、隐私、服务质量等多性质的交互作用，实施难度很大。

本部分论述构建可信数据要素流通平台的设计方法，提出面向数据要素流通的可信交易平台架构及关键技术，建立数据要素市场的评价模型及分析方法，为数据要素流通建立基础设施支撑，推进数据要素市场的行业落地应用。

---

* 虞慧群，华东理工大学信息科学与工程学院教授；范贵生，华东理工大学信息科学与工程学院副教授。

（一）数据流通的生态要素

商业生态体系最初是由摩尔在《哈佛商业评论》中提出的，书中指出一个企业不应自视为单一工业领域的成员，而应视为跨多个工业领域的商业生态体系中的一员。在商业生态体系中，不同企业围绕满足用户需求的新产品既竞争又合作，共生共长。数据流通行业就是典型的包含众多竞争又合作的生态体系，在这个生态链中，一个环节的破坏对于整个社区会产生严重的连锁反应，正如生物界生态系统中一个种群灭绝对整个生态可能带来严重影响一样。本节从生态体系的角度分析数据流通的基本要素、特征及其相互关系。

1. 数据产品

可流通的数据产品是具备某种资产权利且满足一定形态要求的数据集。数据产品的基本形态包括统一规模、格式、完整内容、产品标识、访问唯一标识等要素。建设数据流通体系的前提是确定数据交易的标的物——数据产品。

数据流通生态主要涉及四方主体，分别是数据供应方、数据需求方、数据流通服务方和数据流通监管方，不同的数据流通主体扮演着不同的角色。其中，数据供应方和需求方大多数是以营利为目的的商业主体，以有偿的方式提供和接受商业市场数据；数据流通服务方是为数据交易双方提供技术服务的主体；数据流通监管方负责检测数据产品生产、流通和应用，确保流通合规和有效。

2. 数据供应方和需求方

大数据的"4V"特征分别是 Volume（大量性）、Velocity（高速性）、Variety（多样性）、Value（价值性）。其中，价值特征是最重要的属性，也是数据流通服务的核心。

对于企业而言，数据涵盖所生产的产品数据、运营数据、价值链数据和环境数据这四个空间维度。产品数据是围绕产品的计算、设计、仿真、工艺、加工、试验、维护数据、产品结构、配置关系、变更记录等记录；运营数据包括组织结构、管理制度、人力资源、薪酬、福利、设备、营销、财务、质量、生产、采购、库存、标准行业法规、知识产权、工作计划、市场推广、办公文档、媒体传播、电子商务等；价值链数据包括客户、供应商、合作伙伴、联系人、联络记录、合同、回款、客户满意度等；环境数据包括经济数据、政策信息、行业数据、竞争对手数据等。

从生态体系角度看，数据供应方和数据需求方都是数据使能的产业生态链的有机组成部分。数据的空间维度为数据供需双方在数据产品的生产和应用方面提供了共同关注点。一个数据供应方同时也是其他企业数据需求方；反之亦然。数据标准、数据确权和法律法规是数据产业可持续发展的基本保障。

3. 数据流通服务

数据流通服务方由数据流通中介和数据生态服务方组成。数据流通中介是数据供应方和需求方实现数据交易的中间枢纽，也是数据流通服务的核心。数据要素流通由数据流通中介协同数据流通生态服务得以实现。数据流通中介的业务逻辑包括数据确权、供需信息登记和发布、交易撮合、交易协议签署、数据交付和交易费用支付功能。数据流通平台的功能通常由交易机构及相应的生态服务机构共同完成。

根据数据产品及参与者特征，可将数据流通模式划分为三类：

（1）数据视图模式：数据供应方直接将原始数据或经过初步加工的数据视图交付给数据需求方。这种模式的主要特点是简单直接，数据需求方可以直接获取并使用数据，无须进行复杂的处理或转换。这种模式适用于数据需求方对数据处理和分析有足够能力，且对数据的实时性和完整性有较高要求的场景。

（2）数据环境模式：数据供应方将提供一个包含多种数据分析和建模接口的开发环境给数据需求方。数据需求方无法直接访问原始数据，而通过开发环境对数据进行访问和操作。这种模式适用于数据需求方对数据处理和分析有一定需求，但数据供应方对数据安全有较高要求的场景。

（3）数据服务模式：数据以及相关的分析和建模工具都被封装在数据供应方的服务器中。数据需求方每次需要数据结果，或者想要进行查询、聚合等操作，都需要通过服务接口访问数据供应方。这种模式适用于数据需求方对数据处理和分析能力有限，但对数据结果有高需求的场景。

4. 数据流通监管

数据流通监管的目的是规范数据流通生态的供应方、需求方和交易体系的行为，保障数据交易市场的正常运行和健康发展。市场监管的建立依赖于数据对象和数据流通相关的法规及标准。

在数据流通过程中，不同主体所对应的法律义务并不相同，企业在数据交易过程中不仅要确保自身作为交易主体依法依规行事，还要做好对交易对手的尽职调查和风控工作。在数据交易的过程中，应考察存储设备或网络通信系统本身是否符合《网络安全法》《数据安全法》以及《个人信息保护法》等专门法律的规定，需要结合实际的交易场景、交易类型从多个方面进行合规管控，也需要从交易过程及数据生产、应用环节审核其合规性。

（二）数据流通平台的架构设计

1. 数据流通平台架构

数据流通平台是实现数据要素流通的软硬件基础设施，其目的是在数据供应方和数据需求方之间建立一个安全可信的流通渠道，实现数据交易的全流程业务处理、安全和隐私保护以及流通监控等功能。一个自适应的数据流通平台架构如图 7-2 所示，包含数据交易系统、数据交易生态服务系统、安全和隐私保护、数据交易监管系统 4 个功能模块。

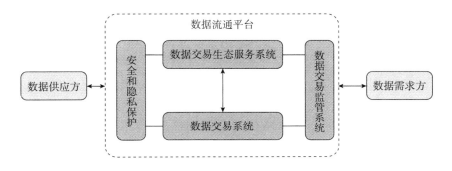

图 7-2　数据流通平台架构

数据流通平台的核心为数据交易系统。为满足分层分级数据要素市场布局需求，需要构建可信数据流通平台，支撑国家级、区域级和行业级数据交易机构的业务功能，并实现数据产品登记、数据产品交易的有效运行。

2. 数据交易系统

数据交易系统是数据流通平台的核心模块，是数据流通实施的驱动者和服务者，其架构设计如图 7-3 所示，其流程包括四个阶段，分别是数据评估与登记、交易撮合、产品交付以及支付与结算。

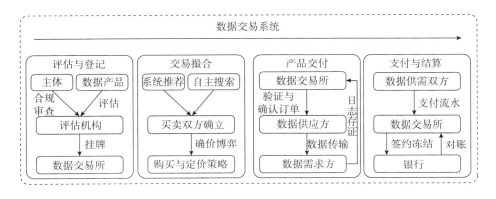

图 7-3　数据交易系统

（1）评估与登记：数据供应方需登记数据产品相关信息，如主体、产品描述、来源等，其质量需要经过指定数据产品评估机构审查。另外，供应方自身主体应经过合规审查以确保合规合法性。

（2）交易撮合：数据交易平台除支持基本的自主数据产品搜索外，可附加主动产品推荐以提升供需对接效率，同时协助数商推销产品。在确立交易双方后，平台通过博弈模型平衡买卖双方收益，并制定购买与定价策略。常用的技术包括智能搜索、推荐系统以及生成式大语言模型。

（3）产品交付：在数据交易平台验证买卖双方身份通过后，交易订单将得以确认并生成对应工单。供需双方至此启动交付环境搭建以及数据产品传输流程。交付日志需回传至数据交易平台进行存证。常用的技术包括高通量数据传输、联邦学习、数据融合、差分隐私技术以及可信执行环境。

（4）支付与结算：数据交易流水需上传至数据交易所留存。数据供应方需经由数据交易中介提交银行账户相关信息以完成与结算银行的线上签约与对账工作。区块链技术和智能合约可用于交易溯源和支付安全保障。

3. 数据交易生态服务系统

数据交易系统的有效运行依赖于第三方生态服务，以获取高质量专业服务。典型的数据生态服务包括数据资产评估、数据交付、交易支付等。对于数据的供应方或需求方来说，他们的交互对象是数据交易系统，而第三方生态服务对他们来说是一个"黑箱"。数据交易系统会根据请求的性质和需求，触发相应的第三方生态服务，以完成数据的处理、分析或交易等任务。

数据交易生态服务系统的流程如图7-4所示，包括发送请求、判断模式、调度、业务处理和生态服务方反馈结果。

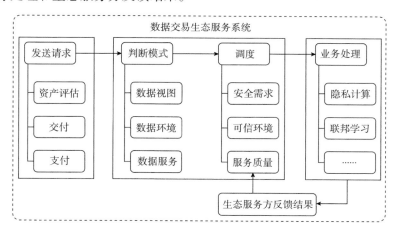

图7-4 数据交易生态服务系统的流程

（1）发送请求：用户通过数据交易系统发送请求，这些请求可能包括数据资产评估、数据交付和支付等。

（2）判断模式：数据交易系统在接收到请求后，会根据请求的内容判断其数据交付模式，这些模式包括数据视图、数据环境和数据服务等。

（3）调度：在确定了数据交付模式后，数据交易系统需要根据用户的具体需求，如安全需求、可信环境需求以及服务质量需求等，来选择合适的第三方生态服务进行调度。

（4）业务处理：在选择适合的第三方生态服务后，数据交易系统将请求转发给相应的服务方。这些服务方会根据具体的业务需求进行处理。例如，如果数据交付模式是数据视图，可以使用隐私计算技术确保数据在交付过程中的隐私性；如果数据交付模式是数据服务，可以利用联邦学习技术，协调各个数据供应方的本地数据，训练出一个全局模型，并将模型服务提供给数据需求方。

（5）生态服务方反馈结果：在完成业务处理后，服务方需要将处理结果反馈给数据交易系统。数据交易系统会记录这次请求的处理结果，包括响应时间、服务质量等关键指标，以便于后续的服务评价和优化。这种反馈机制不仅能够帮助数据交易系统持续改进服务，也能为数据供应方和需求方提供透明的服务质量信息，增强他们对数据交易系统的信任。

4. 数据交易监管系统

数据交易监管系统旨在对数据流通的数据产品、过程及参与者进行全方位监控和管理，对数据交易规范性、交易的主体和客体进行评估，反馈并优化数据流通平台。数据交易监管系统主要包括数据采集、数据分析与反馈机制等环节，如图 7-5 所示。

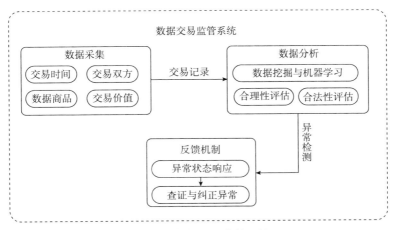

图 7-5 数据交易监管系统

数据要素化的创新实践

（1）数据采集：此环节的核心在于对每一笔数据交易的实时监控与记录，涵盖交易时间、交易双方、交易的数据商品以及交易价格等信息。此环节的主要目标在于形成完整的交易记录，使得后续的数据分析模块能够对异常情况进行追溯分析。

（2）数据分析：此环节需要对每笔交易的性质进行评估，包括其合法性、公平性等方面。这需要构建一套精准的监测模型，对交易流程的各个环节进行深度分析。这些模型通常基于数据挖掘和机器学习算法构建。例如，通过对交易价格与数据商品质量的深度分析，可以对每笔交易进行合理性评估。

（3）反馈机制：在数据采集并经过监测模型分析后，平台将获得每笔交易的具体状态。针对异常交易，需要及时启动响应机制，如发出警告、暂停交易、取消交易等。例如，若监测模型判断某笔交易可能存在欺诈行为，响应机制需要立即介入，暂停相关交易并进一步调查验证。根据结果，采取适当的处罚或纠正措施，以保护交易双方的利益并避免恶意交易，维护数据交易公平。

5. 安全和隐私保护

数据流通过程的各个环节都涉及安全和隐私问题。这主要涉及系统安全、数据安全和操作安全。

（1）系统安全：系统安全是确保数据交易平台的基础设施安全的关键，包括保护平台的服务器、网络设备和操作系统等免受攻击，以及确保数据在传输过程中的安全。以下是一些关键的安全措施：

1）防火墙和入侵检测系统：防火墙用于阻止未经授权的访问，而入侵检测系统则用于监控网络和系统活动以检测恶意行为。

2）安全更新和补丁管理：定期更新和应用安全补丁是防止攻击者利用已知漏洞的关键。

（2）数据安全：数据安全是确保数据在存储、处理和传输过程中的安全性和完整性的关键。这包括数据权利协议的有效实施、隐私计算技术和分布式数据库安全等技术。

1）在数据提供者和需求者确认交易后，作为交易平台需要构建相应措施来保证数据权利的有效实施，防止在数据交付或使用过程中发生数据权利侵害事件。

2）隐私计算是一种在数据使用过程中保护数据隐私的技术，通过隐私计算，可以在不直接访问原始数据的情况下，进行数据分析和挖掘。这可以在保护数据隐私的同时，尽可能保留数据价值。

3）数据库安全是保护存储原始数据的关键，这包括数据库的访问控制、数据库的加密、数据库的审计等。交易平台需要提供相应的方案来辅助数据供应方对原数据的存储进行严格的安全管理。

（3）操作安全：操作安全主要涉及数据交易系统的运营管理和用户行为的

安全性。这包括用户身份验证、权限管理、操作审计以及安全培训等措施。

1）用户身份验证：确保只有经过授权的用户才能访问和操作数据。这通常涉及用户名和密码的管理，以及更高级的身份验证方法，如双因素认证或生物特征认证。

2）权限管理：根据用户的角色和职责，赋予适当的权限。例如，数据供应方可能只有上传和更新自己数据的权限，而没有访问其他用户数据的权限。

3）操作审计：记录和监控所有用户的操作，以便在发生安全事件时，可以追踪到具体的操作和操作者。这也有助于发现和防止内部人员的恶意行为。

4）安全培训：定期对所有用户进行安全培训，提高他们的安全意识，使他们了解如何避免常见的安全威胁，如网络钓鱼、恶意软件等。

（三）数据流通的可信保障

1. 数据流通的可信性

数据流通的基本需求是确保数据能以期望的方式在数据供应方和数据需求方之间流通，并且数据以期望的方式生产和利用。数据流通的可信性（Trustworthy）是一个包含正确性、安全性、服务质量等多个属性的综合性需求，数据流通的可信体系如图7-6所示。

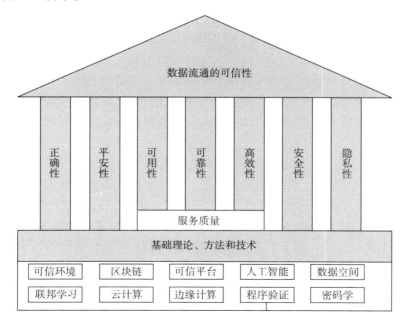

图7-6 数据流通的可信体系

可信性的具体属性包括：

（1）正确性（Correctness）：数据流通不会出现不正常状态，各个功能都能正确地实现和实施。

（2）平安性（Safety）：系统不会对人身、环境等带来灾难性后果。例如，2024年7月19日，美国网络安全企业"群集打击"（Crowd Strike）软件出现问题引发的操作系统蓝屏、全球宕机事件。此次微软蓝屏波及不少国家地区，影响全球近千万台使用Windows的设备，导致航空公司、银行、电信公司和媒体、健康医疗等行业陷入混乱。

（3）安全性（Security）：不会出现对系统非授权的访问。例如，2004年，W32.Sasser蠕虫入侵Windows的Local Security Authority子系统，导致受感染系统异常关闭。

（4）隐私性（Privacy）：不会非授权泄露信息。例如，2013年8月，雅虎用户数据被黑客获取，涉及姓名、出生日期、电话号码和密码等敏感信息，最终影响了30亿账户。

（5）服务质量（Quality of Service）：常见的服务质量属性包括可用性、可靠性、响应时间和吞吐率等性能指标。

数据流通的可信性实现是建立在一系列理论、技术和方法基础之上的。核心理论技术包括密码学、区块链、可信执行环境、联邦学习、云计算、程序验证等。针对特定的可信性需求，可以采用相应的技术加以设计和实现。

2. 可信性实施方案

一个立体化数据要素流通可信保障体系如图7-7所示。该实施体系包括全要素感知、全流程管控、全方位实施三个方面。数据交易平台是可信数据流通体系的策动者、实施者和责任者。通过可信实施和监测，保证数据流通的可信性持续有效。

（1）全要素感知：数据要素可信流通的前提是对要素的身份标识和识别。需要提高身份识别服务，用于创建、维护、管理和确认各个数据流通要素，包括数据产品、数据流通参与者（供应方、需求方、中介、监管方）以及数据流通平台中的工具、算力和网络。CA和统一身份认证是全要素感知的关键技术。

（2）全流程管控：对于数据要素流通的全流程均有可信性的要求，涉及数据产品生产、数据产品评估、数据流通登记、数据交易撮合、数据交付、数据交易结算、数据产品使用等基本环节。密码学、访问控制、区块链、隐私计算等是全流程管控的核心技术。

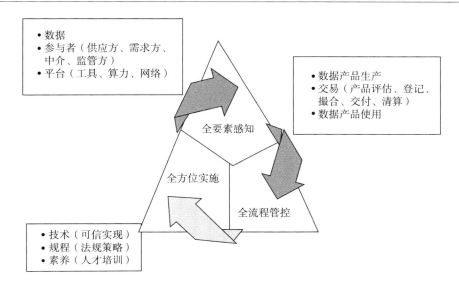

- 数据
- 参与者（供应方、需求方、中介、监管方）
- 平台（工具、算力、网络）

- 数据产品生产
- 交易（产品评估、登记、撮合、交付、清算）
- 数据产品使用

全要素感知

全方位实施

全流程管控

- 技术（可信实现）
- 规程（法规策略）
- 素养（人才培训）

图7-7 可信数据流通实施架构

（3）全方位实施：数据要素可信流通依赖于区块链、隐私计算、云计算等技术的应用和实现。数据要素的可信流通依赖于法律和规章制度，规范流通平台和参与者的行为，以合适的方式使用平台。另外，数据流通从业人员需要具备基本的数据素养，这样才能有效地从事数据流通行业。数据素养培养既可以是系统性的专业教育，也可以是针对特定数据流通领域的从业培训。

（四）数据可信流通体系未来方向

数字经济是当今世界经济发展的热点，可信数据要素流通体系的构建对于数字经济发展至关重要。未来值得进一步的研究方向包括：

（1）基于数据空间的可信数据流通基础设施构建。围绕数据共享和自治需求，研究构建数据空间的数据标准、硬件基础设施、软件基础设施、软硬件集成及可信保障方法和关键技术，支撑开放协作的数据流通体系建设。

（2）案例驱动的典型数据空间建设。基于可信数据流通基础设施建设典型的数据空间，包括金融、先进制造、航运交通、贸易、能源等行业数据空间以及智慧城市、共建"一带一路"倡议等区域数据空间建设，逐渐形成数据要素流通的空间发展格局。

（3）数据流通评价体系和优化决策。构建数据要素流通对象及参与方评价体系及优化策略，包括评价监测数据采集、指标体系、评估模型、响应机制、产品营销策略模型、商品分析、市场参与方分析、平台绩效分析、市场综合分析、数据产品市场优化及决策支持，支撑数据经济的高质量可持续发展。

三、欧洲数据空间的中国视角*

数据空间是一种数据流通基础设施，旨在通过体系化的制度与技术安排，构建安全可信的流通环境，为促进跨组织、跨行业、跨地域数据要素流通提供支撑。从全球范围来看，数据空间在欧洲率先实践。2014～2016 年，弗劳恩霍夫协会与工业 4.0 标准化委员会提出"数据空间"概念，得到德国联邦经济和能源部的初始研发资金支持。2016 年，工业数据空间协会（IDSA）成立，2018 年更名为"国际数据空间协会"，持续吸引国际成员加入。2020 年，《欧洲数据战略》将数据空间作为核心举措之一，已建成 17 大公共数据空间和 35 个行业数据空间。

目前，我国正加快建设数据要素市场，数据空间对保障数据采存算管用安全、打通数据共享流通利用堵点具有重要作用，是助力数据要素价值充分释放的重要支撑。欧洲数据空间在战略引领、生态构建、场景驱动和技术支撑方面做实"四大载体"功能，为我国数据要素市场建设提供了宝贵的经验启示和创新视角。

（一）欧洲数据空间是统一数据市场的战略载体

2020 年，欧洲发布顶层数据发展战略《欧洲数据战略》，旨在创建一个向世界开放的欧盟单一数据市场，实现在欧盟范围内安全地跨行业、跨领域共享和交换数据。为实现这一战略目标，欧盟打造数据空间作为具体的操作平台，将制造业、绿色节能、交通、健康、金融、能源、农业、公共管理、技能这九个领域确定为数据空间，并以盖亚-X（Gaia-X）作为其核心连接平台。同时欧盟提出了四大建设理念：一是保障数据主权，数据空间通过分布式存储实现自然人或企业实体对其数据完全的、专属自决的权利，这是核心理念；二是实现公平竞争，数据空间降低进入壁垒，确保各参与者以数据和服务的质量，而非数据数量获得竞争优势，从而创建公平的竞争环境；三是打造去中心化基础设施，打造一系列可互操作的、基于应用程序接口的信息技术平台，实现功能、技术、操作和法律等

---

* 汤奇峰，上海数据交易所总经理，国务院政府特殊津贴专家，上海市领军人才，大数据流通与交易技术国家工程实验室理事长。

方面的协议整合；四是构建公私共治的治理架构，欧盟采用战略、战术和运营三级公私共治模式，以欧洲数据创新委员会为战略层面管理机构，统筹协调参与国家建设进程和法律政策制定，以数据交换委员会为战术层面权威机构，以各数据空间单独设立的委员会为运营层面执行机构。

（二）欧洲数据空间是承载多重角色的生态载体

欧洲数据空间是包含多重角色的生态架构平台，从顶层向下共分为三层建设架构：

第一层是顶层设计架构。欧盟委员会制定欧盟的数据政策和法规，欧洲数据空间联盟负责推动欧洲数据空间的发展和建设，欧洲数据保护委员负责监督和保护欧盟公民的数据隐私权利，欧洲数据创新中心负责推动数据创新和应用，欧洲数据标准化组织负责制定和推广数据相关的标准和规范。

第二层是中层实施机构。例如，IDSA 致力于推动数据交换和共享的技术标准和规范，促进数字化产业的发展和创新；Gaia-X 主要提供基础设施生态系统和联邦服务，连接基础设施生态系统和数据生态系统；Catena-X 作为数据生态系统中的数据空间，是一个可扩展的汽车制造商和供应商、经销商协会和设备供应商网络。

第三层是底层实施机构。主要包括企业、研究机构等，通过遵循欧盟制定的数据政策和标准，实施数据交换、共享和创新，推动欧洲数据空间的具体发展和应用。

欧洲数据空间的三层组织架构展现了多层次合作、权责清晰、协同创新和技术标准化等关键经验，强调了在数据空间建设中，明确的组织层级和职责分工的必要性，为各方提供了一个协调合作、资源共享的平台，能够有效协调各方的利益和资源，共同促进欧盟数据空间的整体发展和创新。

（三）欧洲数据空间是以场景为牵引的"应用载体"

欧洲数据空间的建设以实际产业需求和应用场景为牵引，由多个环节的众多参与者共同推动，旨在满足不同场景下的数据管理、分析和价值挖掘需求。数据空间作为应用载体，具有四大特性：

一是紧密结合产业需求。数据空间的建设基于各领域和各行业的实际需求，为各应用场景提供了安全可靠的数据交换和共享平台，涉及数据安全、隐私保护、数据共享、数据交换等内容，因此，了解并满足各领域和行业的实际需求是数据空间建设与发展的首要任务。

二是深度挖掘应用场景。数据空间的建设需要深度挖掘数据应用场景和开发数据应用价值，通过收集、整合和分析，揭示不同场景下数据的内在规律和变动趋势，助力企业提升运营效率和市场竞争力，加快推动产业升级和转型。

三是依赖"产业链"共同推动。数据空间的建设高度依赖于"产业链"上各主体的共同参与，这里"产业链"指在数据空间的建设和应用过程中涉及的各环节及参与者，包括数据提供者、数据处理和存储服务提供商、安全技术提供商、政府监管机构等。各方参与者通过自身的角色和功能构成一条完整的"产业链"，共同推动数据空间的建设。

四是具备高开放性和可扩展性。产业需求和应用场景处于持续动态变化的过程，为了满足不断涌现的新的应用需求，数据空间的建设必须随时做好升级和扩展的准备，通过与其他平台无缝对接，实现数据共享和互通，推动数据跨领域、跨行业的流动。

（四）欧洲数据空间是开源社区支撑的"技术载体"

欧洲数据空间借助 Eclipse 开源社区的影响力，在 Eclipse 基金会主导下维护多个与数据空间相关的项目，对项目的具体实施推动具有重要作用，主要体现在三个方面：

一是有利于统一技术标准。IDSA 和 Catena-X 大部分的工作是标准制定、进度协调和需求定义，若完全以文档形式落地会导致数据空间在不同实体上的标准无法统一，进而增加实施成本，而 Eclipse 基金会主导的开源项目可以更好地统一技术标准。

二是有利于平衡各方诉求。数据空间建设需要协调多方参与主体和平衡参与主体的不同诉求，普通的开源项目通常以项目持有公司的利益和喜好来制定发展路线，而 Eclipse 基金会社区具有更完善的管理机制，可以更好地平衡各方诉求而决定发展方向。

三是有利于降低实施成本。数据空间建设的参与者众多，Eclipse 基金会主导的开源项目可以提供高质量和满足核心需求的解决方案，搭建统一的标准空间，并协助各参与主体自行制定个性化数据应用，满足各方的个性化需求。

（五）欧洲数据空间为我国揭示"四大启示"

1. 加强数据要素市场顶层设计

我国数据要素市场发展处于起步阶段，相关制度规范、基础设施、生态体系等建设尚不健全，迫切需要出台具有实践指导意义的顶层设计。我国可以参考《欧洲数据战略》，强化顶层设计和统筹谋划，在国家数据局指导下，从技术、规则、试点实践、合作机制等方面开展数据空间建设工作，建立由政府、数据交易所、行业协会和数据要素型企业等多方参与的数据治理体系，为数据要素市场建设和数字经济发展夯实底座。同时，可以借鉴欧盟利用数据空间扩大话语权的经验，充分发挥自身数据市场规模优势，提出数据跨境流通"中国方案"，增强在全球数字经济的影响力。

2. 促进数据要素市场互联互通

我国数据要素市场"条块分割"比较突出，处于同一系统的数据流通相对活跃，但不同系统间的数据资源缺乏有序整合和有效流通，导致"数据烟囱"林立。我国可以参照欧洲九大领域数据空间建设经验，加快构建跨地域、跨行业、跨业务的安全可信数据空间，以我国实际需求和产业特性为导向，筛选金融、交通、气象、能源等数据规模大、质量高、应用场景多的行业，依托数据交易所打造行业数据空间，形成不同行业内可复用的数据池、技术工具和基础设施，发挥数据的协同、复用和融合效应，建设全国互联互通的数据要素统一市场。

3. 建设数据高效流通基础设施

我国目前缺乏涵盖数据汇聚、处理、流通、应用、运营、安全保障服务的数据基础设施，不同区域和领域的数据资源难以实现有序汇聚。我国可以参考欧洲数据空间统一体系框架和互操作性相关经验，明确各参与主体遵循统一功能、法律、技术、运营的协议和标准体系，确保各数据主体可以行使数据切换、转移和携带等权利，形成建设机构、运营机构、用户等各参与主体相互信任的开放生态系统，为数据流通交易提供高效率、可信赖的流通环境。

4. 打造中国特色的公共数据运营模式

我国以政务数据为主的公共数据资源体量大，数据权威性高，应用场景丰富，推动公共数据授权运营对公共数据开发利用具有重要意义。我国可以充分借鉴欧洲数据空间推动公共数据流通应用相关经验，明确公共数据的权属并赋予各部门开展授权运营的权力，在全国一体化政务服务平台和国家数据共享交换平台等已有平台基础上，由数据交易所牵头打造公共数据空间，并依托其基础设施对公共数据开发利用各环节信息进行实时、动态、全面披露，实现公共数据开放共享、可信认证和互操作等功能，促进公共数据规范共享。

第八章　安全治理

一、数据安全与治理框架体系及应对[*]

数据作为数字经济的核心生产要素和创新动力源泉，蕴含着事物的关联性及其发展规律，对提升国家安全管理能力、社会治理能力、经济发展质量等方面具有重要的价值。数据的安全治理已成为各国构建创新发展模式和提升国家长期竞争力的战略领域。然而，由于数据要素具有虚拟性、易复制性、非排他性、外部性、场景依赖性等特点，使得数据在采集开发、加工利用过程中面临多种安全风险。例如，在数据处理、使用、传播等过程中，未经数据权利人许可或违反相关法律法规，侵犯数据权利人合法权益引发的数据侵权风险；以及数据使用者超出原定范围、用途或时间限制滥用数据，导致数据隐私泄露等。这些安全风险不仅威胁着个人隐私、商业秘密，还严重损害公共利益和国家安全。

数据安全治理指一个组织为了确保数据在其采集处理和流转使用过程中的安全性、保密性和完整性而实施的一套管理体系和技术方法。数据的安全治理研究主要从制度管理和技术保障两个方面展开：一方面通过法规、标准等制度明确数据治理的安全要求；另一方面通过技术手段解决数据的安全风险管控问题。在数据治理的制度建设方面，美国在医疗健康领域建立起专门的数据监管机构，并构建了较为完善的医疗健康数据安全治理规则体系；欧盟更加重视数据伦理方面的安全治理，强调数据隐私保护，并在 2018 年推出《通用数据保护条例》（GDPR）。该法案要求企业在收集、处理、存储和传输个人数据时，必须严格遵守一系列严格的规定和标准，以确保个人隐私得到充分保护。在数据治理的技术手段

＊ 刘业政，合肥工业大学管理学院教授；宗兰芳，合肥工业大学管理学院博士研究生。

方面，围绕数据在动态实时流转过程中的访问权限控制、防篡改、可追溯等安全需求，学术界主要探索区块链、联邦学习、数字水印、数据加密等技术在数据安全领域的应用。凡航等（2022）以去中心化、多方监督的技术思路，将多方安全计算与区块链智能合约相结合，提出了一种安全可控的"计算合约"，实现数据用途的"可控可计量"。Thapa 等（2021）提出区块链中可以用同态加密、零知识证明等技术对隐私数据进行加密以达到保护隐私数据的目的。

总体来看，数据安全治理的研究工作既包含数据全生命周期的安全分析，又包括数据安全治理的制度管理与技术支撑。基于此，本部分系统总结了数据在流通过程中面临的安全问题，对国内外数据安全治理的管理制度与规范、理论与技术进行系统综述，为保障数据要素市场公平高效与安全有序提供借鉴。

（一）数据安全分析及治理框架体系

1. 主体和数据安全分析

主体的安全威胁主要包括资质合规风险、权限管理风险和权责不清风险。数据的流转过程涉及数据采集者、加工者和使用者等多方主体，主体资质直接关系到数据来源和流通使用的合法合规性，不同主体应有不同的资质审核要求。对于法人主体，相关部门需要审核其法人信息、营业执照、税务信息等；对于个人主体，需要审核其身份信息、数据使用范围、使用目的等，确保数据流转的相关主体不存在法律法规禁止或限制的任何情形。在数据的动态流转过程中，权限管理风险涉及数据访问权限的分配、使用、监控和回收等环节，直接关系到数据全生命周期的安全性和保密性。权限分配不当可能增加数据被误用或滥用的安全问题；而权限认证和监控机制的缺失或管理不善则难以及时发现并响应潜在的安全威胁。此外，各个行业对数据共享的需求意愿越来越强烈，导致数据在采集存储和共享利用环节涉及丰富多样的主体，容易引发数据安全管理责任不清晰。而且由于各个企业部门对数据的安全防护能力参差不齐，一旦某个薄弱环节被攻击，则可能引发全局渗透风险。同时，伴随数据流转链条的增长，数据安全风险会在数据链条的关键环节传播，叠加数据本身的可复制性、非排他性等属性，进一步增加了数据流向追踪和使用范围控制的难度。

数据安全风险包括质量风险、样本偏差风险以及侵权风险等。数据采集的质量标准会影响整个链路的数据质量，原始数据的真实性、完整性、可靠性直接关系着后续的数据挖掘和分析工作；如果采集的原始数据无法反映客观真实的情况，在此基础上的模型预测结果就会出现偏差，影响数据的可用性。此外，训练数据中的数据偏差还可能导致"算法歧视"问题，这种歧视会对人们的基本权利造成严重损害。另外，数据来源不合法或未能妥善处理个人敏感信息容易引发侵权风险。数据采集时需要严格遵守用户知情同意和最小必要等相关法律原则，但在实际中不少智能设备厂商和 App 公司为了精准营销，得到更准确的用户画像，过度收集用户个人信息，甚至"监听"用户的智能设备，使用户在网络空间中变为透明人，严重侵犯了个人知情权、隐私权等。

2. 交易安全与安全溯源分析

交易安全需要保障合约安全、使用安全和清结算安全。交易合约的安全风险包括供需匹配风险、交易公平风险和交易透明风险。在供需匹配方面，数据市场中充斥着大量的数据，面对丰富的、不同规模、不同重点的数据供给，找到最适合需求的数据非常困难，时间和质量上的匹配能否契合是供需匹配的最大风险。在交易公平性方面，由于大多数的数据流通使用是通过既充当交易的组织者又充当裁判的数据交易平台进行的，如果出现平台与买方或卖方合谋的情况，交易的公平性将难以得到保证。在交易透明性方面，供方往往面临着数据如何出售、哪些数据更有价值的挑战，需方无法获得数据的透明访问，不能了解原始数据的真实性；供需双方在支付细节、上市、数据发现和存储等方面缺乏透明度保证。加工使用的安全风险包括隐私泄露风险、安全攻击风险和数据滥用风险等。从原始数据得到可流通交易的脱敏数据、模型化数据，必须借助大数据技术进行脱敏、分析、测试等加工操作。但大数据技术在学习训练过程中面临着两类隐私泄露风险，即非授权用户直接获取数据的隐私泄露风险和攻击者通过一定方式推断数据集中敏感信息的隐私泄露风险。在数据加工使用时，还容易遭受来自多方面的攻击，如伪造数据或修改数据、攻击模型参数、恶意攻击服务器等。由于数据要素的使用用途和用量难以监控和衡量，受利益驱动，在数据使用过程中往往存在超权限使用现象，甚至滋生出非法数据交易产业链，对个人隐私、国家安全造成严重危害。另外，在交易清结算时，数据供需双方均可能面临交易违约风险，需方付款后所收到数据的真实性、时效性和完整性是否与供方声称的一致，供方是否会因为需方发生拒不交付、抵赖等行为导致其无法得到约定的款项。

数据安全需要对数据的全部流转过程进行安全溯源。数据共享利用结束后需要生成相关交易日志并进行备份，但备份过程可能存在未经授权擅自更改或删除、异机备份等情况，无法为交易过程的查询、分析、审计和争议仲裁等提供可靠依据。数据销毁安全指在监管业务和服务所涉及的系统及设备中清除数据时，通过建立针对数据的删除、销毁、净化机制，防止数据被恢复而采取的一系列防控措施。不及时、不彻底的销毁会给内部人员和黑客提供可乘之机，可能产生数据泄露、个人信息重新识别、数据二次转售等恶性影响，特别是当数据存储在云端时，云服务商可能拒绝按照用户的删除指令销毁数据，而是恶意保留数据，从而使其面临被泄露的风险。

3. 安全治理框架

随着数据应用场景的丰富和参与主体的多元化，数据安全治理的涉及面不断外延扩展。因此，数据安全治理是一项体系化工程，需要以数据和主体为中心，结合交易业务、流转环境和安全溯源的潜在安全风险，全面分析数据治理的安全需求。数据的安全治理离不开制度和技术的共同作用，本部分从安全风险应对的角度出发，给出了数据治理框架，包括数据安全管理制度体系和数据安全治理技术体系，如图 8-1 所示。

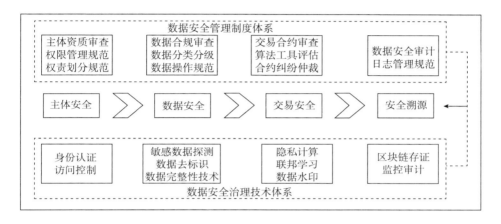

图 8-1 数据治理框架

（二）制度视角的数据安全治理及应对

近年来，我国数据要素市场发展态势十分迅猛，市场规模迅速扩大。为防范数据要素市场安全风险事件，国家出台一系列政策文件和规章制度统筹数据要素安全风险管理。例如，"数据二十条"强调完善数据全流程合规与监管规则体系，从全流程治理与创新监管机制等方面入手，提出底线可守的数据要素安全治理制度。

从主体视角保障数据安全的前提是正确识别主体身份资质。因此，为保障主体的身份和资质安全，数据流转平台可通过制定主体准入审核制度，要求用户提供真实有效的身份证明材料，实现数据"采买有资质"。例如，国际数据空间 Gaia-X 要求参与者完成多个身份验证和审核步骤后才能发出合同邀约；无独有偶，德国 Catena-X 数据空间[①]发布了一个用例政策，要求参与者在加入时必须提

---

① https：//catena-x.net/.

交声明文档，其内容需涵盖谁参与、与谁合作、做什么、数据来源、数据去向，以及为何、如何以及何时使用数据。为应对内部人员的越权访问带来的数据安全问题，企业可通过权限管理规范，在角色划分、权限分配、访问控制策略等方面，依据最小权限原则，明确各角色权限边界，实施动态权限调整，并通过身份认证、访问审计等手段，确保权限管理的有效执行，从而保障数据安全与合规性。此外，为有效应对数据安全问题找不到责任人的情况，企业间数据合作共享需要制定清晰的权责划分制度，明确各参与方的数据安全职责、权利边界和责任追究机制。

在数据安全方面，数据来源不合规或数据呈现不安全（如隐私数据未脱敏），可能会面临数据侵权问题、数据隐私泄露问题等。为保障数据来源合法合规，交易平台可通过制定数据源的合法性审核制度和售后管理制度。此外，《数据安全法》虽然明确提出国家将对数据实行分级分类保护，但仅作出了一般性规定，缺乏详细的分级分类体系和相关的实施细则，不同区域、不同部门不统一的程序标准容易导致数据准入与监管产生冲突；但是，交易平台可以根据数据的来源合规性、数据质量和呈现安全性评估数据的可靠性，根据数据可靠性度实施分级管理，对于不同级别的数据采取不同的保护措施和技术手段，以实现数据的按需保护、高效利用；根据数据的业务领域、使用目的等维度实施分类管理，以便更好地理解数据的用途和价值。

在交易安全方面，合约作为连接交易主体的关系纽带，可以对数据的用途、用量、使用方式等内容做出互信约定，保护供需双方及利益相关者的权益，规范数据交易流程。因此，可通过合约审查制度，保障合约的合法性、交易公平性等。然而，由于数据要素市场的信息不对称性、数据价值的不确定性等各类因素的影响，使得交易双方对定价合理性、交易公平性产生较大分歧。为此，有学者从数据效用和用户偏好的角度衡量数据价值，进而确定数据的差异化价格。此外，为遏制数据垄断和维护交易公正，国家监管机构应强化对价格失范行为的监督，防范歧视性定价、价格联盟及反竞争行为，确保市场秩序。为保障数据使用安全，及时发现和中止主体的机会主义行为，包晓丽和杜万里（2023）建议构建主体信用评级制度来约束主体的数据滥用行为。在交易清结算环节，为解决流通后的争议问题，"数据二十条"中就数据要素市场的信用体系，提出需要配套建设交易仲裁机制，对数据交易主体的信用进行管理和评价，在数据要素市场形成诚信、互信、可信的交易生态。在企业内部，北京国际大数据交易所发布《北京数据交易服务指南》，推行数据交易保护义务衍生的原则，对交易中规定的使用范围和禁止用途进行保障，并设立数据要素产权知识保护体系，建立买卖双方争议解决机制。

在安全溯源方面，数据安全审计和日志管理规范是确保数据操作行为可追溯、安全事件可调查、责任可追究的关键措施。这些规范旨在通过记录、分析和监控数据访问和处理活动，发现潜在的安全威胁和异常行为，从而保障数据生命周期的透明度和安全性。具体而言，规范内容包括确保日志的完整性、真实性和不可篡改性，以及建立有效的日志收集、存储、分析和报告机制。在操作方面，企业需部署日志管理系统，制定日志审查周期，对异常活动进行及时响应，以实现对数据安全事件的快速定位和有效处理。

（三）技术视角的数据安全治理与应对

从数据流转全过程的视角，可针对事前、事中、事后三个不同阶段，分别构建事前审查技术体系、事中监控技术体系和事后审计技术体系，以规范数据安全有序流通使用。

1. 事前审查

事前审查技术体系主要应对的是数据安全治理中的入场环节，即主体和数据本身的初始接入安全问题。该技术体系旨在确保只有符合安全标准和合规要求的主体和数据才能够进入企业数据系统，从而在源头上降低安全风险。

在参与者资格审核方面，通常使用身份认证与访问控制技术保障交易主体的资质安全，确保数据供方和需方提供的身份信息真实可靠。传统的身份认证主要有基于标记识别的身份认证、基于生物特征的身份认证和基于密钥的身份认证等方式，但存在着密码泄露、伪造生物特征等风险。近年来，区块链技术开始应用于身份认证领域，可使用数字证书、零信任模型等技术手段实时验证用户身份和资质的真实性。例如，Dixit等（2021）提出了一种基于区块链和分散标识符的主体验证技术，可以有效防止身份信息被伪造和滥用。

在审核数据的合法合规和质量安全方面，去标识化技术、敏感数据探测技术和完整性技术为数据的安全准入提供了技术保障。去标识化技术通过对原始数据进行去标识化处理，降低数据集中的信息与信息主体的关联程度，主要包括数据统计技术、抑制技术、匿名化技术、假名化技术、泛化技术、随机化技术等。不同的去标识化技术具有不同的特点，数据供方可以根据不同交易数据的特点、保密级别，选择合适的数据去标识化技术，从而确保数据合规。针对数据中包含敏感信息的问题，可通过敏感数据识别技术，结合数据特征技术分析敏感数据流转的生命周期，降低敏感数据进入市场的风险。数据完整性技术不仅可以保障参与交易的数据质量，还可以保障数据不被恶意篡改，其中，密码学技术和数据副本策略是传统的两种数据完整性技术。密码学技术利用消息认证码和哈希树等生成数据签名信息，防止数据被伪造；数据副本策略则通过损失存储空间来保障数据完整性，实践中，一般通过综合利用两种方法确保数据质量安全。

通过事前审查技术体系，企业能够构建一个安全的基础环境，为后续的数据处理和使用环节提供安全保障，防止未经授权或存在安全风险的主体和数据进入系统，从而保障整个数据生命周期的安全。

2. 事中监控

事中监控技术体系主要应对数据在共享交易过程中的动态安全风险，确保数据在流转、处理和使用过程中的保密性、完整性和可用性，以及合约和清结算的安全性。该技术体系的核心在于实时监测和及时响应数据安全事件。

区块链、智能合约和隐私计算技术体系是保障数据使用过程中的计算环境安全、算法安全和数据隐私的有力手段，也是监控交易撮合安全的可行技术。例如，Tan 等（2022）提出了一种考虑信用管理的基于区块链的分布式交易机制，只有当用户的信用评分不低于阈值时，才能允许用户参与分布式交易；为保障计算环境安全，可信执行环境（Trusted Execution Environment，TEE）可将敏感计算与其他进程（包括操作系统、BIOS 和 hypervisor）隔离开来，通过芯片等硬件技术并与上层软件协同对数据进行保护，且同时保留与系统运行环境间的算力共享，主要代表性产品有 Intel 的 SGX、ARM 的 TrustZone 等；在数据隐私保护方面，可以采用同态加密、零知识证明等技术对隐私数据进行加密，以达到保护隐私数据的目的。例如，Zhang 等（2020）提出了一种基于移动边缘计算的联邦学习框架 FedMEC，将模型划分技术和差分隐私技术集成在一起，防止局部模型参数的隐私泄露。

合约和清结算安全需要保障合约的完整性和可追溯性。区块链技术凭其固有的可追溯、不可否认及防篡改属性，成为强化合约完整性与追溯能力的理想解决方案。Gupta 等（2019）介绍了一种动态去中心化的数据交易架构，该架构涉及数据提供者、经纪人和消费者，并使用分布式账本技术来管理参与者之间的协议条款，同时引入了信誉系统来惩罚违约参与者并降低他们的评级。Xiong 等（2019）提出了一种基于智能合约的交易模式，结合机器学习来确保数据交易的公平性，并利用仲裁机构解决数据交易中关于数据可用性的争议。

事中监控技术体系的建立，有助于企业及时发现并应对数据共享交易过程中的安全风险，确保数据安全策略的有效执行，维护企业和用户的数据安全权益。

3. 事后审计

事后审计主要是利用区块链存证技术和监控审计技术实现对数据流转全流程的安全溯源。例如，Tan 等（2022）利用区块链的可溯源、抗抵赖等技术特性，提出参与者首先向智能合约支付一定数量的押金作为对潜在违约者的惩罚和对被违约者的补偿，在规定期限后，由智能合约根据合约履行情况执行交易结算，并根据参与者的本次表现自动刷新其信用评分；基于区块链技术的记账功能和可溯源性，在信息流上实现数据初次加工、交易、再处理等环节的全流程记录，在价值流上实现对数据、数据采集者、数据处理者、数据使用者等多方主体贡献的登记并以此作为数据财产权益分配凭证。

区块链技术的应用不仅能够保障每笔交易的记录安全，还为交易安全审计提供了便利。例如，Kefeng 等（2021）设计了一个基于区块链的云数据审计方案，提出了一个分散的审计框架来消除对第三方审计者的依赖，保障了数据审计的稳定性、安全性和可追溯性的同时，还能更好地协助用户验证云数据的完整性。Tang 等（2022）利用边合约机制，建立了一种基于区块链技术的交易纠纷仲裁机制，不仅可以解决交易双方的合同争议问题，还能验证、追溯交易数据的完整性和价值。

总体来看，近年来，数据的安全治理问题受到社会各界的广泛关注。本部分从主体安全、数据安全、交易安全和安全溯源的角度，分析了不同视角的安全风险，在梳理和总结国内外数据安全治理的制度与规范、理论与技术的基础上提出了安全风险的应对策略，为实现"数据来源可确认，使用范围可界定，流通过程可追溯，安全风险可防范"的数据安全治理体系提供借鉴，促进市场安全有序、平稳持续发展。

但现有对管理制度与支撑技术的研究是两条独立的路径，没有考虑制度与技术间的关系及相互作用，难以形成充分融合的协同保障体系。实现数据的安全治理是一个复杂的系统工程，有赖于制度与技术的相互保障和综合作用。而制度与技术相互影响，具有典型的互构迭代特性，二者相互交织、形塑、影响、定制对方，制度决定技术是否被采用以及如何采用，技术限制着制度形式和运行状态。因此，在未来实践和研究中，可以考虑针对数据安全治理制度与技术互构的特点，建立管理制度与治理技术相互协同的保障体系。

二、基于内生安全的数据交易可信交付框架*

数据是新型生产要素，是数字化、网络化、智能化的基础。网络空间数据具有可复制、非消耗、易传播等特征，数据产品确权难、非预期用途杜绝难、权益

* 张帆，复旦大学大数据研究院教授；曹伟，复旦大学大数据研究院副教授；余新胜，复旦大学大数据研究院研究员。

保护难等问题，阻碍了网络互联空间各参与主体数据开放共享与流通交易意愿。为了促进数据交易业态繁荣，鼓励数据有序流通与价值创造，本部分提出数据交易内生可信交付框架，该框架通过构建行为全链条追溯、数字身份对齐验证、数据定向流通管控的信息化计算环境，融合法律法规体系以及创新生态，保障各参与主体交易合约的履约执行以及数据产品的互信安全流通，实现数据的"可用不可见、可用不可存、可控可计量"。内生可信交付框架立足于安全计算之本源，通过合规牵引、技术创新的思路应对动态更新的数据安全可信流通需求，尤其是信息基础设施在开放网络空间的可控受信与内生安全需求，是指导数据可信流通体系架构落地实施，并面向未来的体系架构。

（一）数据交易及可信交付现状

1. 数据交易行业政策密集发布

2019 年党的十九届四中全会，首次将"数据"纳入生产要素，随后政府相关部门先后发布多项政策文件，围绕数据要素进行谋篇布局并逐渐细化。2022 年末，我国颁布了"数据二十条"，构建了关于数据要素基础制度的完善框架。

党中央、国务院及相关部门高度重视数据要素市场建设和培育工作，陆续出台了多项关于数据交易的相关政策，顶层设计持续加码，支持数据交易市场的建立和发展，如表 8-1 所示。

表 8-1　2020~2024 年国家层面数据交易行业政策汇总

时间	主体	文件	内容/意义
2023 年 12 月	国家发展改革委、国家数据局等五部门	《深入实施"东数西算"工程加快构建全国一体化算力网的实施意见》	《实施意见》提出依托国家枢纽节点布局，差异化统筹布局行业特征突出的数据集群，促进行业数据要素有序流通，打造一批涵盖算力利用与数据开发的行业数据应用空间，服务行业大模型的基础实验及商业化应用，推动各级各类数据流通交易平台利用国家枢纽节点算力资源开展数据流通应用服务，促进数据要素关键信息登记上链、存证备份、追根溯源
2023 年 12 月	国家互联网信息办公室和香港特区政府创新科技及工业局	《粤港澳大湾区（内地、香港）个人信息跨境流动标准合同实施指引》	简化涉及大湾区的九个内地城市和香港之间就内地个人信息跨境流动的合规安排，同时免除了内地数据跨境安全管理框架下就有关个人信息处理者跨境转移个人信息的数量限制，以及简化相关个人信息保护影响评估的评估内容

续表

时间	主体	文件	内容/意义
2023 年 12 月	国家发展改革委、国家数据局	《数字经济促进共同富裕实施方案》	提出到 2025 年以数字经济促进共同富裕在缩小区域、城乡、群体、基本公共服务差距上取得积极进展，数字经济在促进共同富裕方面的积极作用开始显现；并展望 2030 年，提出要在加速综合区域、城乡、群体、基本公共服务等差距方面取得显著成效，形成一批东西部协作典型案例和可复制可推广的创新成果，数字经济在促进共同富裕方面取得实质性进展
2023 年 12 月	国家数据局等 17 部门	《"数据要素×"三年行动计划（2024－2026 年）》	到 2026 年底打造 300 个以上示范性强、显示度高、带动性广的典型应用场景，数据产业年均增速超过 20%，数据交易规模增长 1 倍，场内交易规模大幅提升，推动数据要素价值创造的新业态成为经济增长新动力。围绕目标，行为计划提出数据要素×智能制造、数据要素×智慧农业、数据要素×商贸流通、数据要素×科技创新等 12 项重点行动
2024 年 5 月	工业和信息化部	《工业和信息化领域数据安全风险评估实施细则（试行）》	确定了部省两级数据安全风险评估工作体系，细化了重要数据和核心数据处理者的评估义务，明确了行业主管部门监督管理评估活动的机制流程。适用于工业和信息化领域重要数据、核心数据处理者对其数据处理活动的安全风险评估，明确工业和信息化部、地方行业监管部门的职责分工，并确立风险评估工作原则，明确评估对象为数据处理活动中涉及的目的和场景、管理体系、人员能力、技术工具、风险来源、安全影响等因素，并按照以上要素细化了具体评估内容

2. 国内外数据可信交付现状

国内外的数据流通平台与数据空间均具备数据交付能力，包括生态交付和空间内生交付。传统数据流通的可信安全基于密码学、网络安全等网络数据安全防护手段，传统数据流通的可信交付技术围绕隐私计算、数据空间、区块链等技术手段。

即便目前对于数据空间的定义以及最合适的技术选型上还存在分歧，但不可否认的是，任何形式的数据交付在某种程度上都已经形成一个隐含的数据空间。国内外的数据空间对于空间内的数据交付也有不同的可信认知以及实施标准。

可信数网（TDN）由中国信息通信研究院搭建，其目标在于作为推动数据要素市场化建设的新型基础设施，在通信网络、算力网络的基础上，建立一张数据流通网，提供可信赖、高效率的数据服务或算力服务，支撑多种场景的区域级或行业级的数据流通。从基础设施层、资源接入层、流通计算层、流通控制层、流通服务层、业务应用层进行切面，从切面出发组成系统的总体功能架构，实现可信数据供给、可信认证、多种数据流通服务能力以及满足全流程监管要求。目前，潜在用户主要集中在区域内或者行业内客户数据流通。

数联网（DSSN）由中国移动搭建，其目标是连接数据提供方、数据需求方、数据交易提供方等主体的数据流通网络，在保障数据安全合规使用的前提下，实现一点接入网络，为数据商品流通提供"数据物流"服务，实现数据就近接入、广覆盖流通网络、可信数据交付、安全可管可控以及全程合规可证。在架构层面，采用自主可控四横三纵架构。四横主要指数据接入层、网络连接层、流通处理层、业务服务层；三纵指运营管理、安全管理、合规管理。潜在用户主要包括数据交易所、政府客户、行业客户和个人客户。

金融数据可信流通技术由中信银行与华为公司共同开发，旨在构建一个安全、高效、开放、协同的金融数据生态系统，以实现金融数据的可信流通和价值创造，同时保障数据权益和隐私。在技术层面，为了实现数据可信、可控、可证，需要从数据存储层、数据使用层分别构建数据控制能力，同时结合高安全芯片及 OS 组件，构建可信数据空间节点。其核心架构是由数据业务平面、数据处理平面、可信数据流动平面、可信数据平面、可信硬件基础设施平面多层次构建的可信数据空间网络。潜在用户主要为金融行业客户。

2022 年可信工业数据空间系统架构由工业互联网产业联盟与中国信息通信研究院共同提出，其目标在于实现工业数据开放共享和可信流通的信息基础设施及技术解决方案，基于"可用不可见、可控可计量"的应用模式，为工业数据要素市场化提供实现路径。在架构层面上分别从业务视角、功能视角和技术视角构建。业务视角从数据共享流通各参与方的需求出发，分为点对点模式、星状网络模式以及可信工业数据空间融合模式；功能视角由数据应用层、数据控制层、中间服务层、传输处理层、数据接入层五个层面组成；技术视角由安全技术、隐私计算技术、存在溯源技术、数据控制技术、管理技术、计算处理技术以及 OT 技术组成。潜在用户主要集中在工业互联网行业。

国际数据空间由德国联邦教研部开发，其目标在于构建一个完整的数据生态，而非简单的交易平台，以解决数据主权管理问题和确保数据安全交换共享。国际数据空间将自身定位为一种架构，构建起安全数据主权交换和可信数据共享的策略及机制，通过 IDS 连接器，国际数据空间的核心组件、工业数据云、个人企业云、本地应用程序和个人设备都可以连接到国际数据空间。其中，2019 年

4月发布的国际空间数据空间3.0模型包含五层架构和三个视角维度。在架构层面，由业务层、功能层、处理层、信息层、系统层组成，对应于五层架构，给出了从安全视角、认证视角、治理视角下的要求和责任。国际数据空间作为一个虚拟数据空间，利用现有的标准和技术以及数据经济中广为接受的管理模型，促进安全和标准化的数据主权交换和数据生态系统链接，为创建智能服务场景和促进创新的跨公司业务流程奠定基础。

GAIA-X计划由德法两国共同提出，其目标是设计和实施数据共享架构，包含数据共享标准、案例实践、技术工具和治理机制，以及泛欧盟的云基础设施和相关数据服务。GAIA-X与IDS的交互主要有三项任务：自主数据存储、可信数据使用和可互操作的数据交换，形成了基础设施生态系统和数据生态系统两大生态系统，并确立了四项主要原则：身份和信任、数据主权交换、联合目录及合规性。

（二）数据交易内生可信交付框架架构设计

内生安全通过夯实数字基础设施安全，保障数据流通交易中的数据及其流通环境的可控受信，有效应对开放网络空间动态更新的数据安全可信流通交易需求，为全球化环境下网络内生安全共性问题和全球网络"互联互通、共享共治"提供解决方案。

数据交易内生可信交付框架架构通过信息化手段支撑开放互联空间中的数据交易流通全过程安全可信。从数据交易流通的数据采集处理与上市发布、数据产品登记审核、数据要素市场交易与交付、数据产品使用四个阶段的安全可信需求入手，论证内生可信交付框架对数据交易流通安全可信的支撑作用，从而证明使用内生可信交付框架可以达到数据交易流通物理域、信息域、认知域可信。进一步而言，可推导使用内生可信交付框架进行数据产品交付是具有可行性的。

1. 数据可信流通服务平台

在数据内生可信交付框架体系中，打造数据可信流通服务平台，该模式以平台为中心，数据交易流通参与方通过遵循相应的规则规范接入数据交易业务架构、业务流程、信息基础设施、权限体系及数据交易流通服务中，并接受行为监控管理。

规则层：定义基础通用标准规范，数据产品管理接入标准规范，交易过程服务、衍生服务、售后服务标准规范，交易技术、交易平台、交易安全保障标准规范，平台与交易监管治理标准规范，信息技术接口与组成标准规范等，既可采用已发布的标准规范，也可新增国家级、行业级、地方级、团体级、企业级标准规范。

架构层：内生可信交付框架的参与方连接模型采用星形连接，以平台为中心。数据交易参与方与中心连接，在具体的数据交换过程中，数据在端对端进行传输。针对没有基础设施的供需双方，可以采用通过内生可信交付框架标准验收的中立三方机构提供云端服务，以便进行集约管理。

数据可信流通服务平台采用云—端部署，部署可信交易服务器端应用服务，搭建弹性可伸缩的软硬件基础设施环境，兼容自主可控基础设施，支持计算、存储、网络资源的虚拟池化与统一管理。采用分布式、微服务化应用服务部署方式增强数据交易应用部署的鲁棒性与灵活性，支持自定义策略的流量负载均衡与服务调度。采用内生安全与基础安全技术保障云平台安全，提供围绕交易安全视角、数据产品安全视角、用户安全、基础设施安全视角的态势分析与安全服务。

数据交易参与方部署认证的可信端运行环境以及可信交易客户端应用服务，可信端运行环境应为数据交易参与方接入数据可信流通服务平台，该平台提供环境证明、身份鉴权、动态密钥分发以及存证固证、溯源审计等基本能力。云平台可信交易服务器端应用服务将与可信端运行环境、可信交易客户端应用服务建立通信连接，进行可信的指令交换。

技术层：中心化内生可信交付框架主要通过"内生安全技术体系+基础安全技术体系"支撑数据交易流通可信，面向设施设备、网络、数据、应用、管理等信息基础设施层次，形成组合安全解决方案。

业务层：定义支撑可信安全数据交易业务与数据产品流通业务的服务代理应具备的应用功能。可信交易客户端应具备身份认证、合约签订、任务管理、沙箱、任务执行等功能，可信交易服务器端应具备合约管理、身份管理、交易管理、运行环境管理、数据管理、审计管理等功能。如图8-2所示。

2. 可信数据代理

可信数据代理是整个框架中最重要的一环，是整个数据内生可信交付框架的桥头堡。它运行于可信内核，可信基来自芯片级别。它承担着节点认证鉴权、数据安全管理、机密数据加解密、数据互操作内生协议解析与控制、计算协同、指令收发、任务自证以及审计固证等可信功能。

可信数据代理需要具备闭环的可信验证能力、可信环境的运行能力、内生安全基座的运行能力等基本特点。在设计具体的应用场景时，若数据属于敏感或者高等级的数据，可采用密码学的方法实现内核功能，但仍需要满足闭环的可信验证能力，以确保通过数据交易内生可信交付框架的评估指标体系。如图8-3所示。

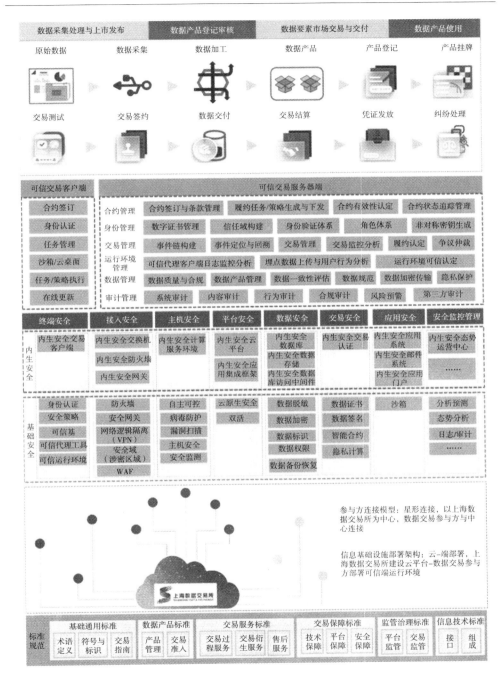

图 8-2　数据可信流通服务平台架构

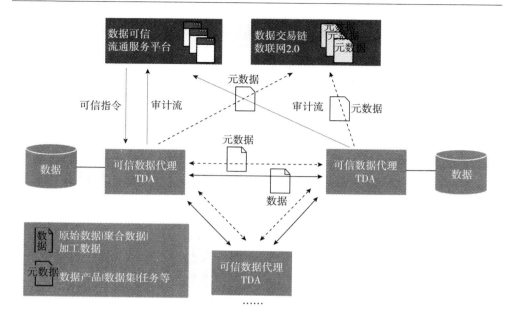

图8-3　可信数据代理架构

（三）内生可信交付框架的数据交易赋能作用

数据交易内生可信交付框架采用中心化和分布式架构设计相结合的方式。一是通过中心化的数据可信流通服务平台的建设，管理效率高，易于实行统一的标准规范框架，可通过后台升级更新的方式落实新框架的部署；二是具有专业性与权威性，对法律法规的专业解读有助于合规、高效、安全的业务功能模型、业务流程模型、数据产品生产流通模型、供需方交付模型构建；三是技术栈成熟，云平台化建设是广泛应用的中心化服务实施路线，内生安全技术在平台安全防护上已验证可行并证明具有优势，数据签名等基础安全技术是稳定成熟的数据交易安全解决方案；四是易于业务起步，中心化运营不强调数据交易流通参与方的数量与类型的多样化，仅需要数据交易流通的供方与需方参与即可启动业务，有利于业务的开展与调优反馈。

内生可信交付框架的数据交易赋能作用主要体现在以下几方面：

1. 提出数据流通交易可信认定理论基础

采用系统层次分析法，将数据流通可信交付目标分解为数据流通交易参与人可信、交易物可信、交易事件可信、交易环境可信多个准则，进而推导相应的实现方案。

交易参与人可信是指在数据交易全过程中，参与方（包括数据产品供方、需求方以及监管方）信息、身份真实可信。相应的方案包括用户身份认证、权限约束与访问控制等。

交易事件可信是采用履约交付过程全记录、交易事实不可抵赖、全链条审计监控等技术手段，实现参与方对交易事件的发生时间、行为、环境认知一致并不可抵赖。

交易物可信是通过交付内容防篡改、全流程数据安全防护等，证实数据产品内容与交易合约一致，且数据产品合法合规。

交易环境可信是指各参与方在受控的计算环境下进行交易操作，该环境在开放互联环境下具备抵御病毒、木马等已知与未知威胁，并从异常状态解脱恢复的能力。如图 8-4 所示。

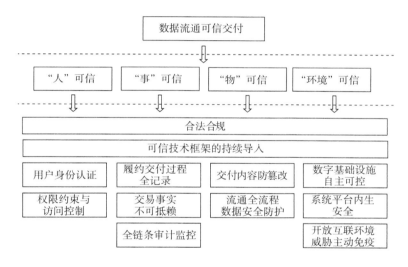

图 8-4　数据流通交易可信内涵

2. 构建跨域可伸缩数据流通交易基础设施架构

基于内生可信交付框架建设数据流通交易服务基础设施，兼容国家标准规范，提供易于扩展、易于集成的信息基础设施与信息技术服务接入接出方案，旨在打造开放发展的数据可信交易生态平台。

数据流通服务基础设施建设以现行国家法律法规、标准规范为依据，包括网络安全等级保护基本要求、数据安全能力成熟度模型等。标准化信息系统建设有利于集成运维与统一管理，易于法律法规、标准规范、审计监管的升级扩展。

建立层次化跨域数据流通交易网，设置顶级节点、枢纽节点、子节点，分别支撑国家级、省市级、区域级流通数据资源与算力资源的接入、应用、服务、控制以及监管，建设完善节点注册、部署、组网机制，实现跨域多场景数据可信流通，具有良好的资源统筹与业务生态扩展性。

依托可弹性扩容的分布式异构云基础设施，建设支持多方业务接入协同的可信交付技术框架，促进共建共享的数据流通交易服务模式重塑重构，加快信创、等保、内生安全、隐私计算、可信计算、数据治理、区块链、数联网等业态融合，广泛吸纳上下游参与者加入数据可信流通交易生态建设进程，以技术架构创新推动数据可信流通交易业务模式、服务模式、组织模式、代理模式转型发展。

3. 建立内生安全赋能开放互联空间威胁免疫机制

内生安全是中国工程院邬江兴院士首创的技术体系，它采用了异构、冗余、动态、等价的计算结构，以信息基础设施服务功能与其多元、冗余配置的实现结构或算法间导入不确定性映射关系为核心，阻断信息基础设施漏洞和后门的被利用环境，能有效解决开放网络环境下广义不确定功能扰动防御与系统恢复问题。基于迭代裁决的多维动态重构反馈运行环境，使开放网络环境下针对数据交易的任何独立的人为试错或盲攻击事件都会被异构容错机制所屏蔽，反馈控制环路会引发异构冗余环境内呈现出功能等价条件下的"测不准效应"。也就是说，能从机理上破坏试错攻击"背景条件不变"的假设前提，逼迫攻击者必须具备"非配合条件下，动态异构冗余环境内协同一致攻击"的能力。换言之，由于 DHR 构造固有的随机、多样、冗余特性，能够产生类似量子物理的测不准效应和生物世界的拟态现象，提供了在不依赖（但不排斥）外部先验知识和附加防御措施的情况下，依靠异构配置、策略裁决、反馈控制和多维动态重构等机制，同时应对"基于暗功能的人为攻击"和软硬件随机性失效引发的故障的解决方案，即可提供 Safety 和 Security 一体化的广义鲁棒控制功能。

通过部署内生安全软硬件基础设施实现内生安全架构，融合基础安全技术体系，采用"内生安全云平台+可信代理服务"的云端协同工作模式构建点线面联动防御机制，打造覆盖终端安全、接入安全、主机安全、平台安全、数据安全、交易安全、应用安全的威胁主动防御解脱方案，赋予信息基础设施类免疫安全防护能力。

第九章　国际启示

一、全球主要国家的数据要素立法实践[*]

随着科技的迅猛发展和数字化时代的全面到来，数据已然成为新兴的生产要素，其重要性不断攀升。数据不仅在商业决策、态势洞察和技术创新中扮演着至关重要的角色，还在各行各业的运营优化、产品研发和服务提升中发挥着核心作用，已然成为推动经济增长和社会发展的关键资源。为了有效利用这一新的生产要素，各个国家和地区不断强调数据的重要性，并且通过立法手段来规范和促进数据的流转利用。这些立法不仅旨在保护个人隐私和数据安全，还致力于建立公平、透明的数据市场和治理生态，从而为数据驱动型经济增长提供全面的法律保障。通过这种立法实践，各国不仅追求提升本国的数据治理水平，同时追求在全球技术经济竞争中占据有利位置，实现自身的各项发展战略。

欧盟为构建单一数据市场，成为全球数据发展领导者，于 2018 年实施《通用数据保护条例》（GDPR），对世界各国的数据规制产生深远影响，随后又于 2020 年发布《欧洲数据战略》，提出欧盟未来五年数据政策战略，《数据市场法案》《数据服务法案》《数据治理法案》《数据法案》作为《欧洲数据战略》的重要构成相继出台，旨在进一步发展欧盟数据单一市场、以促进欧盟数字经济发展。

美国的数据策略主张相对充分的数据自由流动，呈现联邦与州分层立法的总体模式。特别对于政府数据的流转利用，美国通过建立政府数据开放平台，持续

　　* 吴沈括，北京师范大学法学院博士生导师、中国互联网协会研究中心副主任；曾文丽，北京师范大学法学院法律硕士研究生、研究助理。

出台一系列促进政府数据公开的政策法规，包括联邦层面的《信息自由法》《隐私权法案》《阳光下的政府法》《开放政府数据法案》《开放政府指令》《政府信息公开和机器可读行政命令》和《联邦数据战略与 2020 年行动计划》等，以及州层面的纽约《开放数据法案》和其他各州相继出台的法律、开放数据行政命令等。这些相继出台的法律、政策法规等共同推动了美国政府数据的开放和自由流动。

英国在 2020 年启动脱欧以后，一直谋求数字立法的改革，其立法一方面旨在摆脱欧盟治理规则的掣肘；另一方面追求自身在全球数字经济格局中获得发展主动权和战略优势。英国连续在 2022～2023 年、2023～2024 年会期中启动《数据保护和数字信息法案》的立法工作，目前该法案虽已历经三稿，并仍处在立法阶段，但该法案的立法宗旨始终未变，目的是保护人们的权利和自由、为组织体提供更大的监管确定性，致力于数据保护和数据监管，以促进英国经济的增长与创新。

韩国将数字经济作为其国家战略核心，大力发展数据产业、开放 MyData 平台、开放数据评估系统、制定数据标准，并通过立法为其数据发展模式保驾护航。2021 年，韩国通过《数据产业振兴和利用促进基本法》，该法案作为一部规制数据产业的专门立法，旨在进一步促进韩国数据利用和数据产业的可持续发展。

本部分将对各国的重要法律做出系统阐述。

（一）欧盟的系列数据要素立法

着眼于欧盟的系列数据要素立法，《通用数据保护条例》（GDPR）主要规定个人数据保护，确立了严格的个人数据保护制度；《非个人数据自由流动条例》主要规定非个人数据的处理，其充分发挥数据流转所能带来的价值，以促进数字经济发展；《数据治理法案》涵盖个人数据和非个人数据，旨在进一步发展欧盟数据内部市场，提高公共部门的数据共享与利用；《数据法案》既涵盖个人数据也涵盖非个人数据，其主要侧重私营部门对物联网场景中数据的共享、处理问题，旨在贯彻公平价值分配的数字经济。

这些法案并非是孤立的，其核心要旨在于共同构建欧盟单一数据市场，即无论数据在欧盟内的存储位置如何，都可以按照适用法律使用数据，使数据驱动的创新为欧盟公民和经济带来巨大利益，使欧盟成为全球数据战略的领导者。

GDPR 于 2016 年 4 月 14 日经欧洲议会投票通过，并于 2018 年 5 月 25 日正式施行。作为欧盟个人数据保护的新一代制度规范，其第一次在欧盟全境实现了个人数据保护规范的一体遵行，通过规定新型的个人数据权利、严格的数据保护监管机制以及强有力的规范落实机制来强化个人数据保护。GDPR 自实施以来，对国际数据治理生态产生巨大反响，不同程度地影响了他国的数据治理制度建设。

GDPR 立法体例上分为 11 章，共计 99 条，是一部专门规制个人数据保护的系统立法。①规定一系列自然人的权利对个人数据加以保护，包括第 12～14 条权利人被告知权；第 17 条被遗忘权；第 20 条携数据更换服务提供者权利；第 33～34 条严重数据侵权事件的知情权。②规定一系列严格的数据保护监管机制强化个人数据的保护，包括第 7 条强化对数据持有第三方的监督；第 8 条设定儿童保护特别规制；第 21 条清晰的数据挖掘限制规制。③规定强有力的规范落实机制来保障个人数据的保护，包括规定最高处罚为涉事主体全球年营收总额的 4%，同时在 2018 年 5 月 25 日后，欧洲数据委员会（EDPB）正式运行，其主要职能在于协调欧盟内各成员国个人数据保护的执法工作。

欧盟《非个人数据自由流动条例》于 2018 年 10 月 4 日由欧洲议会正式通过，自公布之日起 6 个月后正式施行。该条例规定了欧盟内非个人数据的自由流动原则，并涉及禁止数字本地化要求、有权机关获取数据、数据迁移、机关间合作程序的相关规则。《非个人数据自由流动条例》秉持对数据处理的有效和高效运作以促进欧盟数据经济的发展这一核心理念，尽力减小对于非个人数据处理的限制，通过改善单一市场中非个人数据的跨境流动性来促进数字经济发展。

《非个人数据自由流动条例》的规定共计 9 条，条例相较于数据的保护层面，更侧重于通过数据的自由流动实现数据驱动型增长和创新。非个人数据主要来源于物联网、人工智能和机器学习，其作为数据流转的一面，对其规制要求应不同于个人数据严格的保护监管机制。为此，该条例规定：①对于非个人数据的跨境自由流动，除非是为公共安全，否则不受数据本地化要求限制；②有权机关有根据欧盟法或国家法履行其职责要求或获取数据访问的权力，如果不履行数据提供义务，成员国可以实施有效的、相称的和阻遏性的惩罚以及采取严格符合比例要求的临时措施；③提出最佳实践、最低信息要求、认证体制方法、工作路线图来鼓励和促进欧盟层面自律性行为守则的制定，建设具有竞争力的数据经济。

欧盟《数据治理法案》（Data Governance Act）于 2022 年 5 月 16 日经欧盟理事会批准，自 2023 年 9 月 24 日起正式施行。该法案既涵盖个人数据也涵盖非个人数据，法案涉及公共数据再利用、数据利他主义、数据中介服务等制度要点，旨在构建数据共享机制，增强数据可用性，进一步发展一个无边界的数据内部市场以及以人为本、可信和安全的数据社会和经济。

欧盟《数据治理法案》立法体例上分为 9 章，共计 38 条，值得予以特别关注的规定有：①数据利他主义的提出，即在数据主体同意处理与其相关的个人数据的基础上自愿共享数据，或数据持有者允许使用其非个人数据，不寻求超出普遍利益目标而提供其数据所产生的成本相关的补偿的回报；②作为数据交易工具，促进数据共享的数据中介服务的提出，数据中介服务为促进数据交换、联合利用目的，其必须在数据持有者和数据主体的明确要求或批准下才可使用，在交易中必须保持中立只能作为中介，不能带有其他目的；③通过设立欧洲数据创新委员会落实数据治理框架。欧洲数据创新委员会的任务旨在就与数据重复使用相关的、与数据利他主义相关的、与数据中介服务相关的问题、对如何最好保护商业敏感的非个人数据使其免受非法访问提出意见、就数据存储和交换的网络安全要求、鼓励创造欧洲共同的数据空间、非个人数据的国际监管环境等问题提出建议和支持。

欧盟《关于公平访问和使用数据的统一规则的条例》（又称《数据法案》）（Data Act）于 2023 年 11 月 27 日经欧洲议会表决通过，自 2024 年 1 月 11 日起正式施行。《数据法案》是一部既涵盖个人数据也涵盖非个人数据处理的法案，涉及企业与企业、企业与个人、企业与政府间的数据共享、数据处理服务间的转换、互操作性、法案的监督与执行等。作为 GDPR 和《数据治理法案》的补充，《数据法案》侧重于私营部门的数据共享、处理的规则设计。其旨在促进数据驱动型创新、增强数据访问和共享的公平性、保护用户权益等，通过创造欧盟数据单一市场实现欧盟数据战略。

《数据法案》的立法体例上分为 11 章，共计 50 条。《数据法案》旨在从数字经济中创造公平性，同时能够从物联网生成的数据中创造数据价值。其核心制度包括：①给予中小微企业以倾斜保护，使中小微企业免受不公平条款的影响，豁免中小微企业的部分数据提供义务；②赋予用户物联网数据访问权，数据持有者向用户提供产品设计、制造以及相关服务提供过程中产生的数据，同时对数据提供的标准作出规定；③指定主管机构、数据协调员、设立经过认证的争端解决机构来确保《数据法案》的有效实施，协助解决无法就公平、合理和非歧视性条款达成一致的各方共享数据。

（二）美国《开放政府数据法案》

美国《开放政府数据法案》（Open Government Data Act）于 2018 年 12 月经国会通过，2019 年 1 月由时任美国总统特朗普签署，并于签署后第 180 日起正式施行。《开放政府数据法案》作为《循证决策基础法案》（Foundations for Evidence Based Policy Making Act）的第二部分，其核心要旨在于确立政府数据默认公开这一原则，即政府数据在法律允许的范围内，以公开格式提供并且以开放许可的方式提供，而且必须是可以被机器读取的数据。《开放政府数据法案》的核心规定在于，建立、维护数据清单；建立政府数据开放的报告与评估制度；设立首席数据官及其委员会等，以加强对政府公开数据的利用，从而实现通过数据管理对公众、企业、新闻工作者、学者、倡导者具有开放性、可获得性、可发现性、可用性，从而提高政府工作效率、创造经济机会、促进科学发现，更重要的是强化民主。

《开放政府数据法案》的重要制度设计包括：①对重要术语进行新界定。法案对数据、数据资产、元数据、机器可读、开放许可、开放政府数据资产、公共数据资产等专业术语进行新的界定，以适应某些术语内涵的变化。②确立政府数据默认开放，要求联邦政府机构对收集的数据进行日常审查，除隐私泄露、安全风险、法律责任、知识产权限制等因素或全面考虑不宜公开外，一般将政府数据开放，并且要求政府数据是以开放许可方式提供，且具有机器可读性。③要求企业提供并维护数据清单。该清单的内容应包括在机构信息系统中的数据，如管理活动、统计活动和财务活动的数据；政府间和项目间的数据共享与维护；政府机构间的数据共享或者由一个以上的机构创建的数据；数据是否可以对公众公开的清晰指示；政府机构已经决定的个人数据是否可以对公众公开的描述及该数据现在是否对公众公开；非公共数据；由申请人、设备、网络等创建的数据需要按照对公众公开的数据和非向公众公开的数据两大类别进行分类；企业数据存储清单的可用性。④建立政府数据开放报告与评估制度。法案规定在本法生效后及其每一年，首席数据官应向国土安全和政府委员会提交报告；本法生效后此后每两年以电子方式发布各机构每季度的预算执行情况报告，法案的执行情况；在本法颁布后四年内，联邦审计长应向国会提交报告，对首席数据官及委员会是否履职和改善政府数据开放工作进行评估。⑤设立首席数据官及其委员会。首席数据官的职责主要在于数据资产管理，企业数据清单的制定，确保机构数据符合开放数据的最佳实践；使机构雇员、公众和合同商使用开放政府数据集，并鼓励采取合法方式改进数据使用；审查机构的信息技术基础设施，以减少妨碍数据资产可得性的障碍；在切实可行的范围内，确保机构最大限度地使用自身的数据，以降低成本、改进操作、加强安全和隐私保护。

《开放政府数据法案》作为美国开放政府数据发展运动中一部联邦层面的支柱性法律，秉持联邦政府数据作为重要的国家资源、确立政府数据默认公开的原则，充分发挥政府数据所能带来的价值，扩大政府对数据的使用和管理，以促进透明度、有效治理和创新应用。

（三）英国《数据保护和数字信息法案》

2020 年 1 月，英国正式结束其 47 年的欧盟成员国身份脱离欧盟，面对欧盟于 2018 年正式施行的《通用数据保护条例》（GDPR），英国相对于欧盟 GDPR 的身份从成员国转变为第三方国家。为此，英国一直谋求自身数字立法改革，为颁布本国相关的数字法案，英国启动《数据保护和数字信息法案》（Data Protection and Digital Information Bill）立法工作，《数据保护和数字信息法案》的立法进程可以追溯至 2022 年：《数据保护和数字信息法案》一稿于 2022 年 7 月在下议院被首次提出，原定于 2022 年 9 月 5 日进行二读，但最终并未进行二读，并于 2023 年 3 月 8 日被撤回。同时，《数据保护和数字信息法案》二稿〔以《数据保护和数字信息（第 2 号）法案》（Data Protection and Digital Information（No.2）Bill）命名〕于 2023 年 3 月 8 日在下议院被提出，并于 2023 年 5 月 10 日进入下议院委员会阶段，于 2023 年 5 月 24 日完成委员会阶段。2022~2023 年议会会议期间提出的《数据保护和数字信息法案》二稿在 2023~2024 年议会会议期间得到延续并作出部分修改，《数据保护和数字信息法案》三稿（以《数据保护和数字信息法案》命名）于 2023 年 11 月 8 日提交至下议院进行一读。目前《数据保护和数字信息法案》三稿的立法进程处在上议院委员会审议阶段。

虽然《数据保护和数字信息法案》已历经三稿，但总体来说，《数据保护和数字信息法案》立法工作中制度设计的核心要点包括：①新设独立的法定委员会以增强英国信息专员办公室（ICO）的职能，法案设立由主席和数据安全官组成的法定委员会，以期与 ICO 共同更好地处理英国数据监管、数据安全和数据隐私问题；②确认企业可以在遵守英国现行数据法律的基础上，以现有的国际数据传输机制将个人数据传输至第三国，从而大幅减轻企业负担，降低企业的合规成本。这也契合了本法案的核心之一——降低企业合规成本，减轻企业负担，以促进英国经济发展。

英国议会对《数据保护和数字信息法案》的立法描述为其是作为"一项关于对处理与已识别或可识别的在世个人有关的信息进行监管的法案"，其规定的内容包括：①对包括使用信息来确定和核实有关个人的事实的服务进行规定；②对获取客户数据和商业数据进行规定；③对隐私和电子通信进行规定；④对提供电子签名、电子印章和其他信托服务进行规定；⑤对披露信息以改善公共服务作出规定；⑥对执行为执法目的共享信息的协议作出规定；⑦对保存和维护出生和死亡登记册作出规定；⑧对卫生和社会护理的信息标准作出规定；⑨设立信息委员会；⑩对监督生物识别数据作出规定。

整体而言，《数据保护和数字信息法案》虽已历经一、二、三稿，内容上有所差异，但该法案的一、二、三稿核心均反映了英国为谋求自身数据立法改革所作出的努力，以及致力于保护人们的权利和自由、为组织体提供更大的监管确定性，致力于数据保护和数据监管的优化，以达到促进英国经济创新增长的目的。

（四）韩国《数据产业振兴和利用促进基本法》

韩国《数据产业振兴和利用促进基本法》（Framework Act on Promotion of Data Industry and Data Utilization）（以下简称《数据基本法》）于 2021 年 10 月 12 日经韩国国会会议审议通过，并于 2022 年 4 月 20 日起全面施行。《数据基本法》旨在制定促进数据生产、交易及利用的必要事项，从数据中创造经济价值，为数据产业发展打下基础，为提高国民生活水平和国民经济发展做出贡献。

《数据基本法》的立法体例上共计 48 条，包括总则，数据生产、利用和保护，激活数据利用，促进数据流通交易，数据产业基础建设，纠纷调整，补则和惩罚八章。《数据基本法》以总分结构，对国家按期制定、实施数据产业振兴基本计划进行规定，并规定设立国家数据政策委员会作为数字治理的高级别决策监管机构，要求政府通过对数据生命周期的各个环节予以财政、技术上的支持，对数据生产、交易及利用的相关损失予以救济和纠纷调解。

《数据基本法》首次规定设立高级别决策机构——国家数据政策委员会，其隶属国务总理办公室，由国务总理担任委员长。作为国家数据决策中心，国家数据政策委员会负责审议《数据基本法》规定的促进数据生产、交易及利用的各项事项。同时，该法案规定政府每三年制订数据产业振兴基本计划，以促进数据生产、交易及利用，打造数据产业基础。

《数据基本法》强化政府对数据生命周期的各个环节的支持，以推动培育数据要素市场：①政府对数据的技术开发、创新环节进行支持；②对数据生产者进行财政、技术上的支持；③对数据的收集、加工等信息分析所需的事业进行支持；④对数据流通及交易基础提供支持；⑤对开展以数据收集、加工、分析、流通及数据为基础提供服务的平台进行支持；⑥对数据交易师、数据专业人才的培养进行支持。此外，该法案还强调对中小型企业进行特别支持，包括与数据相关的政策优先考虑，向中小企业提供数据交易及加工等所需的部分费用以及提供改善经营、技术、财务、会计、人事等方面的咨询支持等。

同时，为保障数据合理流通公平交易，促进数据产业发展，《数据基本法》对数据资产的保护进行规定，包括：①设立数据安心区域，指定可以安全分析和利用数据的地区；②引入数据价值评价；③作为数据运营商的数据交易商和数据分析提供商应资质申报，以营造公平的营商环境；④对数据质量进行管理，包括制定标准合同、推进标准化工作等。《数据基本法》同时针对数据生产、交易及利用的相关损失予以救济和纠纷调解，规定设立数据纠纷调解委员会以协调和解决相关纠纷。

《数据基本法》通过规定国家数据产业振兴基本计划的制定、实施，政府对数据生命周期各个环节的支持，损失的救济、纠纷的调解，以保护基于大量人力和物力投资和努力创造的具有经济价值的数据资源，从而促进数据产业的发展。

（五）各国数据立法的相通之处

第四次产业革命的标志是新一代信息技术的普及应用。目前各国均在大力发展数字经济，相继出台数据相关立法，为数字经济保驾护航。在立法设计上虽基于自身数据治理理念各有差异，但存在相通之处：①通过设立专门的数据管理机构或者数据治理机关对数据生命周期各环节以决策、监管、提出专业建议。欧盟通过设立欧洲数据创新委员会，美国设立首席数据官及其委员会，英国新设独立的法定委员会，韩国设立国家数据政策委员会，我国设立了国家数据局。这些专门的数据治理机构着眼数据要素生命周期的各个环节，对数据流转利用提出策略规划、展开监管规制。②充分推动数据的流转利用，以价值创造促进经济发展。各国都在不同程度上尽可能地支持数据的流动与利用，仅为若干核心价值做出必要限制，如国家安全、公共秩序以及特定权益保护等。③通过多项举措减少各类企业尤其是中小企业的合规成本，以期助力企业创造更多数据价值。例如，欧盟《数据法案》给予中小微企业以倾斜保护，使中小微企业免受不公平条款的影响，豁免中小微企业的部分数据提供义务等；韩国《数据基本法》向中小企业提供数据交易及加工等所需的部分费用，提供改善经营、技术、财务、会计、人事等方面的咨询支持等。

整体而言，随着数据经济的蓬勃发展，各国对数据要素的立法逐渐成为推动数字经济和数字创新的重要抓手。全球主要国家在数据要素立法方面采取的各具特色的措施，反映了数据作为关键生产要素的重要性。各国的数据要素立法虽然有各自的侧重点和实施路径，但共同目标在于建立一个透明、安全且高效的数据流转生态。这不仅为各类数据驱动型创新提供了制度保障，也有助于国际间的数据合作与交流。当然，数据立法的实施过程中仍面临许多挑战，如数据跨境流动的监管、数据资源安全的保障以及数据权益的平衡等，这些问题需要各国立法者、政策制定者和行业参与者共同努力解决。展望未来，全球数据治理会朝着更加敏捷和协调的方向发展，各国的立法举措和实践将为构建一个公平、开放的数据流转生态提供重要的路线借鉴，需要各方持续加强对数据要素的立法研究与实践探索，以顺应不断变化的数据经济环境，进而实现全球数字经济的健康可持续发展。

二、美欧公共数据开发利用路径比较分析*

在数字时代，公共数据的价值不言而喻，公共数据的治理水平对数字经济的发展有着重大影响。此前，各国对于公共数据的讨论主要集中在基于政府提供"公共产品"义务的公共数据开放共享上。随着数据成为生产要素，如何推动公共数据的高效开发利用将是未来数据要素市场建设过程中很长时间需要讨论并解决的问题。

当前，全球在推动公共数据开发利用的过程中也面临一系列挑战，如公共数据开放的数据质量问题等，Nature 杂志曾在 2017 年 6 月发表社论，指出公共数据开放的一个核心问题，即"长久以来，人们在公共讨论中忽视了开放数据的真正成本"这种对数据开放费用补偿问题的忽视，结果是目前各国"政府机构缺乏建立数据共享平台的资金，也不愿为这样的基础设施承担责任"。未来，如何推动公共数据有偿开发利用以及如何平衡公共数据无偿开放与有偿开发利用之间的关系也是推动公共数据高效开发利用的关键。随着我国数据要素市场建设地不断深入，有必要对美国、欧洲等主要经济体的公共数据开发利用模式进行研究，从而扬长避短，不断完善我国公共数据开发利用的路径与制度建设。

（一）美国公共数据开发利用模式

美国的公共数据开放主要起源于《信息自由法》《阳光下的政府法》《联邦咨询委员会法》等联邦立法，此后奥巴马政府发布的《透明和开放政府备忘录》，在其中承诺要建立一个更加开放的政府。后来，白宫相继发布《数字政府：建立一个 21 世纪的平台，更好地为美国人民服务》《开放数据政策——将信息作为一种资产进行管理》等多个备忘录，并两年更新一次《开放政府国家行动计划》，促进政府数据公开以助力数字经济发展。不仅如此，联邦层面还通过了《开放政府数据法案》，将联邦政府开放数据的承诺制度化。在开放政府数据后，如何将公共数据商业化、产品化运作从而实现数据驱动的数字经济的发展，成为美国政府关注的重点。因此，美国政府出台《公平信用报告法》《金融服务法现代化法案》《金融消费者保护法》《医疗保险流通与责任法》《电子通信隐私法》《电信法》以及《家庭教育权与隐私权法》等法律，在保障数据安全的基础

＊　林梓瀚，上海数据交易所研究院研究员，中国信息化百人会研究员。

上推动公共数据的开发利用和交易。在数据交易方面，美国鼓励数据经纪商模式，通过数据经纪商的模式开发、运营公共数据，从而为数据需求方提供了丰富的数据资源和数据产品，促进了数据交易市场的发展。

1. 公共数据开放政策与实践

美国作为世界范围内较早开展公共数据开放利用的国家，早在 1968 年加利福尼亚州的公共记录法案（Public Records Act）中就提出了政府数据开放给公众使用的概念。2009 年《透明开放政府备忘录》发布，被学界视为"开放政府数据运动"（Open Government Data Movement）的开端。2013 年，美国政府发布《政府信息默认为开放和机器可读的行政命令》，正式确立了政府数据开放的基本框架。该行政命令在总体原则上要求确保数据资源易于寻找，便于利用，形式上具备可用性；且如无其他规定，默认政府数据资源应当处于开放和可机读的状态。2019 年，美国《开放政府数据法案》（Open Government Data Act）生效，该法案被视为是美国公共数据开发利用发展的一个里程碑式的事件，对世界各国也将产生引领和示范效应。该法案主要包含以下内容：首先，该法案提出将公共数据分为公共数据资产（Public Data Asset）和非公共数据资产（Non-Public Data Asset）。其中公共数据资产是指由联邦政府维护的数据资产，而非公共数据资产是指因隐私、安全、保密、监管或其他原因不得开放的数据，又包括受合同、专利、商标、版权或其他限制保护的数据。其次，法案明确公众以政府开放许可（Open License）的方式获取数据。但对于非公共数据资产，即不得开放的数据，更多地采用有偿授权的方式进行开发利用。

在公共数据开放方面，早在 2009 年，美国联邦政府就主导搭建了 Dada. gov 平台。Data. gov 主要提供了 9 种分类方式，其中比较重要的是主题（Topic 主要是按照数据集的内容进行分类）、主题分类（Topic Categories 对数据主题更精确细致的分类）、数据集类型（Dataset Type 包括地理数据和非地理数据两种类型）、数据来源组织类型（Organization Types 包括联邦政府、州政府、郡市政府等）、数据来源组织（包括具体的来源部门，如美国商务部、加利福尼亚州、纽约市等）。Data. gov 所做的分类框架，将各类信息进行分类与整合，构建了一个重要的信息组织管理基础。其中在主题分类（Topic Categories）方面，按照数据集内容共有超过 40 个分类，主要的数据集类别有北极、水源、人类健康、生态脆弱性、交通、能源基础设施、能源供应链、食品安全等。Dada. gov 为公众免费提供了包括农业、经济、医疗等在内的多个方面的原始数据材料，同时为公众提供了数据分析工具以方便对相关数据进行使用。

但由于公共数据的免费开放，政府平台建设以及开放的动力不足，地方层面的数据开放进程并没有国家层面那般迅速。截至 2022 年 11 月，美国 50 个州中仅有 18 个州建设了统一的公共数据开放平台。在美国政府数据开放网站上，虽然有 40 个州公布了数据集，但大部分仅提供了政策文件或地理数据，并未提供州一级的详细数据。

除了平台建设缓慢，开放的数据价值低外，美国公共数据开放平台的更新速度及时性也比较低。截至 2016 年 4 月 1 日，Data.gov 的"数据"栏目中提供了来自 50 个组织的 194738 个数据集。截至 2022 年 12 月，平台已累计免费开放数据集 25 万余个、数据工具 300 余个以及众多的数据 API 接口。截至 2023 年 11 月，美国政府开放数据集共有 259950 个，比上一年更新不足 1 万个数据集。其中，主要来自联邦政府层面的数据集 22 万余个，来自州政府层面的数据集 12000 多个，来自市政府的数据集 11000 多个，来自大学的数据集 6000 多个等。因此，大部分的开放数据集来源于联邦政府层面，州政府、郡县政府开放的数据集远远少于联邦政府部门。

2. 公共数据的商业化利用

在公共数据的商业化利用方面，较为典型的是美国的数据经纪商模式，通过数据经纪商模式推动公共数据的开发利用、交易，从而盘活整个数据市场的建设。除数据经纪商模式外，为推动公共数据的商业化利用，公共数据开发利用过程中的产权问题、产品定价问题，授权开发问题等，美国政府通过相关的实践也进行了明确。

在数据产权方面，美国未针对数据产权进行相关的特定立法，对于数据产品的保护路径还是沿用传统的竞争法、合同法以及知识产权法保护路径，主要体现在美国针对数据权益纠纷的相关判例之中，相关的判例集中在企业与企业之间有关数据的收益纠纷。此前，美国以 eBay 案（eBay Inc. 与 Bidder's Edge Inc.）形成判例，认为在利用爬虫等自动化技术收集使用他人网站数据的情形下，原告无须证明具体损害即可依动产侵害而获得禁令救济。这一观点也受到了后续判例的挑战，在 Ticketmaster 与 Tickets.com 案中，地区法院提出在网络环境中适用侵权，应当具备实际损害要件，并最终得到了加州最高法院的承认。备受关注的 hiQ 案（hiQ Labs Inc. 与 LinkedIn Corp.）中从数据抓取者的角度认为，数据控制者不得随意禁止不具有竞争关系的其他人对其公开数据的获取与使用。

在公共数据定价方面，美国未对定价进行特定的规定，未进行统一的定价，一般适用市场定价或者自主磋商的办法进行。针对点对点的数据交易，供方通常以收益法、市场法为主进行数据资源、数据产品的定价，而由于供需双方的自由磋商，给予了需方讨价还价与对方比价的余地，因此最终形成市场竞争价格机制。具体到更细化的定价方式则包括按离散单位计价、按使用量和时长计价和混合定价等类型。

在数据授权方面，美国对敏感数据及非义务公开的数据进行授权开发利用。《开放政府数据法案》规定联邦政府根据法案为企业颁发许可证，如美国地理敏感数据的使用授权。同时，地方政府可以授权企业持有、适用非义务公开的地方政府数据，如允许其在业务往来中自动收集、获取地方政府数据。被授权方通常进行数据整合与分析后，向需方有偿提供，如 Equifax 整合政府公共数据提供个人征信，2022 年实现 12 亿美元营收。Equifax 成立于 1899 年，1971 年在纽约证券交易所上市，是美国三大征信机构之一，其通过房产与收入记录等公共数据，提供全美领先的个人征信服务。Equifax 向个人客户提供个人信用报告及信用报告检测与自动诈骗预警等服务，因此涉及个人社会安全号码、收入记录及房产记录、历史交易记录、水电煤账单等数据，这部分数据按照《开放政府数据法案》要求属于公共授权数据的类别。

（二）欧洲公共数据开发利用模式

欧洲层面，欧盟一直强调公共数据的无偿开放和高价值数据的有偿使用相结合的公共数据开发利用模式，通过公共数据的相关立法如《公共部门信息再利用指令》《数据治理法案》等以及公共数据开放平台的建设，实现上述两者的统一与平衡。同时，欧洲主要国家如英国、德国等也在积极推动公共数据商业化利用并取得相应的成效。

1. 欧盟层面统一立法和平台的建设

由于欧盟成员国在法律上的差异对数据经济的发展构成了障碍。2003 年，欧盟发布了《欧洲议会和理事会关于公共部门信息再利用的第 2003/98/EC 号指令》。该指令明确了"文件"的定义，规定了再利用的基本原则，包括收费政策和竞争规则。

2013 年，欧盟对 2003 年的指令进行修订，形成《欧洲议会和理事会关于公共部门信息再利用的第 2013/37/EC 号修正指令》。此后，2019 年，欧盟发布了《开放数据与公共部门信息再利用指令》（以下简称《指令》），该《指令》是对 2013 年指令的修订与完善。《指令》围绕树立数据收费原则、明确数据开放格式与接口要求、限制排他性协议、建立高价值数据集等举措推动欧盟公共数据的开放与利用，同时对开放数据范围作了限制，排除了对第三方持有知识产权信息的再利用。在数据收费方面，欧盟主张开放数据应该免费，包括符合规定的高价值数据集与研究数据，但为保护个人隐私、商业秘密等产生相应的成本可以收取成本费用。此外，对于大学图书馆、博物馆等公共事业单位可以考虑给予其合理的投资回报等。在明确数据开放格式与接口要求方面，《指令》提出提供的开放数据和元数据需符合正式的标准并能以电子方式提供，并以应用程序接口

（API）形式提供实时数据。在限制排他性协议方面，《指令》防止公私部门"排他性"协议的达成，提出开放数据应向所有可能的使用者开放，但不排除涉及公共利益、知识产权等特别情形下达成排他性协议的情况，为此《指令》从审查机制、时效等方面对此类情形进行了规制。在建立高价值数据集方面，欧盟引入了高价值数据集的概念，高价值数据集包括地理空间、地球观测和环境、统计、气象、移动、公司及公司股权所属6类数据集。在《欧洲数据战略》中提出欧盟会进一步细化《高价值数据集实施法案》来指导高价值数据集的再利用，《高价值数据集实施法案》已于2022年6月完成公众意见征询。

2022年生效的欧盟《数据治理法案》调整了《指令》的相关内容，在第二章第六条规定了涉及相关类别数据公共部门机构可以收取允许重复使用此类数据的费用，实质上是变相的授权运营费用。涉及收费的数据包括商业机密（包括商业、专业和公司机密）、统计数据、第三方知识产权以及个人数据。对于收费参考标准，第六条也进行了明确，提出收费仅限于以下方面有关的必要费用，包括：数据的复制、提供和传播；权利的清理；个人数据和商业机密数据的匿名化或脱敏；维护安全处理环境；获得允许公共部门以外的第三方根据本章重新使用的权利；协助再使用者向资料主体寻求同意，并向权益可能受该等再使用影响的资料持有人寻求许可。

在公共数据对外开放统一平台建设方面，欧洲建立了开放政府数据门户网站data.europa.eu。data.europa.eu门户网站由欧盟委员会组织开发，参与方由Capgemini Invent牵头，Netcompany-Intrasoft（卢森堡）、Fraunhofer Fokus（德国）、Conterra（美国，电信网络公司）、Sogeti（法国）、南安普敦大学（英国）、Time.Lex、North 52、里斯本理事会等参与。data.europa.eu网站上共有160多万数据集，共分为181个目录，开放数据量全球第一。网站上支持按照数据类别（农业、能源、教育、健康、司法等）、国家、来源机构、关键词、格式（CSV、XML、html、TXT、JSON、XLS、PDF、ZIP、XLSL等）、许可方式进行筛选，支持按照相关性、名称、最近修改、最近创建对检索结果进行排序。同时，网站上提供已收录政府数据网站列表并介绍如何使用开放政府数据，以及开放政府数据的经济效益。data.europa.eu网站上的数据来源于36个国家，除欧盟成员国外，还包括英国、乌克兰等国家。

2023年11月，data.europa.eu网站发布了《开放数据成熟度报告2022》（以下简称《报告》）从数据开放政策、数据开放影响力、数据开放平台以及数据开放质量四个维度进行评价，涵盖欧盟成员国以及其他国家共36个国家。

《报告》在评价数据开放平台时提出没有一个欧洲国家发布所有用户要求的数据集。监测用户请求数据集的门户网站中，有一半发布了大多数请求数据集。

此外，近 1/3 的国家（32%）称大约一半的请求数据集最终会发布。因此，平台发布的数据远远达不到用户所期望的需求。对于平台的改进频率，大部分国家通常季度进行审查与改进，半年以上的占 52%，数据开放平台的更新动力与频率稍显不足。而在数据集更新频率方面，大部分的国家无法做到数据集的实时全部更新。根据《报告》统计，2022 年欧盟成员国能够做到全部数据集实时更新的只有斯洛文尼亚 1 个国家，有 15 个成员国可以做到大部分数据集的实时更新，以及 4 个成员国可以做到大约一半数据集的实时更新，少量数据集做到实时更新的国家多达 7 个，因此，数据集更新的频率有待进一步提升。

2. 欧洲主要国家公共数据商业化利用实践

除在欧盟的公共数据平台上面开放公共数据外，英国和德国在公共数据的授权使用方面取得较为理想的成效。英国国家标准的管理由英国标准协会（The British Standards Institution，BSI）负责。该协会成立于 1901 年，作为一家非营利组织，1929 年被英国政府正式确认为英国国家标准化的主管机构。它负责国内的国家技术标准管理，并代表英国参与 ISO、IEC 等国际标准化组织的活动。德国的国家标准管理体制与英国类似，其管理主体是德国标准化协会（The German Institute for Standardization，DIN）。其同样是一个非营利的民间组织，德国政府将其认定为国家标准的主管部门，负责制定和管理国家标准，并代表德国参与国际标准化组织的会议。

英国标准协会创建了一个标准购买网站，提供英国国家标准的文本信息和相关数据，售价在每条 100~500 英镑。德国标准化协会也有类似的网站，标准售价在每条 100~400 欧元。根据公开的数据，标准有偿供给的收入占英国标准协会总收入的 15%，而在德国标准化协会中，这一比例高达 60%。由于标准信息是有偿提供的，这使得企业与政府之间的合作更加紧密，政府在标准的收集、整理、管理和开放过程中更加注重企业的需求，从而使得这些标准信息更容易被实际应用。这一机制反过来也支持了英国和德国标准化事业的发展。

（三）我国公共数据开发利用与美欧的对比与启示

根据《中国地方公共数据开放利用报告（省域）》数据显示截至 2023 年 8 月，我国已有 226 个省级和城市的地方政府上线了数据开放平台，其中省级平台 22 个（不含直辖市和港澳台），城市平台 204 个（含直辖市、副省级与地级行政区）。与 2022 年下半年相比，新增 18 个地方平台，其中包含 1 个省级平台和 17 个城市平台，平台总数增长约 9%。通过对我国公共数据开放利用的现有情况的梳理，将在顶层制度、平台建设与商业运营模式三个方面与美欧进行对比。

1. 顶层立法的对比

在顶层立法方面，为了促进公共数据的开放利用，中国从 2007 年始出台《中华人民共和国政府信息公开条例》（简称《政府信息公开条例》），并于 2019 年完成条例的修订。《政府信息公开条例》要求各级政府积极推进本级政府信息公开工作，并且应逐步增加政府信息公开的内容。按照条例的要求，政府应该制定公开指南和公开目录，并对公开指南和公开目录的内容提出了相应要求。在公开方式上，条例规定政府可以采取主动公开和依申请公开两种公开方式，并对主动公开和依申请公开的信息内容进行了明确，其中对于涉及国家安全、公共利益、商业秘密以及个人隐私等政府信息，行政机关不得公开。与欧盟《开放数据指令》《数据治理法案》相比，中国的《政府信息公开条例》侧重于政府信息的公开，强调政府的开放义务，而对于公共数据的利用以及公共数据的收费模式等内容暂未涉及。中国在国家层面未对公共数据的开发利用进行清晰的规制，相关的内容散落在地方性立法或实践中，如北京为推动公共数据在金融场景的应用，设立了金融公共数据专区，《海南省公共数据产品开发利用暂行管理办法》创新数据产品的开发与数据服务方式等。

2. 平台建设的对比

在统一数据开放平台建设方面，自《政府信息公开条例》以来，我国一直在推进公共数据的共享开放，但我国在国家层面缺乏对公共数据流通、开发利用的统一指导，单纯依靠各地出台公共数据条例或管理办法，推动本地区公共数据的共享开放利用。而且美国与欧盟层面当前建立了统一的公共数据开放平台，一定程度上实现了对全境公共数据的归集，反观我国在统一平台建设方面存在缺失。目前，在我国 27 个省级行政区（不含直辖市和港澳台地区）中，81.84% 已经上线了公共数据开放平台，但缺乏国家层面平台。由于统一平台的缺失，造成全国各地普遍存在共享渠道未打通，开放数据质量不高，公共数据利用率低等情况。在公共数据的共享、开放、开发、利用尚未形成全国性的统一机制。

3. 商业运营模式的对比

虽然公共数据开放平台建设如火如荼，但依然面临开放数据质量低、开放数据更新频率慢、地方政府动力不足等问题，因此我国开始探索公共数据开发利用新的模式。《中华人民共和国国民经济和社会发展第十四个五年规划和 2035 年远景目标纲要》明确提出"开展政府数据授权运营试点，鼓励第三方深化对公共数据的挖掘利用"。"数据二十条"明确提出推进实施公共数据确权授权机制。当前，全国主要地方已在积极探索公共数据授权运营工作，主要的模式包括基于国有企业的单一集中授权模式，如上海、贵州等，以及基于多元性质企业的分散性授权模式，如浙江等。美欧对公共数据采取有偿收费、授权运营等模式，而且承担的主体主要是有服务能力和技术能力的私营企业或非营利性机构。从体制、机制上暂时谈不上优劣，不过值得借鉴的是欧盟有偿利用公共数据的做法。欧盟首先识别公共数据中的高价值数据集，基于高价值数据集再确定收费规则，在运作模式上对于我国的公共数据授权运营机制有一定的参考意义。

通过与美欧在公共数据在顶层制度、平台建设与商业运营模式三个层面的对比分析，我国应该继续健全机制加快公共数据共享开放与利用，同时加强立法，完善公共数据的收益分配机制，从而促进以公共数据为"支柱"，以企业数据与个人数据为"双翼"的数据流通交易模式，繁荣我国数据要素市场。

我国一方面应加强在公共数据开发利用方面的立法，健全建立公共数据共享开放与利用机制，促进公共数据在全国范围内流通；另一方面加强全国性统一平台的建设等。同时，可参考欧盟基于行业数据建立的统一共同数据空间，优先从特定行业公共数据入手，通过国家层面立法，破除行业、地区壁垒，从而实现特定行业公共数据在全国范围内的流通。

此外，当前欧盟对公共数据的收益分配机制进行了一定的尝试，如《数据治理法案》中对特别类别的公共数据的再利用采取收费模式。再如《数据法案（草案）》中，对于用户与数据持有者、数据持有者与第三方接收者、公共部门与数据持有者分别进行了收益分配的不同设置。我国可完善收益分配机制，针对个人与企业、个人与公共部门、企业与企业、企业与公共部门之间基于不同情形下设置不同的收益分配方式，从而促进个人数据、企业数据、公共数据在个人、企业与公共部门之间自由流通。

三、国外主要数据交易平台的商业模式*

数据交易或者交换，也就是信息的传递和共享，是人类社会沟通、协作与发展的基础。自古以来，人类以各种形式进行数据交易或交换。最早的数据交易可能是情报的采集与传递，主要通过语言、文字、符号等方式，传递政治、军事或经济相关的信息。此外，数据的交易与交换在商业活动中一直占据着重要地位，无论是古代商人通过手稿记录交换贸易信息，还是工业时代通过统计数据优化生产流程，数据交易始终是推动知识发展和经济增长的重要力量。随着技术的发

---

* 周舸，中电科发展规划研究院高级工程师；易晓峰，提升政府治理能力大数据应用技术国家工程研究中心高级规划咨询顾问，贵阳贵安大数据专家库专家；魏伟，中国电子信息产业集团高级工程师。

展，尤其是以互联网等技术为代表的信息技术的发展，数据交易和交换的效率不断跃升、规模不断扩大、频率不断提高，日益成为人类生产生活不可缺少的一部分。在此过程中，全球数据交易的概念和模式也经历了深刻的变革。

（一）全球数据交易平台发展态势

19世纪60年代，纽约布鲁克林出现第一家信用局，开启美国数据交易市场先河；19世纪末期，Equifax创立，成为美国三大个人征信机构之一；20世纪20年代，德国柏林电力公司以用户的电费支付情况对个人分期付款进行评估，成为德国数据交易产业萌芽的标志；20世纪中期，信用卡业务快速发展，信用卡用户的大量增长催生了金融机构对数据交易业务的旺盛需求，信用机构开始兴起，向金融机构提供客户信息以及发现潜在用户，这一时期，FICO公司成立，其打造的信用评分系统为各大行沿用至今。20世纪70年代起，美国的数据交易逐步进入电子化时代，初步形成现代数据交易雏形。1969年，Acxiom公司创立，为营销活动和欺诈检测提供数据和数据分析服务，其数据库涵盖全球7亿用户信息，目前在全球12个国家设立分公司。2003年，Intelius公司成立，这个强大的人物搜索工具为客户提供背景调查和公共记录数据。2008年，Factual公司成立，该公司收集近6亿活跃用户的位置信息，数据覆盖7500万个位置，涵盖50个国家的商户、公园和其他的景点，包括苹果、微软、Meta等在内的大型公司均是其客户。

数据交易发展至今，已经在全球形成906亿美元的大市场（2022年），并预计从2023年到2030年将以15.8%的复合年增长率（CAGR）持续增长。

（二）国外数据交易的主要商业模式

按照数据源、盈利模式、客户群体等不同，可以将数据交易平台的商业模式分为数据经纪模式和数据中介模式两大类。

1. 数据经纪模式

数据经纪模式指依托数据经纪商开展数据交易业务的模式。根据维基百科给出的定义，数据经纪商指从公共记录或私人来源收集个人信息（如通过人口普查、用户向社交网站提供的资料、媒体与法庭报告、选民登记清单、购物记录等获取数据），并将汇总收集到的数据创建成个人档案（内容涉及年龄、种族、性别、婚姻状况、职业、家庭收入等），最后将此个人档案出售给特定群体，用于广告、营销或者研究等用途。欧洲数据保护监管机构将数据经纪商定义为，收集有关消费者的个人信息，并将其出售给其他组织的实体。美国联邦贸易委员会将数据经纪商定义为，从各种来源收集包括消费者个人信息，并将该信息二次销售给具有多种目的（包括验证个人身份、征信记录、产品营销以及预防商业欺诈等）客户的公司。美国佛蒙特州《数据经纪商法案》首次在法律上明确了数据经纪商的概念，该法案定义数据经纪商为，有意向第三方收集、销售或许可与该企业没有直接关系的消费者个人信息的企业。

由上述定义可知，数据经纪模式的特点：一是数据来源均指向个人。数据经纪商不管从政府来源、商业来源还是其他公开渠道来源，其收集的数据都是个人信息数据。在美国，数据经纪商几乎拥有所有美国消费者的数据，绝大多数情况下消费者本人对此并不知情。二是直接依靠数据本身获取收益。数据经纪商收集海量个人信息数据后，就像普通商品一样，依据市场化定价，将数据直接打包并进行销售并获取收益，此过程简单、直接，不涉及数据加工或分析所产生的附加价值。三是客户群体相对固定。由于数据经纪商的数据源均是个人信息数据，因此数据需求方的数据用途也相对固定，大多用于背景调查、征信、广告和营销等用途，数据经纪商和其客户之间往往会形成长期、稳定的合作关系。

2. 数据中介模式

数据中介模式是依托第三方中介平台开展数据交易的模式。按照传统电子商务模式分类，又可以大致将数据中介模式细分为 C2B 分销模式和 B2B 集中销售模式两类。C2B 分销模式下，数据平台直接与消费者个人打交道，用户主动向中介平台提供自身的个人数据。作为交换，平台向用户给付一定数额的商品、货币、服务等价物或者优惠、打折、积分或现金回报。B2B 集中销售模式下，数据平台以中间代理人身份为数据提供方和数据购买方提供数据交易撮合服务，数据提供方、数据购买方都是经交易平台审核认证、自愿从事数据交易的实体，平台对交易双方和交易过程的合规性进行背书。数据提供方既可以自行定价出售，也可以与数据购买方协商定价，并按特定交易方式设定数据售卖期限及使用和转让条件。B2B 集中销售模式更加接近数据市场的概念，与我国数据交易所的构想类似。

由上述定义可知，数据中介模式有以下特点：一是数据来源广泛。数据平台对数据来源不做限制，只要不危害国家和社会安全稳定，在符合法律法规要求的条件下，一切数据均可以上架并销售。二是依靠交易抽成或增值服务获取收益。数据平台本身不产生数据，其销售的数据均来自数据提供方。数据交易过程中，数据平台要做好交易撮合、合规认证、售后服务等增值服务，通过提供高质量服务促成数据交易双方之间的交易，来获取抽成或增值服务费用。三是客户群体丰富多样。数据平台就像一个集市，数据提供方和数据购买方都是其客户，任何有数据出售或采购需求的客户均可以入驻数据平台。数据平台为与客户之间形成相对稳定的合作关系，必须不断提高服务质量，增加客户黏性。

3. 分析比较

依据前文所述，不管是从数据源、盈利模式来看，还是从客户群体来看，数据经纪模式和数据中介模式都是两种完全相反的数据交易模式（见表9-1），在实践中很容易将其区分开。

表 9-1　数据交易平台商业模式对比

模式	数据源	盈利模式	客户群体
数据经纪	均是个人信息数据，如身份、消费习惯、健康状况等	主要是数据销售收入	相对固定，主要用于广告、营销、背景调查等
数据中介	数据源广泛，既有个人信息数据，也包括地理、气象、交通等行业数据	抽成、佣金、增值服务收益等	数据供需双方均为其客户，客户来源丰富多样

就全球范围看，很难说哪种交易模式是主流。在美国，虽然也有学者主张建立全国性数据交易所进行数据公开交易，但就现状看，美国仍然以数据经纪模式为主，这与美国对数据经纪商的监管相对宽松有关。然而在我国，对个人信息的保护相对比较严格，虽然数据经纪的概念和实践也在持续探索过程中，但市场规模和成熟度相较美国仍有较大差距。我国更加倾向于对企业数据、公共数据等开展数据交易和加工使用实践，因此，在未来一段时间内，以数据交易所为代表的数据中介模式可能是我国发展的重点。不过，鉴于数据经纪模式作为数据交易的标志性实践，已经引起全球的关注和思考。在充分考虑各国不同的法律、文化和市场特点的情况下，对数据经纪模式进行研究和分析对于我国建立更加成熟和规范的数据要素市场是非常有必要的。

（三）国外典型数据交易平台案例分析

1. Acxiom 数据交易平台

（1）基本情况。Acxiom（中文名安客诚）是 IPG 旗下世界级 4A 专业营销公司，成立于 1969 年，总部位于美国阿肯色州，是全球营销技术和服务领域公认的领导者，帮助企业通过关键性客户洞察来建立稳固、高价值的客户关系。公司业务覆盖全球 25 亿消费者，为全球 60 多个国家或地区的企业提供消费者数据和分析、数据库、数据整合、个性化的咨询解决方案以及营销策略等多种产品和服务。Acxiom 拥有强大的数据收集能力，不仅可以进行网络数据收集，还可以收集线下和移动设备数据，因而构建了一个庞大的数据资料库。公司收集有超过2.6 亿的消费者和 1.67 亿美国家庭的详细数据，包括人口统计信息（年龄、性别、职业等)、家庭特征(家庭规模、子女数量/年龄)、财务状况(收入范围、净资产、经济稳定性)、经济评估(支付能力、财务活动、潜在财务压力)、消费者细分和分析以及垂直行业的行为倾向(零售、汽车、媒体等)等维度的信息,平均可以为每人构筑高达 1500 个数据标签。

(2)商业模式。Acxiom 数据交易平台是典型的数据经纪模式,即通过各种途径收集个人数据,并进行打包销售,获取经济回报。虽然近年来,Acxiom 将业务拓展至数据分析、管理咨询、数字化平台建设等领域,但本质上这些业务均是在数据经纪的基础上延伸而来,多数情况下仍为数据经纪服务。

(3)分析评价。作为数据经纪商的老牌代表,Acxiom 已经基本将数据经纪业务发挥到极致,并且围绕数据经纪业务拓展了一大批"卫星业务",依靠强大的客户黏性,在业内积累了良好的口碑。然而,数据经纪业务对公民个人隐私保护造成极大挑战。数据经纪在个人隐私保护并不严格的美国极为活跃,但在中国、欧盟等强调数据安全和个人隐私保护的国家和地区发展则会受阻。事实上,即使是在美国,由于违规处理个人信息的事件频发,数据经纪商已经成为美国联邦贸易委员会监管和执法的重点。2024 年 1 月 9 日,美国联邦贸易委员曾发布针对数据经纪商 X-Mode Social,Inc.(Outlogic)的命令草案,拟禁止该数据经纪商使用、销售或披露敏感位置信息并要求其实施多项合规整改计划。可见,不管在何处,数据经纪模式要想持续、健康发展,必须强化其数据合规能力,保障个人隐私安全。

2. Datarade 数据交易平台

(1)基本情况。Datarade 成立于 2018 年,总部位于德国柏林,是一家专注于推动人工智能发展的全球数据贸易 B2B 服务支持企业。2020 年推出 Datarade Marketplace 数据交易市场产品;2021 年,数据交易市场规模超过 750 万美元,数据供应商注册数量达到 1000 家;2022 年,Datarade 推出 Data Commerce Cloud 数据交易云平台产品,帮助建立数据商店、数据市场集成并拓展全球数据业务,提供类似于阿里巴巴的电子商务基础设施,帮助数据供应商发展全渠道数据业务。截至 2023 年年底,Datarade 公司已实现年度数据交易收入超 100 万美元,数据交易云平台客户数量达到 500 多家。目前,Datarade 数据交易市场月访问量超过 10 万,通过平台创建的数据产品超过 4000 中,实现买卖双方供需匹配累计 30000 余次,产品用户遍布 200 多个国家和地区,服务包括 Databricks、Google Cloud 和 SAP 等在内的众多企业。

Datarade 依托 Data Commerce Cloud 和 Datarade Marketplace 两大产品,面向数据供应商提供一体化数据经营服务,面向数据消费者打造数据市场服务。

Data Commerce Cloud 是为数据供应商设计的平台,提供了一系列工具和功能，帮助数据供应商在 B2B 环境中管理和交易数据资产。平台支持用户建立数据商店，支持与多个数据市场集成，并在全球范围内拓展数据业务。通过这个平台，数据供应商可以轻松地将他们的数据产品发布到包括 Datarade Marketplace、Databricks Marketplace、Google Cloud Analytics Hub、SAP Datasphere 等在内的多个销售渠道，而无须进行复杂的数据集成。此外，Datarade 还面向不同类型的数据供应商提供了定制化的数据产品经营服务。面向初创数据供应商，侧重提供包括数据目录管理、数据店面建设、数据产品发布、潜在客户挖掘以及数据产品性能优化等多种能力；面向成熟数据供应商，注重其在全球范围拓展数据业务，满足数据业务从 1 到 100 的发展需求。

Datarade Marketplace 主要面向数据消费者，打造数据分类检索目录，并提供灵活的数据定价方式，保护数据消费者的合法权益。Datarade 已经构建了包含财务数据、地理空间数据、商业数据、消费者数据、天气数据、房地产数据等在内的 560 多个数据类别目录，并对每个数据类别生成了相应的主题页面，阐释该数据类型的内涵、使用方式、用途、示例以及该分类下的数据供应商和数据集。用户可以浏览和搜索他们所需的特定数据产品，并可以比较不同数据供应商的价格、数据质量、客户评价等指标，做出相应的选择。平台提供四种定价策略，包含一次性购买、月度许可、年度许可以及基于使用情况的定价方式。一次性购买提供了消费者买断数据相关使用权益的渠道；月度与年度许可，提供了消费者在一段时间内使用数据的许可；基于使用情况通常按照次、万次等购买，消费者可根据自身需求进行购买。除此之外，平台还提供了与数据供应商就价格进行协商的渠道。

（2）商业模式。Datarade 的自身定位为数据中介平台，旨在帮助数据消费者和数据供应商共享信息、相互联系、发起和建立业务关系。在平台服务过程中，面向数据消费者提供免费服务，同时为其提供收费的数据采购托管服务；面向数据供应商，Datarade 提供免费的基本功能（包括维护供应商列表、响应数据请求、供应商收藏夹等功能），也提供高级付费订阅功能，提供数据托管等相关服务。此外，Datarade 面向数据供应商提供数据资产经营平台等相关服务。总体而言，Datarade 的主要收入来源于为数据供应商提供的各种增值服务。

（3）分析评价。Datarade 是全球最大的数据交易市场，提供个性化和多样化的服务，为数据交易双方提供便捷、可靠的交易场所。但是，Datarade 也存在两个方面的问题：一是数据供应商准入管理比较薄弱，没有明确的准入门槛，相关的权利责任关系不清晰，一旦出现问题容易出现推诿扯皮的现象，也难以保障数据消费者的相关权益；二是 Datarade 仅聚焦数据中介业务，不涉及数据经纪业务，客户黏性不够强，后续可能存在逃单的风险。

第十章　实践案例

案例一　数据要素领域的学术研究实践[*]

近年来，国家出台了一系列政策、文件，提出探索推进数据开发利用、挖掘数据价值、促进数据要素市场化配置改革等工作要求，越来越多的学者开始围绕数据要素的理论和应用开展研究工作。为了解我国数据要素主要研究领域与发展趋势，本案例以中国知网《中国知识资源总库》2020年至2024年8月的期刊论文为样本，遴选出符合数据产业、数据流通技术、数据要素基础理论、数据要素基础制度、数据要素市场、数据资产化与创新应用等六大领域的数据要素论文1.4万余篇并进行分析。

1. 发文趋势

2020年至2024年8月，数据要素领域国内期刊论文历年发文情况如图10-1所示，可以看出，整体呈现稳定上升趋势，2020~2023年的年均增长率为19.94%，说明我国在数据要素领域发表的国内期刊论文的规模正在不断扩大。

2. 主要发文机构

2020年至2024年8月，数据要素领域国内期刊论文发表情况如表10-1所示，从发文量和被引频次来看，中国人民大学最高，发文221篇、被引5819次，其次为清华大学，发文186篇，被引5067次。从篇均被引来看，中国社会科学院大学发表论文的篇均被引远高于其他高校，为53.94次，其次为中央财经大学，篇均被引为36.98次，中山大学、对外经济贸易大学篇均被引分别为35.71次、33.05次，其他高校篇均被引均低于30次。

---

* 案例提供：同方知网数字出版技术股份有限公司，作者：伍军红、郭文涛、曹红玉。

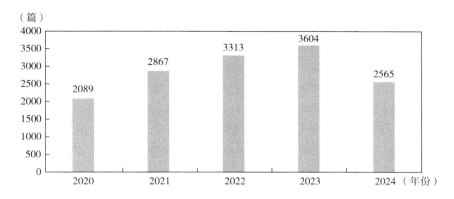

图 10-1 数据要素领域国内期刊论文历年发文情况

资料来源：《中国知识资源总库》，评价指标统计时间截至 2024 年 8 月 16 日。

表 10-1 数据要素领域国内期刊论文发表情况

机构	发文量（篇）	被引频次（次）	篇均被引（次）	下载频次（次）	篇均下载（次）
中国人民大学	221	5819	26.33	541559	2450.49
清华大学	186	5067	27.24	441303	2372.60
武汉大学	161	3393	21.07	278925	1732.45
北京大学	158	3667	23.21	359912	2277.92
中国信息通信研究院	136	1940	14.26	129150	949.63
浙江大学	127	2261	17.80	230123	1811.99
南开大学	126	2603	20.66	245945	1951.94
复旦大学	119	2212	18.59	210661	1770.26
中国政法大学	117	1679	14.35	184012	1572.75
对外经济贸易大学	109	3602	33.05	255819	2346.96
华东政法大学	108	1622	15.02	133613	1237.16
南京大学	108	1449	13.42	203576	1884.96
中国科学院大学	104	852	8.19	103090	991.25
吉林大学	96	1919	19.99	216867	2259.03
上海大学	96	1204	12.54	123632	1287.83
中央财经大学	92	3402	36.98	320476	3483.43
西南政法大学	90	950	10.56	115170	1279.67
国家信息中心	86	1185	13.78	95858	1114.63
中国社会科学院大学	85	4585	53.94	325929	3834.46
上海交通大学	77	1461	18.97	109827	1426.32

续表

机构	发文量（篇）	被引频次（次）	篇均被引（次）	下载频次（次）	篇均下载（次）
黑龙江大学	71	324	4.56	67603	952.15
西安交通大学	70	1647	23.53	175065	2500.93
郑州大学	68	502	7.38	58608	861.88
北京师范大学	67	1276	19.04	108307	1616.52
中南财经政法大学	66	1010	15.30	118516	1795.70
北京邮电大学	60	454	7.57	46823	780.38
中山大学	58	2071	35.71	171553	2957.81
中国人民公安大学	58	395	6.81	48264	832.14
贵州大学	58	290	5.00	41145	709.40
东南大学	57	974	17.09	94299	1654.37

资料来源：《中国知识资源总库》，评价指标统计时间截至 2024 年 8 月 16 日。

3. 主要研究领域及变化趋势

关键词是通过 3~5 个专业名词术语来直观地反映文章的主题和研究内容，便于读者检索和引用。通过对关键词进行聚类分析，能够帮助读者更加直观地了解相关领域的研究热点及其发展趋势。

将数据要素领域的论文关键词按年进行聚类，可以发现，"数据要素""数据资产"在各年的排序呈现明显的上升趋势，表明学者越来越重视数据要素的特征、作用机理、市场化的理论及建设，数据资产概念发展与理论框架、价值评估等方面的研究。另外，"数据安全""数据治理""数字经济""数字贸易"尽管排序稍有波动，但仍然是学者长期关注的核心领域。"数字化转型""大数据""数据加密技术"等关键词的关注度在逐年下降，反映了学者的研究重点从数据技术，逐步转向关注如何利用现有的数字化技术推动产业升级、提升数据价值。值得注意的是关键词"新质生产力"在 2024 年排名较为靠前，成为部分学者新的研究方向（见表 10-2）。

表 10-2　数据要素领域国内期刊论文历年关键词变化情况　　　　单位：次

序号	2020 年		2021 年		2022 年		2023 年		2024 年	
	关键词	频次	关键词	频次	关键词	频次	关键词	频次	关键词	频次
1	大数据	307	数字化转型	343	数字化转型	344	数字经济	404	数据要素	235
2	数字化转型	217	大数据	234	数据治理	327	数据安全	293	数据安全	227
3	数据安全	167	数据安全	209	数据安全	274	数据治理	265	数据治理	208

续表

序号	2020 年		2021 年		2022 年		2023 年		2024 年	
	关键词	频次	关键词	频次	关键词	频次	关键词	频次	关键词	频次
4	数据治理	165	数据治理	205	数字经济	265	数据要素	202	新质生产力	204
5	数字经济	74	数字经济	153	大数据	236	数字化转型	195	数据资产	142
6	数字贸易	65	数字化	126	数字贸易	178	数字贸易	184	数字经济	135
7	区块链	64	数字贸易	120	区块链	152	数据资产	128	数字化转型	116
8	数据加密技术	56	区块链	112	数据要素	147	大数据	111	数字贸易	110
9	云计算	49	数据资产	77	数据资产	126	区块链	104	大数据	90
10	数据资产	44	数据加密技术	64	数据共享	110	联邦学习	71	高质量发展	80
11	数字化	42	数据	61	数字化	57	高质量发展	62	区块链	73
12	计算机	41	网络安全	54	隐私保护	52	数据共享	59	公共数据	68
13	网络安全	41	隐私保护	49	数据交易	51	数据交易	55	数据共享	48
14	商业银行	37	数据要素	48	数据	51	数据跨境流动	52	数据流通	41
15	隐私保护	36	人工智能	40	数据跨境流动	43	数据	48	数据交易	40
16	大数据应用	35	数据共享	39	全要素生产率	42	隐私保护	48	数据跨境流动	36
17	数据加密	34	计算机	36	跨境数据流动	41	公共数据	46	数据	34
18	数据共享	33	跨境数据流动	36	数字技术	39	隐私计算	42	全要素生产率	34
19	信息安全	31	信息安全	36	数字政府	39	跨境数据流动	39	数据产权	32
20	数据要素	31	数据加密	35	高质量发展	38	同态加密	38	数据要素市场	32
21	数据	29	转型	34	联邦学习	37	数据产权	38	隐私保护	31
22	全要素生产率	28	联邦学习	32	数字治理	37	数据流通	38	数据资源	30
23	人工智能	27	数据清洗	32	数据管理	37	数字贸易规则	37	科技创新	29
24	大数据产业	27	商业银行	30	数字贸易规则	32	数据主权	36	数据确权	27
25	数据质量	24	云计算	29	数据要素市场	31	数据要素市场	35	数据质量	23
26	数据管理	23	全要素生产率	29	数据清洗	31	数据确权	34	数据管理	22
27	数据清洗	23	大数据应用	27	数据产权	31	人工智能	33	价值评估	22
28	计算机网络	23	金融科技	27	人工智能	31	RCEP	33	档案数据	21
29	安全	22	同态加密	26	科学数据	30	数字化	30	授权运营	21
30	金融科技	20	数据跨境流动	26	个人信息保护	29	网络安全	28	数据安全治理	20

资料来源：《中国知识资源总库》，评价指标统计时间截至 2024 年 8 月 16 日。

4. 研究热点分析

对 2020 年至 2024 年 8 月数据要素领域高影响力论文[①]进行关键词共现分析（词频≥5 次），如图 10-2 所示，图中颜色深浅表示关键词属于不同的聚类，结点的大小表示关键词出现的频率，连接两个关键词节点的线条长度表示两个关键词之间的紧密程度。

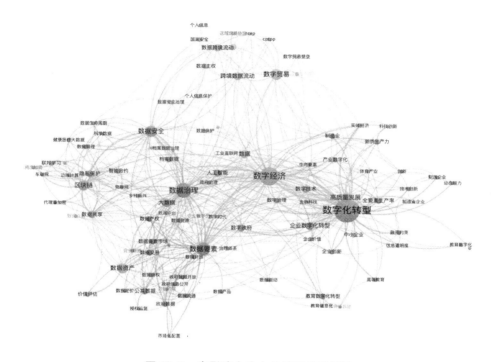

图 10-2　高影响力论文关键词共现情况

图 10-2 中形成了以"数据治理"（19 个节点）、"数据安全"（17 个节点）、"数字化转型"（16 个节点）、"数字贸易"（14 个节点）、"数字经济"（9 个节点）等热点研究主题的 10 个聚类，共包括 104 个节点和 588 条连线。关键词"数据治理""数据要素""数据交易""数据产权""数据要素市场"等联系较为紧密，说明数据要素市场的构建与完善、数据要素产权归属及治理逻辑、政府数据治理方式变革是研究者的热点研究方向。另外，围绕关键词"数据安全"与"区块链"形成的一簇研究成果，节点涵盖"隐私保护""数据共享"等，表

---

①　学术精要数据库，https：//xsjy.cnki.net/Contact/HelpCenter。

明区块链在数据安全、数据共享与隐私保护的治理方面逐渐成为学者们的研究热点。此外，"数字化转型"与"数字经济""高质量发展""全要素生产率"等关键词联系紧密，表明数字化转型与全要素生产率的关系、数字经济下数据生产要素属性及配置、数字化转型在推动经济高质量发展中的重要性等一直是学者们关注的重点与热点。

案例二 公共数据授权运营浦东实践[*]

公共数据授权运营是推进公共数据社会化开发、激发公共数据潜能的必然路径。浦东新区作为社会主义引领区，需要结合浦东新区的产业优势，在公共数据授权运营领域探索出落地的方式方法，切实促进产业的高质量发展。浦东新区公共数据授权运营坚持赋能实体经济这一主线，秉持开放与安全并行、领域与场景并重、创新与落地并举三项原则，以充分实现数据要素价值、促进全体人民共享数字经济发展红利为目标，充分发挥数据要素的乘数、倍增价值，助力浦东新区数字经济高地建设。

1. 落地与创新并举

上海数字产业发展有限公司（以下简称上海数产）打造数据资源平台和数据运营平台，通过数据资源平台对各个委办局的数据进行汇集和基础的加工治理，再反哺给各个委办局使用，在委办局之间进行数据共享和交换。这为公共数据授权运营打下了坚实基础。通过数据运营平台进行公共数据与企业数据的融合，挖掘公共数据价值，供给各个企业使用，形成数据产品交易、产生经济效益。

上海数产一方面以需求驱动，探索"领域+场景"授权的方式；另一方面探索从数据资源盘点、数据合规评估、数据价值评估到数据登记确权的数据资产化流程，力求走通数据资产化的"最后一公里"。

2. 开放与安全并行

在数据开放方面，坚持共享共用，本着公共数据免费或成本价的原则，降低企业使用公共数据的成本。充分发挥市场机制，纳入数据全生命周期的各类数据企业，联合探索公共数据价值化路径，这样能调动整个数据产业生态的积极性。坚持先行先试，以浦东新区的公共数据来撬动产业数据，吸引高质量数据要素集

---

* 案例提供：上海数字产业发展有限公司，作者：杨冠军、张宁、尹洪刚、聂影、陈豪。

聚。同时结合浦东新区的产业优势，以业务场景需求驱动，打造典型的数据产品和服务，真正满足企业的数据需求，提升企业的生产经营效益。

在数据安全方面，坚持安全可控，促进合规流通。安全是底线，必须得到保障。通过隐私计算、区块链等技术打造可信数据空间，企业需要在可信数据空间中进行数据加工，把处理的结果拿出去使用，原始数据可用不可见。

3. 领域与场景并重

创造性地采取"领域+场景"授权的公共数据授权运营新模式。上海数产作为浦东新区公共数据的一级开发公司（即领域授权），对公共数据进行开发利用。严格遵守浦东新区对数据安全和隐私保护的要求，采取技术手段和制度体系保障数据安全。对于场景明确的公共数据资源需求，社会组织可通过新区公共数据授权运营平台提出申请，浦东新区授权上海数产联合数字产业生态企业，在场景方面进行公共数据开发利用、加工处理，鼓励公共数据产品挂牌交易，探索数据资产入表。

浦东新区的公共数据授权运营实践，不仅有利于打破部门不敢放、不愿放的顾虑，提高公共数据资源的开发利用水平，还能持续提升公共数据的质量和价值，贡献更多经济收益。

4. 典型案例

（1）气象数据应用场景。浦东新区气象局、上海华云实业、上海数产、蚂蚁数科共同携手，将太阳辐射、温度、湿度、风速等气象基础数据与社会数据融合开发，并通过机器学习进行优化迭代，最终形成高准确性的农业气象预测、光伏发电量预测等数据产品，不仅为农业保险的定费、定损、定责提供透明公正的研判支撑，还可助力发电企业实现效率最大化（见图10-3）。在极端天气来临时，也能提前采取措施保护，以确保发电设备的正常运行。

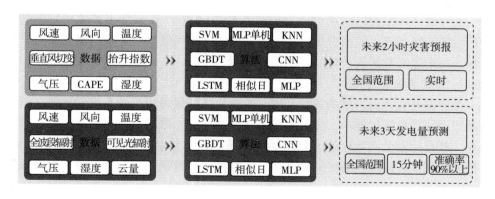

图10-3　数据产品

（2）金融数据应用场景。上海数产牵头整合公共数据与社会化数据资源，探索开发形成园区贷、烟火贷数据产品。园区贷场景与工商银行、张江集团合作，在企业授权情况下，基于园区企业专利、用电及租金等数据进行精准画像，对企业批量予以贷款授信，从过去"一个一个选苹果"到"一筐一筐装苹果"。烟火贷场景与建设银行、收钱吧、维智卓新等合作，在中小商户授权下，通过商户交易流水、持续经营潜力指数反映中小商户真实经营状况，丰富金融机构授信贷款模型维度，进而增强对中小微商户的金融扶持力度。

案例三 行业创新中心赋能公路交通数据的可信流通[*]

2023年，我国公路货运量403.37亿吨，占全国货运量的73.68%。公路货运中90%以上由中小微运输企业和个体司机承担。这类从业者受教育程度普遍不高、大多来自农村，且多为自雇个体经营者，导致其在银行征信体系中信用积累较薄弱。同时，公路货运行业又面临着运费周期长，通行费、油费等物流成本即时发生的行业现象，使得行业融资需求旺盛。在缺乏有效征信措施的情况下，出现融资难、融资贵的现象。

上海金润联汇数字科技有限公司（以下简称金润数科）深耕交通行业11年，首创全国货车ETC先通行后付费的保理模式。金润数科以路网运行监测数据为基础，融合人、车、路等多维数据，秉承原始数据不出域的原则深挖数据要素价值，首创了融合主体信用、通行行为信用、资产信用为一体的"三信合一"信用评价体系，为了解决公路货运行业的融资难题提供了现实可行性和典型示范。目前已经与山东、广东、江苏、浙江、贵州、湖南等10余个省份的ETC发行方共建ETC综合服务体系，实现系统对接，成为各省ETC增资服务商，累计为1万多家货运企业，100多万辆车主提供超600亿元的ETC保理融资服务。2022年2月，金润数科旗下全资子公司金润征信成为上海数据交易所首批数据产品挂牌企业。金润征信在上海数据交易所的协同联动支持下于2023年完成上海市首批数据资产入表试点，并于2024年基于数易贷产品完成交通领域首家数据资产质押融资。

2023年，金润数科与上海数据交易所联合共建"上海数据交易所公路交通

* 案例提供：上海金润联汇数字科技有限公司，作者：赵星星。

数据行业创新中心"（以下简称行业创新中心）齐力推进公路交通数据的可信流通和价值实现。行业创新中心基于上海数据交易所在制度规范、交易服务体系等方面的优势以及金润数科在交通行业数据应用、数据科技上的优势，通过数据产品登记、挂牌、交易等行业性运营举措，激活公路交通数据价值，发挥数据要素乘数效应。截至 2024 年 8 月，行业创新中心已经为云南云通数联科技有限公司、云交投商业保理（上海）有限公司、中交云南高速公路发展有限公司、广东联合电子服务股份有限公司、福建省高速公路信息科技有限公司等交通行业国有企业完成了数据产品挂牌，挂牌产品数突破 130 个，有效促进了交通大数据的场景化赋能，并助力云交投商业保理（上海）有限公司完成云南首家数据资产入表工作，为交通领域数据资产创新应用奠定了良好的基础。

行业创新中心秉承场景牵引、数据赋能的原则，基于安全、可控、可信的数据资源化解决方案，持续不断地推进交通大数据的产品化和资产化工作，以数据产品场内市场化运营的交易模式为交通领域数字化转型升级提供新思路。

案例四 利用企业多维数据构建产业金融服务[*]

随着人工智能、大数据、云计算和区块链等技术的发展，产业数字金融迎来了快速发展期。政府的"十四五"规划强调了对中小企业的支持，为银行提供了服务实体经济的指导。银行需要深入了解区域产业，特别是中小企业密集的领域，以提供决策支持。

传统金融服务面临信息不对称问题，难以掌握产业链的商机，规避风险，增加了服务成本。但随着数字化技术的应用，金融机构能更好地掌握产业链情况，降低风险成本，帮助中小企业获得金融服务。

启信宝利用其在人工智能和大数据领域的经验，为银行提供了产业链数据服务和分析平台，帮助银行更精准地评估中小企业的信用和融资需求。这有助于银行提供个性化、高效的金融服务，降低成本，推动信贷业务增长，支持中小企业，促进实体经济发展（见图 10-4）。

启信宝的数据资源帮助银行从不同层面深入了解产业和企业，以优化金融服务。

---

* 案例提供：上海生腾数据科技有限公司，作者：季伟桐、康龙。

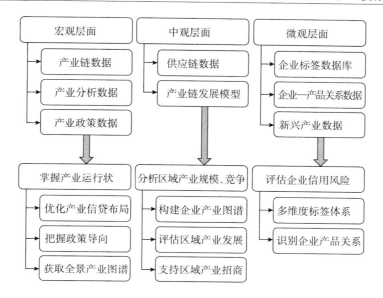

图 10-4 企业多维数据构建产业金融服务

宏观层面：银行利用产业链、政策和景气指数等数据，全面了解产业运行和趋势，优化信贷布局。

中观层面：通过供应链和产业链发展模型，银行分析产业规模、竞争力和潜力，支持决策和招商引资。

微观层面：利用企业标签、产品服务关系和新兴产业数据库，银行精准评估企业信用和潜力，实现精准营销和风险控制。

综合这些数据，银行能够全面了解客户，提供精准的产业金融服务，支持企业成长和区域经济的高质量发展。

启信宝的产业金融服务解决方案框架包括：

数据层：整合了外部数据如产业图谱、政策和企业信息，并与金融机构的内部数据结合，创建了全面的数据基础。

模型算法层：在丰富数据基础上，使用启信宝研发的模型算法，如企业评分和区域发展模型，进行量化评估，产出结构化数据。

平台层：利用量化数据，提供核心功能模块，如产业分析、产业链拓展、企业全景图谱，帮助金融机构深入理解产业趋势，精准拓展业务，提高风险管理。

应用场景层：结合平台层功能，创建了包括产业分析、营销、风控、授信调查、企业评价、业务统计和监管上报等多场景应用，为金融机构提供全面的服务。

启信宝为金融机构提供了一站式的解决方案，以支持产业金融服务的各个方面，其构建产业链图谱使银行能清楚看到企业在产业链中的位置和上下游关系，帮助银行深入了解企业业务和市场地位，提供精准金融服务（如供应链金融和贸易融资），利用大数据分析识别关键企业，做出明智信贷和投资决策，通过分析企业交易、财务和市场表现，及时发现风险和机会。

产业金融对社会有多方面的积极影响，包括促进经济增长、支持中小微企业、改善信用环境、推动技术创新、优化营商环境、加强金融机构的社会责任和创新，这些因素共同为经济的可持续发展做出贡献。

案例五　标准地址助力城市全域数字化转型*

在信息化高速发展的当下，城市管理、资源分配、智慧城市建设等领域均面临信息碎片化与地址数据不统一的严峻挑战。以下痛点尤为突出：①地址数据混乱，导致数据难以整合与共享；②决策效率低下，基于不规范的地址数据决策，容易导致资源浪费和误判；③空间分析能力受限，不统一的地址体系限制 GIS 在城市规划、网络优化等领域的深入应用；④智慧城市建设受阻，地址数据不完善阻碍各系统间的互联互通。因此，建立统一的标准地址库，将为城市建设的数字化、信息化、智能化等提供强大的数据支撑。

针对上述痛点，中科宇图科技股份有限公司（以下简称中科宇图）创新标准地址管理方案，构建统一、精准、动态的地址数据库，为企业提供标准地址数据解决方案，加速全域数字化转型。

该方案融合多任务预训练 MOMETAS、句子对预训练 MaSTS 及多模态预训练以及大数据处理与存储技术等，实现多源地址数据高效整合与标准化，确保数据一致性；增强地址语义理解，使其更贴近实际应用；拓宽数据处理边界，融合文本与图像，提升识别精准度。GIS 系统助力下，标准地址与空间数据深度融合，精准赋能城市规划、交通、公共服务等领域。

该方案设立实时数据更新机制，保障数据时效，为城市管理提供即时决策依据。同时，开发智能决策系统，利用数据挖掘与分析技术，洞察城市人口流动、资源分布等关键信息，为政策制定提供科学依据，优化资源配置，促进服务均衡。

此举不仅提升了政策精准度与治理效率，更促进城市资源的优化配置与公共

---

* 案例提供：中科宇图科技股份有限公司，作者：姚勇、平跃鹏、高静。

服务的智能化发展，为城市全域数字化转型注入强劲动力，助力构建更加智慧、和谐的城市生态。

案例创新效果：通过数据整合与标准化技术，实现多源地址数据统一管理和高效清洗，保障数据质量和一致性，为城市治理提供坚实的数据支撑。智能分析与应用技术的引入，利用 AI 和机器学习对地址数据进行深度挖掘，为城市规划、交通管理和公共安全等领域提供实时的决策支持和预测模型，提升治理的智能化水平。同时，云平台与服务架构的搭建，支持大规模数据处理和实时应用服务，确保系统的高效率和稳定性。此外，定制化解决方案的提供，满足不同城市和行业的个性化需求，推动城市全域数字化转型的深入发展。

案例价值：标准地址的创新应用，显著提升城市管理的智能化水平和决策科学性，引领智慧城市建设迈向新高度。深度融合构建 GIS 地图服务，为各行业精准规划、高效运维及市场拓展提供坚实数据支撑，显著提升经济效益，降低运营成本。同时，推动"全国一张图"建设，增强城市治理智能化与精细化，提升公共服务效率与居民生活便捷性，促进跨行业数据共享与协同，加速城市治理现代化进程，助力社会和谐与可持续发展。

案例六　汽车数据助力智能驾驶技术高速迭代[*]

2020 年，我国《智能汽车创新发展战略》提出智能汽车的国家战略，为智能汽车的发展制定了长期规划和目标，后来陆续发布《"十四五"现代综合交通运输体系发展规划》《关于开展智能网联汽车准入和上路通行试点工作的通知》等文件为智能网联汽车的有序发展提供了政策指导。截至 2022 年上半年，国内搭载驾驶辅助系统的乘用车已经达到了 228 万辆，渗透率升至 32.4%，同比增长了 46.2%。智能驾驶为了适应现实中复杂多变的交通场景，需要利用大量高质量的数据开发和迭代形成优质智能驾驶算法，数据成为推动智能驾驶行业发展的关键动力，而数据采集、储存、加工的成本高昂，以及数据交易流通合规限制，是困扰行业发展的痛点。全量数据的采集不仅需要具备相应级别的测绘资质，并且40 万千米的采集成本，就大约需要 350 万元。

岚图汽车科技有限公司（以下简称岚图汽车）利用自身在汽车相关技术的优势以及汽车数据的积累。针对上述痛点，推出"岚图追光—智驾 Cornercase 数

＊ 案例提供：福建信实律师事务所，作者：庄甘露、吴立智、陈威。

据"数据产品，通过在智能驾驶车端预置触发器埋点，采集特定场景下的车辆数据，对采集的数据进行脱敏、加密等处理后，传输云端开展数据管理分析以及后续的需求端数据获取与应用。数据采集场景包括如进出隧道、AEB触发等，采集的数据包括摄像头、雷达、超声波等数据内容。该数据产品可以满足智能驾驶科技公司的多种需求。第一，可以协助智能驾驶科技公司从各种场景数据中挖掘Cornercase，补充数据集，提高算法模型在复杂场景下的稳定性；第二，智能驾驶科技公司利用数据产品统计车位信息，为泊车功能参数设定提供依据；第三，智能驾驶科技公司可以统计积累车辆传感器及车身数据、经过脱敏后统计分析驾驶员自然驾驶行为（超车加速度、跟车速度等），构建自然驾驶数据库；第四，智能驾驶科技公司可以基于数据产品生成虚拟场景，分析特殊场景与异常工况，提高系统的鲁棒性；第五，智能驾驶科技公司可以基于数据产品优化迭代系统，打造"老司机"式驾驶体验。

"岚图追光—智驾Cornercase数据"数据产品使得数据获取成本降低，协助数据交易合规进行，促进了智能驾驶技术的高速迭代，并且可以为消费者带来更为实惠、更高质量的智能驾驶体验。另外，产品价值具有高度的可扩展性，对于相关企业及管理部门的提质增效都具有促进作用，如协助有关部门了解道路平整状况、厘清事故责任主体、故障分析等。

案例七　卫星遥感数据产品合规挂牌[*]

随着卫星遥感技术不断发展，卫星遥感数据的应用领域持续扩展。SAR卫星凭借其全天时、全天候以及低频穿透的特点，即使在恶劣天气条件下也能稳定获取高质量的遥感数据，为测绘、国土、减灾、海洋、林草、交通、水利和农业等领域提供了不可或缺的关键数据支持。

针对国内商业化SAR卫星数据稀缺、新的InSAR应用需求旺盛的现状，航天宏图信息技术股份有限公司（股票代码：688066，以下简称航天宏图）作为国内领先的卫星互联网企业、科创板首批上市企业，紧盯国家重大战略需求，研制建设并运营分布式干涉SAR高分辨率遥感卫星系统。其航天宏图一号卫星（由"1颗主星+3颗辅星"组成）具备高精准度地形测绘、高分宽幅成像、高精准度形变监测等能力，可快速、高效地制作高精准度数字表面模型（DSM）并完成全球非极

＊案例提供：上海段和段律师事务所，作者：高亚平、周梦、徐晶。

区测绘任务，具备 1 年内完成全球陆地范围测图的能力，测图精度优于 1：50000，日测图面积超过 50 万平方千米，广泛应用于国内应急减灾、生态环境、自然资源等场景。

航天宏图基于航天宏图一号卫星遥感数据形成的数据产品，具有广泛的数据交易与应用场景。作为国内行业内第一批在上海数据交易所挂牌的卫星遥感类数据产品，因其涉及卫星遥感数据特殊领域以及特殊行业许可（如测绘资质），对于数据来源合规、数据处理合规、数据可交易性的论证复杂，引起了各方重视。

上海段和段律师事务所高亚平律师团队受航天宏图委托，为其提供"女娲星座遥感数图"系列数据产品（产品名称：宏图一号 SAR 数据，针对彼时女娲星座项下已发射的航天宏图一号 4 颗（包含 1 颗主星与 3 颗辅星）高分辨率 X 波段雷达卫星数据，以下简称"数据产品"）于上海数据交易所挂牌的合规评估法律服务。

高亚平律师团队严格按照国家法律规定以及上海数据交易所数据产品挂牌法律要求，对数据产品进行合规预评估，结合航天宏图应用场景，在整体梳理与统筹完善数据产品合规架构的基础上，逐一解决数据来源、数据处理维度的合规难点，在满足商业化的同时，从合规维度嵌入数据产品交易的具体限制要求，具体包含：

（1）厘清数据产品所涉全量数据的来源合规性，包括但不限于厘清公司与内部主体、外部第三方技术服务合作方在数据处理全生命周期中的角色与权属。

（2）厘清数据内容及其数据处理的合规性，重点关注数据产品的遥感影像位置精度及标注方式等数据内容，以及数据涉密范围（含重要地理信息数据的情形），确保数据产品本身及其交易不危害国家安全、公共安全和公共秩序。

（3）防范数据产品流通风险，结合数据产品商业化需求，嵌入数据产品交易的具体限制要求，重点关注中国境内遥感数据的出境行为（包含访问/使用），确保数据产品交易满足国家法律法规的具体要求。

通过上述方式帮助航天宏图优化数据产品的细节合规事项，最终出具合规评估法律意见书，协助航天宏图率先在上海数据交易所完成数据产品的挂牌交易。

案例八　商业银行的数据资产金融化探索*

近年来，党中央、国务院对发展数字经济、数字金融高度重视。党的十九届四中全会提出，数据是第五大生产要素，其价值日益显现。国家政策推动构建以

* 案例提供：中国建设银行股份有限公司上海市分行，作者：史唯白、卫青、林晓雯。

数据为关键要素的生产经济，鼓励充分发挥数据要素乘数效应，做强做优做大数字经济。中央金融工作会议指出，把数字金融作为金融"五篇大文章"之一。党的二十届三中全会再次指出"健全促进实体经济和数字经济深度融合制度"。

中国建设银行上海市分行紧跟国家战略步伐，始终积极贯彻落实党中央决策部署、上海市委市政府工作要求，持续发力做好"五篇大文章"，聚焦"五个中心"重要使命，在服务科技创新上持续用力，不断探索数字金融的创新实践，力求在新时代的金融发展中发挥示范引领作用。在数字经济蓬勃发展的背景下，大量科技型、数据要素型及小微企业亟须获得金融服务，以此为契机，中国建设银行上海市分行积极开展数据资产金融化探索，通过数据资产质押融资、数据资产增信等模式，激发数据资产的潜在价值，支撑原有业务模式突破，填补服务空白，挖掘业务增长，实现对数字经济的有力赋能。

在传统的贷款模式中，银行通常要求借款企业提供物质性资产作为抵押或质押。然而，随着数字经济的蓬勃发展，众多科技型企业和数据要素型企业崭露头角，它们以数据为核心生产资料，数据资产逐渐成为它们重要的资产之一。由于数据资产的特殊性，评估其价值、确保其安全性，一直是金融机构探索的难题。

面对这一挑战，中国建设银行上海市分行主动出击，携手上海数据交易所，率先启动数据资产金融化探索，旨在破解科技企业融资难题，激活数据资产的内在价值。上海数据交易所发布的可信数据资产凭证 DCB（即 Data – Capital Bridge），是连接数据交易和资产交易的桥梁，能够全面、动态、实时、准确地描述数据资产形成、流通和交易的全过程。同时，通过区块链技术，中国建设银行上海市分行与上海数据交易所实现了平台对接、数据联通、共同上链，既能够确保数据资产的真实性、合法性和不可篡改性，又能够保障数据资产交易等关键信息实时、安全地传输，从而构建了一个覆盖贷前、贷中、贷后全流程的数据资产全生命周期管理体系。这一创新体系，不仅增强了数据资产的真实性、透明性，也为数据资产的流通和价值实现提供了坚实的基础。在此基础上，中国建设银行上海市分行针对科技型、数据要素型等企业特点，创新开展数据资产质押融资、数据资产增信，为科技型企业打开了一扇全新的融资窗口。中国建设银行上海市分行基于数据资产价值评估意见开展授信，并采用数字人民币作为贷款发放和支付的方式，有效跟踪贷款流向，实现"上游交易链、下游资金流"全链条、可溯源的全面强化。

以首笔数据资产质押融资为例：上海某机器人有限公司是一家专注于数据中心机器人的小微企业，积累了数据基础设施应用的大量数据，并已经成功转型商业模式——通过形成数据产品为客户提供更优质的服务，相关数据产品在上海数据交易所完成了挂牌，达成场内交易，并根据中评协《数据资产评估指导意见》

完成了数据资产评估，为数据资产登记认证及价值评估提供了依据，是金融机构发放贷款的重要参考。公司负责人表示，因成立时间短、缺少物资性资产，该企业存在融资渠道狭窄的困局。在中国建设银行上海市分行、上海数据交易所联合推出数据资产金融化创新服务的契机下，中国建设银行上海市分行成功为该企业发放数百万元贷款。该笔业务为企业拓宽融资渠道、缓解融资困难提供了一种全新的解决方案，它不仅能够帮助企业盘活数据资产，还能够促进企业加大研发投入，加快技术创新和产业升级，从而提升企业的核心竞争力。该笔业务也开创了中国建设银行系统内及上海国有银行基于可信数据资产凭证 DCB 进行数据资产质押融资的先例。

以首笔大中型企业数据资产增信为例：上海某信息科技有限公司，在数据处理和智能分析领域具有深厚的技术积累，通过其创新的时空三维技术，将人工智能深度渗透到各个领域的业务决策流程中。该企业对时空数据资源进行数据合规评估，并在上海数据交易所完成数据产品挂牌交易。中国建设银行上海市分行结合企业数据业务情况，参考上海数据交易所出具的数据资产凭证 DCB 和估值结果，成功为企业提供数千万元授信额度。该笔业务为该企业在上海同业间获批的最高授信金额，有效拓宽了企业融资渠道，提高了企业资产使用率，是数字金融助力上海优质数据要素型企业蓬勃发展的创新实践。

这些成功的案例，充分体现了数据资产金融化在激活数据资产潜能、破解科技企业融资困境方面的巨大潜力。通过数据资产金融化，对于那些轻资产、重数据的科技型企业来说，不仅为企业数据资产的流通和融资开辟了新途径，有助于激发数据资产的潜在价值，也为企业提供了更为灵活的融资渠道，有助于解决企业抵押难、贷款难、股权融资难的三大难题。这些成功的实践案例，也为金融机构探索服务科技企业的新路径提供了重要启示。通过数据资产金融化创新，中国建设银行上海市分行不仅为科技型企业提供了新的融资渠道，也为自身的业务发展打开了新的空间。据统计，2024 年，通过数据资产金融化创新，中国建设银行上海市分行已为近百家数字经济核心企业、数据要素型企业发放贷款，授信金额上亿元。这些创新实践得到了社会各界的广泛关注和认可，获得了央视新闻、《解放日报》、《新民晚报》、《中国银行保险报》、人民网等主流媒体的竞相报道，特别是 2024 年 7 月 16 日央视新闻《朝间天下》播报《上海浦东引领区建设三周年开放合作创新赋能现代化产业体系建设》提及中国建设银行上海市分行首笔数据资产质押贷款和建行上海市分行在数据资产领域发展的创新探索。

数据资产金融化是数字经济浪潮下，中国建设银行上海市分行服务科技企业的一次创新试点，是中国建设银行上海市分行积极响应国家发展数字经济政策的具体行动，是推动实体经济与数字经济深度融合的全新路径，更是对数据资产价值利用的一次有益探索。展望未来，随着数据资产质押贷款等创新业务的推广，将进一步促进数字金融的发展，推动金融产品和服务的创新，为实体经济注入新的活力。中国建设银行上海市分行将继续探索数据资产金融化路径，以数据资产为抓手提升金融服务的广度和深度，不断创新和完善数据资产贷款等金融服务，帮助企业盘活资产，促进企业高质量数据产品供给以及数字化转型升级，为数字金融、普惠金融、科技金融的发展注入新的活力，推动金融更好地服务于国家经济社会发展大局，为我国数字经济发展贡献智慧和力量。

案例九　数易贷助力企业扩展融资手段、提升融资效率*

上海芯化和云数据科技有限公司（以下简称芯化和云）是一家专注于化工产业大数据研究与应用的平台型、技术型公司，公司以"成为化学品行业精准数据提供者"为愿景，基于对化工和数据行业的深度认知，持续探索化工产业数据的算法模型和应用深度，通过挖掘更丰富的产业数据应用场景，打造成熟、高效、易实施的标准化智能解决方案，赋能化工行业整体运作效率与交易效率的提升。公司交易业务基于芯化和云自有的海量企业数据及商机数据，展开化工品的实体交易。自成立以来，平台 GMV 超过 50 亿元，实现化学品交易额超过 15 亿元。公司数据业务主要基于芯化和云数据库，数据库已收集超过 700 万种化合物百科数据、近 10 万组化合物的上下游关系数据、超过 50 万条化工企业的动态经营数据。数据主要通过"网络采集""自主分析""人工调研"等方式，从业务系统、用户行为数据、第三方数据源等渠道获取，不包括个人隐私信息等敏感数据。目前，芯化和云已推出化工产业数据报告、化工产业数据查询 SaaS "芯化智数"、化工产业数据库 API 服务等多种服务方式。芯化和云的数据产品自 2022 年已经市场化并开始产生收入，当年即在上海数据交易所完成了挂牌、登记。2023 年，公司数据产品收入为百万元级，预计 2024 年销售收入可达千万元级。

芯化和云是一家典型的"轻资产、重数据"企业，且此类刚进行数字化转型的企业，资产负债表往往偏小，存在着融资难的痛点，融资一直面临挑战。针对该痛点，上海数据交易所依托于芯化和云数据资产在场内的表达，详细评估了

＊　案例提供：上海芯化和云数据科技有限公司。

其数据资产的价值和潜力，首次对数字化转型的企业进行数据资产价值评估。2024 年 1 月，芯化和云开始对数据资产进行入表。2024 年 4 月起，芯化和云依托上海数据交易所与银行合作推出的"数易贷"产品，获得了上海银行 150 万元授信，该案例是化工行业首单数据资产质押融资。通过数据资产质押融资，企业能够更好地将数据资源转化为实际的经济效益。

本次案例的成功，授信虽然金额不大，但却具有一定标志性意义：对企业而言，该案例表明了数据资产不仅自身具有价值，还可以作为获取融资的抵押品，充分展示了数据资产在现代金融中的巨大潜力和应用价值，证明了对于重数据、轻资产的科技公司而言，通过数据资产来拓宽融资渠道、优化资金结构的思路是正确的、可行的。这种方式也为其他轻资产、高科技企业提供了新的融资途径，有助于企业缓解融资难题、降低融资成本、提高融资效率。对于上海数据交易所而言，该案例也是一个较为典型的里程碑式案例。业务模式形成方面，上海数据交易所"数易贷"业务从最初简单依托 DCB 桥发放数据资产凭证，到逐渐厘清登记、估值、披露、处置四大功能点，形成数交所"数易贷"全流程闭环；从估值角度，上海数据交易所数据资产价值评估对象已经涵盖了数据专业型企业及数字化转型的传统企业，并形成了以场内数据资源和场内数据产品为基础的、科学客观的市场法估值体系。未来，上海数据交易所将从内含和外延两个方向继续发展该业务，更好地为企业数字化转型服务，让企业更有效、可靠地享受数据资产的价值。

案例十 上市公司高质量数据资产入表实践[*]

中央金融工作会议明确提出"做好科技金融、绿色金融、普惠金融、养老金融、数字金融五篇大文章"，为金融支持实体经济的重点工作指明方向。区别于传统行业，科技型企业具有轻资产、高风险的特点，其成长面临着较高的不确定性和风险，导致其在传统的金融评价体系下难以获得足够的信用额度和优惠利率，造成科技金融的供需矛盾。

拓尔思信息技术股份有限公司（以下简称拓尔思）的数星产业大脑平台是一款面向金融、招商、产业智库等机构提供一站式产业数据创新与服务的产品。其以产业图谱为核心，整合多源数据，挖掘数据关联，穿透多维视角，洞察产业

---

* 案例提供：拓尔思信息技术股份有限公司，作者：文雅。

机会与企业风险。数星平台采集产业资讯、企业动态、舆情、行政处罚、知识产权、投研报告等互联网公开数据，针对自采数据中冗余、广告、隐私等不良信息，通过 1000 多种数据清洗规则，确保采集文本数据的内容干净与统一规范。同时，数星平台还汇聚了 8000 多个产业链、8000 多万家工商企业、2 万多家产业园区、5 万多家投资机构等数据，利用 NLP 技术对所有数据进行多维度打标与高精准度数据指标抽取，实现知识加工。这些数据与征信、工商、司法、电力等海量异构数据全面融合，通过不同业务场景的算法模型碰撞，可输出产业链图谱、企业综合价值分析、潜客推荐、企业风险评估、企业预警推送、风险事件跟踪与分析等数据服务，帮助银行针对不同类型、不同阶段、不同领域的科技型企业提供相适应的科技金融产品，为科技创新提供多样化、差异化、个性化的金融支持。

针对小型银行，数星平台提供全量实体查询、个性化推荐、自定义组合策略等的 SaaS 服务，同时提供基于业务标签以分钟级实时推送数据的 DaaS 服务。针对中大型银行，数星平台提供本地化部署+数据推送的服务方式。如拓尔思与中国农业银行合作，面向农行 100 万家企业授信客户，监控在营企业风险，实时推送风险信号，形成跟踪反馈闭环，大幅降低不良率。服务期内，成功提前预警中信国安、方正集团、新城地产等重大风险事件。拓尔思与中国银行浙江分行合作，基于数星平台的高新技术产业数据，全面监测长三角地区 4 省 41 市的产业、经济运行状态及千万量级企业的多维风险，实时提示预警信号。

2023 年 9 月 21 日，拓尔思与上海数据交易所签订协议，双方在数据资产登记与入表、共建共创数据产品库、数据加工处理服务与数据治理服务等方面深化战略合作，促进数字经济创新发展。拓尔思在上海数据交易所挂牌了"TRS 数星智控"系列产品，其中包括"企业工商股东查询""企业工商年报""企业正面舆情列表""企业规模查询"等共计 33 款产品。上海数据交易所通过对拓尔思企业内部运营情况的调研，以数交所场内挂牌产品为样板，认为数星产品已经形成稳定的收入并持续为公司带来现金流入，从会计确认的角度看，拓尔思在数星平台开发过程中的数据采集、购买、清洗、加工、算法等相关的人力投入、设备投入、维护投入、安全投入都属于该数据资产达到预订可使用状态的直接相关且必须投入，符合资本化条件。同时，上海数据交易所还确认了拓尔思其他数据产品，如数家资讯大数据平台、网察舆情大数据平台均达到数据资产确认条件，并为其成本与价值可靠计量方法提出了合理办法，为企业数据资产入表提供了可行方案，为企业数据资产（入表后）的管理流程、管理体系提出了优化建议。自 2024 年 1 月 1 日起，拓尔思将数据资产正式入表，成为首批数据资产入表的上市企业之一，其第一季度计入财务报表的项目是"开发支出"。

案例十一　数据资产管理的创新实践*

在国家"十四五"规划和 2035 年远景目标纲要中，数据要素已被明确为推动经济社会发展的重要资源。作为国有企业，中核（上海）供应链管理有限公司（以下简称中核供应链）积极响应国家政策，肩负起探索数据资产管理的责任，并通过不断推进的数据治理和资产管理实践，致力于确保数据的安全性、合规性，同时挖掘数据的潜在经济价值。自 2018 年公司成立以来，中核供应链便在"安全、合规、高效"的数据管理原则下，构建了完善的数据管理制度体系。这一体系包括"1+10+4"的标准架构，通过统一管理规范，解决了数据治理中的分散化和标准不一的问题。然而，如何在实际操作中将数据要素化、资本化，依然是公司面对的一大挑战。

中核供应链在数据资产管理和入表工作中的创新实践，代表着一种既有成果的延续，也是一场从过程到结果的全面创新，主要体现在以下几个方面：

首先，公司在数据资产入表过程中，采用了成本法与收益法相结合的方式，克服了数据资产价值评估过程中面临的量化难题。传统的数据评估方法往往难以准确反映数据的实际市场价值，而中核供应链通过引入两种评估方法相结合的方式，确保了数据资产价值评估的科学性与市场导向性，为采购供应链领域的数据资本化探索提供了可参考的实践路径。

其次，中核供应链依托自主开发的数字供应链平台，开展了全面的数据资产盘点工作。通过对核心业务系统的数据资源进行系统化的梳理，形成了详尽的数据资产目录和标准化定义卡片，有效地解决了数据资产管理中的分散化、标准不统一等问题。这一体系不仅在技术层面提升了公司数据管理的效率，还在管理层面为企业内部的数据资产运营奠定了坚实基础。通过这种方式，中核供应链能够更加透明、系统地管理和利用数据资产，为未来的数据产品开发和市场应用奠定了重要基础。

最后，中核供应链克服了诸多现实困难。例如，在确保数据安全与合规的前提下，公司需要在数据资产的管理和应用间找到平衡点。这种平衡的实现，不仅依赖于技术手段，也离不开公司对国家政策的深刻理解与贯彻。通过在数据治理实践中的不断摸索，公司成功将这些挑战转化为推进创新的动力，为企业在数据

---

* 案例提供：中核（上海）供应链管理有限公司，作者：孟浩。

要素化领域的进一步发展积累了宝贵经验。

中核供应链的这次创新实践，不仅是公司在数据资产管理道路上的关键一步，也是一次深刻的战略实践，更为未来国有企业在数据资产化领域的探索提供了有力的借鉴。然而，尽管取得了重要进展，数据资产化的工作仍然处于初步阶段。公司计划继续深化这一领域的工作，包括开发更多的数据产品、拓展数据市场的应用场景等，以推动数据资产从资源向资本的进一步转化。

未来，中核供应链将继续响应国家战略部署，不断在数据资产管理和资本化的道路上探索。通过持续优化管理体系和创新实践，公司致力于实现数据资源的最大化价值，不断为企业的可持续发展注入新的活力。

案例十二　数据资产入表推动数据要素化进程*

1. 市场痛点分析

某公司主要从事第三方在线导购、广告推广服务、平台技术服务等互联网服务，该类型企业具备丰富的数据沉淀及应用积累，拥有先进的数据分析和技术服务等能力。

数据资源作为该类型企业重要生产要素之一，在积累的过程中涉及数据收集、处理、分析及利用等各环节的费用，在原财务核算中直接计入损益。然而，这些投入所累积的资源带来的收益往往在未来几年内才能显现，造成了投入成本与未来收益之间的时间不匹配。具体来说，当前期间的投入立即反映为亏损，影响了企业的短期业绩，但若不持续投入，则不利于企业的长期成长，制约了此类企业及市场上其他依赖数据投入发展的公司，成为数据要素化进程中的痛点。

2. 实践案例介绍

针对上述痛点，金证（上海）资产评估有限公司（以下简称金证评估）基于自身专业能力，结合对国家和各地方发布的数据资源相关政策和规定的深刻理论理解及实践经验，有针对性地向该公司提供了数据资产入表服务：

（1）数据资源的梳理与盘点。通过访谈、调研、资料收集等方式协助该公司梳理了其现有的数据资源，并通过对该公司现有数据资源的盘点，分析和归纳数据的权属、质量现状，进一步了解该公司数据资源的基本特征和使用情况，识

＊　案例提供：金证（上海）资产评估有限公司，作者：沈韦杰。

别可满足确认条件的数据资产。

（2）数据资源应用场景分析。该公司将采集的用户基础信息、用户行为信息以及交易信息等信息，加工形成用户画像、消费能力、消费偏好等各维度的数据，并进一步分析加工成为各个维度标签的数据集，主要场景包括：通过用户画像筛选精准获客，降低获客成本；基于用户行为数据标签精准推送，提升推广效率；依据用户交互数据优化界面进行产品迭代，增强用户黏性；用户价值分析模型则综合多项数据，辅助投放决策，提升经营效益。

（3）数据资源流程体系的完善。对该公司现有的数据资源流程进行全面的梳理，并对数据资产的全生命周期合规性以及数据安全制度建设的健全性与落实程度进行了详细调研，并提出咨询建议，帮助该公司完善健全数据资产体系。

（4）入表方案的编制。通过数据资源及应用场景分析，明确不同场景下的数据资产范围，以及数据收集、筛选清洗、应用等不同阶段发生的成本费用的归集与核算，确定资产使用年限，制定详细的入表方案。同时，为了解该公司目前数据产品所产生效益，调研其各类数据产品外部销售和内部增效产生效益的方式，预测该公司入表资产规模和各数据产品应用场景经济效益，分析论证数据资产收入成本匹配性和对公司利润的影响。

3. 案例的创新效果和价值

该公司所处移动互联网行业，此类企业在日常经营中积累的数据资源经过整理、分析和挖掘后，能够在未来一段时间内为其带来实际的经济效益和竞争优势，是其主要生产要素之一。

通过数据资产入表将符合条件的数据确认为资产，可以在财务报表中体现数据真实价值与业务贡献，并且作为成本分摊到未来数年的利润中，使得该部分数据相关支出如未来产生的收入与成本相匹配，提升了会计计量的准确性，企业在财务报表角度的盈利状况也更为稳定，更利于企业从商业、效益角度出发，提高数据相关投入意愿，做出合理的决策，有益于企业的长期发展。

此外，行业内其他企业可以通过学习和研究案例，提升企业数据资产意识，增强数据流通的意愿和动力，并结合自身的实际情况，深入挖掘数据资源价值，进行有针对性的数据资产入表，更准确地核算和评估数据资产的价值，制定更有效的战略和决策，推动数据要素化发展，促进数据流通使用、培育数据产业生态、提升数据安全管理，助力数字经济的繁荣发展和社会的全面进步。

案例十三　基于遥感卫星数据的产品化供给[*]

随着现代科技的快速发展，自动化和信息化成为技术应用的主要特征，卫星遥感技术作为大数据背景下获取数据资源的重要途径，其在社会经济发展中的应用越来越广泛。利用卫星遥感技术实现对地观测已经成为资源探索、城市规划、地形观测、产业发展等方面的必然方式，同时利用遥感技术实现对数据的生成、收集和解析是遥感大数据形成的关键。

北京四象爱数科技有限公司（以下简称四象科技）成立于2017年，是一家以海量遥感卫星数据分析为核心技术的高新技术企业。目前可为国土调查、水利、林业、农业、电力、应急管理、环保、海洋、气象、地震、地矿、交通、城市管理、保险、金融等诸多领域提供专业的卫星遥感技术服务与数据支撑，基于全自主研发设计并发射运营的三颗不同手段卫星（SAR+光学+红外），可向各行业政企客户提供多种遥感卫星数据源服务。

作为国内商业航天领域先进的卫星应用创新型企业，四象科技自成立至今，始终运用大数据的创新思维，将卫星遥感技术研究的实践重点放在技术分析与数据挖掘方面，独创"SAR+光学+红外"多源遥感数据融合技术，搭建遥感卫星数据与实际民生之间的应用通道，让遥感技术更好服务城市建设和人民生活，推进中国城市数字化转型。

1. 双重角色——既是数据产品提供者，又是数据采购方

在数据流通的过程中，四象科技属于数据供给企业，也就是数据产品的提供者。在面向卫星遥感数据产业的上游企业（即原始数据提供商）时，四象科技同时扮演着采购方的角色。

2023年8月11日，四象科技全系列遥感数据产品正式挂牌上海数据交易所。这是四象科技卫星数据在继上线万得、同花顺、新华财经、Neudata等全球知名的金融信息服务机构后，再次重磅登录的又一数据交易平台，且也是上线产品数量最多的一个交易平台。

2. 加工原始数据，形成数据产品，供给广大应用市场

第一类，四象卫星遥感数据，包括SAR卫星数据、多光谱卫星数据、红外卫星数据。

---

[*] 案例提供：北京四象爱数科技有限公司，作者：贾玉同。

第二类，四象卫星遥感应急服务，包括洪涝灾害损失评估、森林火灾监测预警、地质灾害监测预警。

第三类，四象卫星遥感环保服务，包括黑臭水体监测、扬尘源监测、水源地污染源监测、自然保护地遥感监测、固体废弃物监测。

第四类，四象卫星遥感农业服务，包括耕地资源监测、作物面积监测、农作物长势、农作物估产、设施农业（温室大棚）监测、非农非粮化监测。

第五类，四象卫星遥感水利服务，包括水资源监测、水质监测、水利工程监测、河湖"清四乱"监测。

第六类，四象卫星遥感资源服务，包括土地利用变化监测、"两违"监测、矿场开采遥感监测。

第七类，四象卫星遥感电网服务，包括输电通道树障监测、输电通道违建监测、电网地区地质环境监测。

3. 特色产品——面向金融投资机构提供指数型的产品

指数产品是四象科技面向金融投资机构，为券商研究员、资产管理公司的基金经理等角色设计等，是其在做投资决策和市场分析时非常重要的数据参考。

第八类，四象卫星遥感银保服务，包括农业保险、农业信贷银行、建筑工程保险、工程信贷银行。

第九类，四象卫星遥感金融服务，包括中国房地产工程开工指数、中国建筑工程开工指数、中国路网工程开工指数、中国城市夜光指数、中国钢铁企业生产活跃指数、中美海运物流指数、美洲大豆生长指数、中国光伏发电设备建设指数。

案例十四　数据驱动的行业数字化革新之路[*]

1. 丝绸纹样数字化实践驱动文旅数据价值释放

文旅行业数据资源的价值挖掘面临多重挑战：产权界定模糊，限制数据流通广度；数据标准不统一，难以整合共享；市场能力有限，阻碍数据广泛应用。这些挑战制约了数据资源潜能的充分释放。

针对产权界定模糊难题，苏州丝绸博物馆创新性地实施了"1+1+N"的多元化授权合作模式，即联合国有事业、国有企业及民营企业，共同推动丝绸文化的

---

* 案例提供：天职国际会计师事务所（特殊普通合伙），作者：王玥、杜海、苏静怡、李丹、张泽宇、代晓晓。

数字化进程。该模式的核心在于，将馆藏文物与丝绸样本的独家使用权授予苏州文化投资发展集团有限公司（以下简称集团），清晰界定了数据权属。同时，集团依托强大的技术实力对丝绸纹样进行精细化采集、深度解构、专业标注，构建成系统化的丝绸纹样数据库，并制定了一套采集、解构和标注的标准体系，促进了数据的整合与共享。此外，集团发挥市场优势，跨界融合动漫、消费品等行业，开发出多样化的数据产品，拓宽了传播渠道。

丝绸纹样数据的资产化，不仅拓宽了其传播范围，还催生了新的市场增长点，助力集团文化数字化战略的实施。同时，此举促进了丝绸文化的数字化传承，增强了公众对传统文化的认知与兴趣，推动了文化资源的跨界融合，开辟了文旅数据创新与发展的新路径。

2. 数据创新赋能交通行业高质量发展

在中国公路交通领域，实现数据要素的市场化开放与应用是促进交通行业发展的重要举措。然而，在这一过程中，交通流数据采集受限、交通事件数据采集困难、数据分析与应用能力不足等问题阻碍了数据要素的充分开放和应用。

针对上述问题，河北省交通规划设计研究院有限公司（以下简称省交规院）设计了高速公路交通主动控制服务数据产品。利用部署在荣乌高速、京德高速等路侧的传感器网络、交通雷达等智能设备实时采集数据。对接收到的原始数据进行清洗整合，运用大数据分析技术对整合后的数据深入分析，提取关键特征，形成交通事件数据服务、主动管控策略数据服务。并将开发的应用服务封装成数据产品，提供 API 调用接口，形成可订阅的数据服务。

高速公路交通主动控制服务数据产品能够提供实时的交通事件信息给交管部门和导航服务商，使它们迅速做出响应，减少延误和事故风险；通过对历史高速公路事件进行数据分析，识别并提炼出易导致恶性交通事件发生的高风险因素，有助于交管部门提前进行精细化风险预测与评估。通过提供不良天气、施工养护等情境下的高速公路主动管控策略服务，有效优化交通流，减少拥堵，提升通行安全性。

案例十五　基于隐私计算的银联商户融资服务方案 *

小微客群作为我国市场主体重要组成部分，在繁荣经济、稳定就业、促进创新、方便群众生活等方面发挥着重要作用，截至 2024 年 6 月末，全国市场主体

* 案例提供：中国工商银行股份有限公司，作者：方晓明、邵嘉祎、董文才。

将近 1.89 亿家，其中小微企业加个体户数量达 1.36 亿家。小微客群主要从事批零、餐饮以及社会服务等行业，与人民群众生活息息相关，但由于其轻资产、信息化程度低、抗风险能力弱等原因，"融资难、融资贵"的问题仍然存在。如何利用人工智能和大数据技术在数据安全合规的前提下为小微商户提供便捷的金融服务，成为各家金融机构普惠金融业务高质量发展的重要课题。

2022 年，中国工商银行与银联开展合作，基于隐私计算开展收单商户场景的模型研发。双方共同搭建联邦学习平台接口，通过平台实现数据不出门下的交互及模型研发工作，打破了信息互通壁垒，实现"工行+银联"数据融合，有效解决了隐私保护与大数据运用之间的矛盾（见图 10-5）。

图 10-5 建模总体流程

银联作为国内最大的银行卡组织，负责建设运营全国统一的银行卡跨行交易清算系统。通过引入银联收单及卡交易信息，结合行内已有的征信、流水等信息，进一步丰富风险画像，构建全新场景风控体系：在准入端，优化商户违约预测模型，风险识别效果提升 30%；深入分析商户收单特征，打造"刷单套现"精准识别模型，有效防范欺诈风险。在存续期间，基于知识图谱技术，引入银联卡交易行为，打造全新的资金流向违规领域监测模型，提升贷后预警覆盖面及精准度。

本方案基于模型风险评估，结合业务经验，制定了综合化授信、差异化定价等精细化应用策略，实现全线上智能运维管理。工商银行以业务发展为导向，创新打造面向小微商户的开放式融资服务新模式，打造"商户贷"普惠专属产品，将服务群体拓展至 5000 万银联收单商户，进一步扩大服务面，提升金融普惠性。客户可在线主动申请业务，由系统开展自动审批，实现最快"在线申请、实时测额、秒批秒放"，大幅提高业务办理效率和客户体验（见图 10-6）。

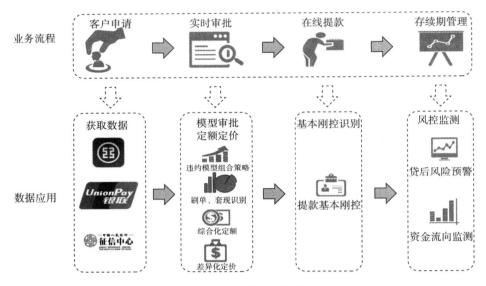

图 10-6　业务办理流程

商户贷产品自 2022 年推出以来，因其申请便捷、随借随还、利率惠民等特点深受广大商户客群喜爱。截至 2024 年 6 月末，工商银行商户贷产品累计授信近 3000 亿元，有贷户超 20 万户，贷款余额 600 余亿元，不良率保持在千分位。

案例十六　数据交易链构建全国多层次
数据要素市场互联互通*

从当前数据交易场所的探索与实践看，制约数据要素流通交易的主要问题包

---

* 案例提供：上海数据交易所，作者：何彬。

括数据供给不足、交易成本较高、数据交易所之间协作不足等。由于数据交易场所间存在定位、规则、制度和技术平台的差异，统一的互联互通标准难以形成，导致以下现状：

（1）市场分割导致交易成本增加。不同地区和行业之间的数据交易场所缺乏统一的交易规则和标准，导致市场被分割，交易双方需要适应不同交易场所的要求，增加了交易的复杂性和成本。

（2）效率低下导致创新受限。数据交易场所间的信息孤岛现象导致数据流通效率低下，阻碍了数据要素的高效配置和创新利用。

（3）安全保护与监管挑战。不同交易场所的规则差异，难以形成统一的监管框架，增加了监管难度和合规风险，同时增加了数据安全和隐私保护的难度。

国家"数据二十条"明确提出："统筹构建规范高效的数据交易场所。出台数据交易场所管理办法，建立健全数据交易规则，制定全国统一的数据交易、安全等标准体系，降低交易成本。"

按照"数据二十条"的统一要求，上海数据交易所一方面不断加强在标准规范方面的研究与建设；另一方面积极创新利用区块链等技术为多层次互联互通数据要素市场建设提供技术支撑。

在数据流通交易领域的实践，上海数据交易所奉行"双螺旋模式"，即通过探索数据交易全过程的制度化建设为数据流通交易夯实合规基础、通过创新技术应用为数据流通交易奠定技术基座；规范制度建设与创新技术应用相互促进、螺旋增长，不断提升数据流通交易业务的高质量发展。

上海数据交易所建设并上线国内首个"数据交易链"，以数据交易场景为牵引，构建"数据互联、域间协同、智能调度、可信交易"的云、链、域、桥、网一体化架构，促进区域性数据交易场所和行业性数据交易平台与国家级数据交易场所互联互通；以上海为根节点链接全球，发展数据交易联盟链与国际公链的跨链融合，促进数据资产和数字资产的全球化交易；以智能合约动态管理机制，贯穿数据交易全流程，促进实现多层次数据要素市场的"一方备案，全链共享；一地挂牌，全链流通；一站交易，全链可溯；一证颁发，全链互认"。

在建设数据交易链的同时，上海数据交易所积极推广、引导地方及行业数据交易中心的数据产品统一上链。上海数据交易所已与重庆、天津、山东、广西、广东、浙江等10家地方数据交易机构达成合作，共同建设数据交易链区域节点，合作开展制度共创、标准共制、数链共推、服务共享、生态互联等工作，其中，上海数据交易所、西部数据交易中心、北方大数据交易中心、山东数据交易中心、广西北部湾大数据交易中心、广州数据交易所、浙江大数据交易中心已完成近3000个数据产品上链。如图10-7所示。

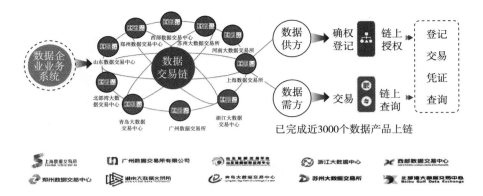

图 10-7　构建全国多层次数据要素市场互联互通

上海数据交易所将进一步推动布局更多地方和行业数据交易中心，通过数据交易链管理节点成立共识治理委员会，建立节点准入准出、分层分权、安全高效、合规监管、低碳节能等操作规范和标准，推动实现多种类型数据交易场所的互联互通。

案例十七　数据要素情报站助力数据资产金融化服务*

市场痛点分析：在数字化时代，随着数据资源入表和数据资产化的推进，数据资产正转变为一种可量化的金融价值，对金融产生了深远影响。2023年10月召开的中央金融工作会议提出，"做好科技金融、绿色金融、普惠金融、养老金融、数字金融五篇大文章"，其中，数据资产将是金融服务新的基础，是数字金融的重要组成部分。然而，银行在利用这些资产时面临着一系列挑战。核心的挑战在于，识别数据要素持有型企业。

首先，数据要素生态的复杂性使银行难以精确识别哪些企业能够参与到数据资产的金融化活动中。其次，数据要素型企业的数据活动多样化和活动节点的广泛性，增加了银行收集和分析企业数据要素活动信息的难度。这些挑战不仅限制了银行业务的扩展，也影响了银行对数据资产价值的充分挖掘。

技术挑战分析：当前数据资产化后，金融机构判断企业是否适合通过数据资

---

* 案例提供：上海数据发展科技有限责任公司。

产进行融资，主要通过企业自身提供证明资料进行判定，并没有其他信息来源证明其企业资料的可信度，以及真实的企业数据要素侧活动。金融机构需要一个独立的第三方数据机构提供数据要素活动线索基础设施。目标企业的数据要素活动线索，数据要素画像是核心功能。线索内容客观、线索来源可信、线索跟踪可持续是该基础设施的核心特点。数据要素情报站通过广泛的公开信息采集，识别信息中与数据要素活动相关的线索，形成数据线索。针对企业主体的数据线索的不断收集和持续监控，形成企业数据要素活动画像。最终金融机构通过画像、标签等检索、推荐技术手段可精准获取数据要素持有型企业。

实践案例介绍：为了解决上述问题，上海数据发展科技有限责任公司（以下简称数发科）开发了"数据要素情报站—企业洞察版"工具，该工具能够主动发现在数据要素领域活跃的企业，并提供这些企业在数据要素市场上的活动线索。数发科遵循数据资源化、资源产品化、产品资产化的数据要素发展路径。从公开市场收集信息，处理成企业数据要素活动线索。这些线索包括企业持有数据的线索、企业登记数据知识产权的线索、企业在交易平台上架数据产品的线索、企业数据交易的线索、上市企业数据资源入表的线索和企业通过数据资产融资的线索。

数发科通过公开渠道收集数据，确保数据的合法性和合规性。收集到的数据会经过规范化分类编码和标准化清洗，以确保数据的可追溯性和可用性。此外，平台结合国家标准和行业标准，对数据质量进行全面监控和改善。

在实际应用中，某金融机构利用企业数据要素画像和数据资产标签，成功识别了××科技公司作为潜在的贷款对象。通过全面分析该公司的数据活动线索，银行提高了贷前核查的效率，并在生态数商的共同努力下，成功发放了一笔数据资产贷款，引起了行业关注。如图 10-8 所示。

数发科现已监测 500 以上个站点，覆盖全国所有登记场所、交易场所。获得40000 以上个线索，识别 3000 以上数据要素持有型企业。可每日新增 200 以上数据要素线索，覆盖数据产品知识产权登记、数据产品上架、数据交易、数据入表、数据融资等。

案例的创新效果和价值：数发科的实践案例展示了数据要素追踪工具在银行业务中的创新应用。首先，该工具通过主动发现和分析数据资产潜力企业，帮助金融机构主动推送每日数据要素线索。其次，通过提供全面的数据活动线索和洞察分析，银行能够更准确地评估企业的融资意向，从而优化贷款决策过程。

数发科的"数据要素情报—企业洞察版"工具为银行业务提供了一种新的视角和方法，通过企业数据资产的全面洞察和有效利用，为银行金融活动带来了显著的创新效果和价值。随着数据要素市场的快速发展和银行数字化转型的不断深入，这种工具的应用将越来越广泛，为银行业务的发展提供强大的支持。

图 10-8　情报站界面

　　未来情报站将开放产业链相关服务，对产业链上下游企业的数据要素活动进行精准数据要素情报识别。

案例十八　数据安全护航数据要素市场发展*

　　当前，数据作为数字经济建设的关键要素，为经济转型发展提供新动力，成为新质生产力的重要创新源。伴随数据要素化进程的高速发展，数据价值的不断

---

　　*　案例提供：公安部第三研究所，作者：黄俊、孙飞翔。

凸显，数据安全风险与日俱增。数据安全已成为数字经济时代最紧迫、最基础的问题，加强数据安全治理，统筹数据发展和安全防护，推动数据依法合理有效利用，已成为维护国家安全和提升国家竞争力的战略导向。

针对上述痛点，公安部第三研究所（以下简称公安部三所）根据国家法律法规、政策精神及行业要求，结合公安行业"数据类型多、业务协同繁、数据体量大、敏感程度高"等特点，针对性地分析数据安全防护与流通共享中存在的问题，推出两类数据安全产品。

在数据安全防护方面，数据安全态势感知平台是公安部三所推出的一款以数据访问行为分析为基础的数据安全防护和管理系统。该平台通过采集各种数据安全产品的日志信息，并进行集中处理，将多种异构数据进行归一。通过关联分析，将数据资产分布状况和敏感数据访问行为进行动态展示，并预测数据资产可能面临的泄露风险，还原并展示清晰、透明、可控的数据资产分布、数据访问行为、数据安全风险态势。平台以数据安全为核心，以自主可控为关键，坚持统一的标准和经济的投入原则，实时掌握数据安全全局态势、掌握重要及敏感的数据资产分布，及时发现数据安全风险和隐患，准确监测数据资产变化、数据流转、数据违规使用等情况，能够全面提升数据安全监测预警能力，形成科学实用的规范化数据安全管理能力、综合化安全监管运营能力、体系化安全保障能力，实现数据安全防护"两级联动、闭环处置"的目标。

在数据安全流通与共享方面，面对数据孤岛现象及数据共享困难、隐私泄露风险等问题和障碍，数安中心推出一款结合区块链与隐私计算技术的平台。该平台深度整合数据存储和身份验证机制，确保数据的不可篡改性，通过对数据存储、传输、计算、结果输出等信息流程的全过程保护，保障数据流通每一个环节中数据的安全性，实现"数据可用不可见"，能够优化数据资源管理，进而提升数据价值。

在数字化时代背景下，数据安全已成为维护社会稳定和推动经济发展的关键因素。随着技术进步带来的便利性增加，相应的安全风险日益凸显。因此，加强数据安全治理、提升技术水平、构建自主可控的防护体系，成为保障数据资源充分利用的必由之路。我们必须深化对数据安全基础理论的研究，支持前沿技术与关键技术的发展，同时提高数据安全产品的综合性能。通过这些措施，可以有效地提升数据安全治理的效能，强化数据安全保障，进而激发数据要素的活力，为新质生产力的培育和增长提供坚实的支持。这不仅是对现有数据安全挑战的回应，也是对未来数字经济可持续发展的积极布局。

案例十九　强化政务金融数据安全治理，筑牢重要数据安全屏障

1. 政务数据安全治理*

随着浙江数字化改革和数据经济的推进，省公安厅综合治安管理应用平台和各级市局综治应用系统均已迁入省级数据资源共享平台。平台汇集了全省各市局众多治安管理数据资源，形成省级治安综合治理数据资源仓库，如人口库、法人库、治安管理库、空间地理等基础库，在基础库之上建立主题库、应用库，向各市局部门提供数据。由于平台中数据量较大、类型多，其中涵盖涉及国家安全、经济发展与社会民生的重要、敏感及个人隐私数据等，数据重要且聚集，加大了数据安全和敏感信息泄露等风险。

针对上述风险，浙江公共安全技术研究院（以下简称浙公院），根据省公安厅信息化建设要求和行业标准，结合省级数据共享平台具有数据规模庞大、使用场景复杂、数据资产变化快等特点，同时协助各级市局提升整体的数据安全防护能力，进行顶层数据安全体系架构设计。从数据授权精准化、安全审计智能化、风险处置实时化、安全能力可视化、安全管控一体化等层面搭建数据安全技术防护体系，支撑各部门安全、稳定、高效地开展自身业务。主要采用密码技术、敏感数据识别、数据动/静脱敏、数字水印溯源、大数据分析研判模型、用户/用户组行为刻画、数据指纹、资产探测、安全审计等数据安全技术，切实保障数据从采集/生产、传输、存储、处理、调用到销毁的全生命周期安全，同时为数据安全运营提供易于操作的技术工具，实现动态闭环的数据安全风险管理。

2. 金融数据安全治理**

近年来，金融行业数据安全监管要求呈现逐渐明确且不断加强的趋势。面临的安全风险也在急剧增加，数据泄露事件层出不穷，数据安全已经成为制约数据价值实现的主要因素之一，而数据安全能力也已成为银行核心竞争力的代表。

浙公院通过数据安全分类分级治理提供基于 IPDR 开展数据安全防护体系的建设，针对行内对外服务、三方合作、数据整合等数据流转场景，保障数据生命周期安全。如图 10-9 所示。

---

　* 案例提供：浙江公共安全技术研究院有限公司，作者：王淳、唐淼。

　** 案例提供：浙江公共安全技术研究院有限公司，作者：陈港。

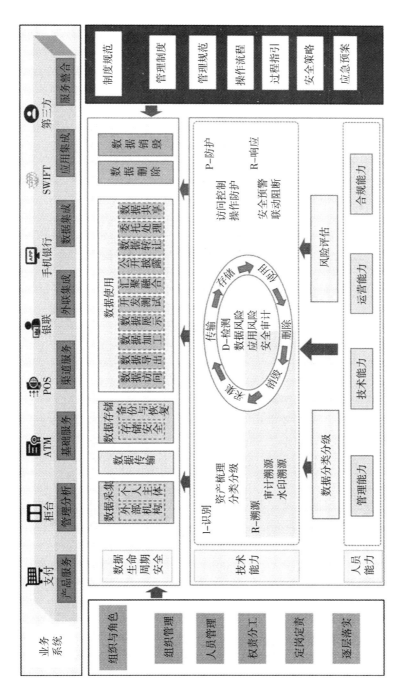

图 10-9　金融数据分类分级与安全评估体系架构

资料来源：银行项目方案。

以"工具+顾问"的模式从数仓中个人敏感信息、业务敏感信息等着手，实现自动且精准的数据分类分级。针对数仓中数据定期更新或增加的情况，需要在完成存量数据分类分级的同时做到增量数据的分类分级，以及保证对后续新增系统快速分类分级的能力。将数据分类分级成果进行应用，通过工具输出分类分级清单、数据库资产清单，输出行内分类分级标准及相关分类分级保护措施规范，以及具体的数据安全防护策略及权控策略。

同时，数据分级分类建设是一个长期持续的过程，也是一个不断螺旋上升的过程，需要通过持续对数据生命周期内安全风险进行监测，对现有数据安全控制措施的有效性进行评估和判断，将数据安全策略、制度规程及技术工具通过安全运营能力在行内推广落地，逐步完善数据安全建设。

案例二十 数据治理体系助推精细化运营*

随着数字化转型的不断深入，中央企业、国有企业对其战略决策、组织架构和运营模式等进行优化升级。A企业作为综合性物业服务提供商，积极响应国家智慧社区建设号召，进行数字化转型，却面临着系统建设复杂和数据标准化困难等核心问题。

系统建设复杂主要体现在两个方面：一方面，在前期系统建设中，"各自为政"促使编码不一致、口径不统一，产生"孤岛"问题。各个业务线系统相互独立，经营数据割据，数据汇总和流通困难。且一线人员依赖手工维护线下表格、收集数据，导致工作效率低，容易出现数据失真，业务指标无法及时全面准确同步。另一方面，由于过往系统的使用情况，企业未设置数据填报响应标准，使得记录信息不足，数据混乱，忽略了客户关键性信息的获取，影响风险管控，加大了业务分析决策难度。此外，企业的物业类型多元，管理各有侧重，促使数据标准化难度增加，影响集团一体化管理与智能决策的纵深推进。

针对上述痛点，盟拓数字科技（苏州）有限公司（以下简称盟拓）为A企业提供了数据咨询规划服务，打造可拓展的数据管理平台，并基于各业务系统数据，通过数据治理和加工，最终形成高质量的企业管理指标，推动企业实现精细化运营。

在数据标准化方面，盟拓搭建的主数据管理平台覆盖七大主数据域，制定主

---

* 案例提供：盟拓数字科技（苏州）有限公司，作者：滕晓娅。

数据标准。通过聚焦通用性强、关联性强的数据，涵盖项目类、人资类、财务类等多项业务，实现跨职能、跨系统共用数据的标准化。针对系统建设，一方面，搭建了数据治理体系，保障项目可落地。构建数据管控体系、标准体系、安全体系和质量体系等，为数据指标、质量等数据管理工作提供组织、流程、标准、权责、定义和规范等保障。同时，盟拓推动数据集成共享，提升数据质量。按照整体规划，完成主数据、数据中台与上下游系统的集成对接，实现数据充分共享，保证数据的一致性；同时加强梳理数据质量，设计质量检测指标，建设质量管理平台，保障数据使用。另一方面，构建统一的管理平台，盘活数据资产。通过建立覆盖数据采集、数据存储和计算、数据资产管理以及数据服务发布和共享等功能的综合数据管理平台，助力企业快速形成数据资产和服务能力。

盟拓打造的主数据平台与数据资产管理平台，宏观上统一了数据标准，实现了数据资产化，将涉及企业战略计划、业务执行、绩效反馈等重要业务成果进行跨组织、跨部门、跨职能的交圈共享，让业务管理及决策有据可依，更加科学高效，推动企业业财一体化，实现精细化运营。

数据管理平台在微观上为多方主体带来显著成效，具体体现在集团高层、管理层和一线人员三个层面。对于集团高层，建设高效灵活的管理监控报表及风险预警，极大地帮助高层把握全局、辅助决策，并且系统也可伴随业务的发展实现按需维护和拓展。对于管理层，可依托集团所有系统、所有业务的结果数据，赋能精细化运营，并在遵守数据安全权限规范的前提下，授权跨业务探查，固化管理逻辑，支持探索寻求最佳业务解决方案。对于一线人员，通过统一业务术语，减少了数据处理及加工过程，避免了大量计算过程，支持企业业务管理运营过程数据快速使用，支撑企业数字化转型。

案例二十一 隐私计算赋能医院临床科研数据共享平台建设[*]

随着医疗信息化的快速发展，临床数据的积累为医学研究提供了丰富的资源。然而，患者隐私保护和数据安全性问题成为制约数据共享的主要障碍。隐私计算技术的出现，为解决这一问题提供了新的思路。本案例介绍上海信投数字科技有限公司（以下简称信投数科），基于隐私计算技术的医院临床科研数据共享

---

* 案例提供：上海信投数字科技有限公司。

平台的建设过程。

基于隐私计算的临床科研数据共享平台建设，旨在确保数据共享过程中的患者隐私安全，促进跨机构的临床数据共享与科研合作，提升临床研究的效率和质量，加速医学发现。在信投数科构建的隐私计算系统里，原始数据不离开系统，只有数据的价值通过计算被输出。用户在平台内找到需要的数据后向数据所有者申请数据使用授权，得到授权后的数据在平台内部进行加工、计算，经过提炼后的数据价值以结论或者服务的方式从平台中输出。

临床科研数据共享平台通过医生直接上传数据、连接外部数据库和挂载外部数据源等方式接入多源数据，提供数据探查与管理功能。医生在可视化平台查看数据资源，按临床研究指标进行筛选，返回统计数据，再根据临床与科研场景进行数据使用授权，一个场景可授权多个应用使用数据，保证数据多维度的价值挖掘，保障科研项目中的相互协作。平台提供基于隐私保护的统计分析、机器学习、深度学习等算法，覆盖多样化应用需求，保证数据分析环节安全，同时保障数据安全和算法模型安全。项目结束后，相关数据立即焚毁，保障原始数据安全，用户之间仅流转数据的价值。

在临床科研协作场景中，信投数科基于隐私计算的临床科研数据共享平台，极大地丰富了项目研究的数据集。平台对接院内 HIS、CIS、LIS、PACS、EMR 等多个核心业务系统，持续维护科研数据集字段 1000 多个。业务数据涵盖上海复旦大学附属妇产科医院患者 153881 名，闵行区中心医院患者 27778 名，中国医学科学院肿瘤医院患者 3562 名，上海长海医院患者 1767 名，哈尔滨医科大学附属第二医院患者 1249 名。依托隐私计算，将各系统、机构的数据进行互联，以分布式数据查询为抓手，让研究者有更多的医疗数据源进行筛选，利用自研、开源或第三方的研究工具，建立队列开展真实世界证据的挖掘，从而构建真实世界数据驱动科学研究新范式。在保障各方数据权益的前提下，使参与方更专注于研究项目本身，无须顾虑数据安全。平台促进更多的外部科研协作、药品药械企业协作，以加速科研项目的产出，促进成果转化。

临床科研不仅要有医院所产生的高质量临床表型数据，还要更好地挖掘影像、病理、基因测序等多模态、多组学数据。隐私计算技术为医疗数据的安全共享和价值挖掘提供了新的可能性。未来，随着技术的进步和应用场景的拓展，隐私计算将在医疗健康领域发挥更大的作用，推动医疗信息化和精准医疗的发展。同时，需要关注技术应用中的法律、伦理和安全问题，确保技术的健康可持续发展。

案例二十二　全球商业数据赋能多场景下的客户智慧决策[*]

在当前的商业环境中，各企业都在迫切寻求更有效的方法来利用数据和相关洞察力，以提高整个企业的绩效。在企业的日常运作中，数据对于管理客户、潜在客户、供应商、合作伙伴的信息至关重要。同时，数据也是推动企业数字化转型，实现业务流线上化的必备要素。

邓白氏（Dun & Bradstreet）成立于 1841 年，总部位于美国佛罗里达州。作为全球最具影响力的商业信息服务商之一，邓白氏拥有全球最大的企业信息数据库，也是世界上历史最悠久的信用信息服务机构之一。经过了 180 多年的发展，邓白氏基于全球数据的业务已拓展到了不同的应用场景，将数据、技术、行业及场景的专业知识与最佳实践相结合，赋能客户智慧决策，全球超过 90% 的 500 强企业均是邓白氏的客户。邓白氏的数据能力由以下核心要素构成：

1. DUNSRight™ 数据质量控制流程

DUNSRight™ 流程是邓白氏用于收集、管理、丰富数据的专有方式，其基础是数据管理，包括数千项独立的自动检查和许多人工检查，以确保邓白氏数据云中的数据符合所需要的标准。一旦完成 DUNSRight™ 流程，任何特定实体都将拥有一个实时商业身份，该身份信息及其所携带的商业活动信息将被邓白氏持续维护及更新。

DUNSRight™ 从如下维度定义数据质量，包括：

覆盖范围：尽可能获取特定的关注领域（如东南亚的所有制药企业、德国的所有中小企业）、尽可能确保完整的全套数据；

数据完整性：根据构成企业记录的单个数据元素（如销售总额、员工人数、行业代码等），评估记录的完整程度；

数据及时性：在企业业务变化不断加快的背景下，需要评估邓白氏如何跟上不同数据元素变化的速度与频率（如财务数据更新、高管变更等）；

数据准确性：提供满足客户预期用例需求的数据，以及那些要求精确的数据。

DUNSRight™ 流程中，包含如下几项协同工作，以确保获得高质量的企业信

---

[*] 案例资料：上海邓白氏商业信息咨询有限公司。

息。这些工作中包括数以千计的独立自动检查和许多人工检查，以确保数据符合邓白氏自身的标准。

收集：基于全球数以万计的数据源，进行数据收集；

匹配：通过企业身份解析流程，将数据与其所属的正确实体进行匹配与关联；

标识：为每个实体分配唯一的邓白氏编码®（D-U-N-S® Number）；

关联：识别不同实体之间的关系，用于创建公司层级结构（又称"家族树"）；

丰富：使用我们的预测性和规范性指标对数据进行评级和评分，使数据更加丰富。

基于 DUNSRight™ 流程，邓白氏将数据与对应的实体进行识别与匹配，并在该领域拥有约 100 项专利。

2. 邓白氏编码®

为有效管理邓白氏数据云中的每一条数据，邓白氏在 1963 年建立了数据通用编码系统（Data Universal Number system）。基于该编码系统，每个企业可被赋予一个唯一的身份识别码-邓白氏编码®（D-U-N-S® Number），作为数据云中每个实体的唯一标识符。邓白氏编码®是一组 9 位数的企业标识符，将伴随企业的整个生命周期，以便于在此基础上对企业的相关数据及变化进行追踪。邓白氏编码®既是快速识别企业基本信息、经营状况等信息的"身份证"，也是企业竞逐海外市场的通用"护照"。

当前，全球超过 240 家商业、贸易和政府组织推荐使用邓白氏编码®，一些机构甚至要求合作方使用该编码，以便于有效实现自身的数据管理要求。

3. 邓白氏全球数据云

邓白氏全球数据云提供全面的商业数据和分析见解，覆盖全球近 6 亿家企业。数据云的数据来源包括数以万计的数据点、数以百万计的网站和数据验证计划。根据 DUNSRight™ 对数据的要求，邓白氏持续监测数据源的变化，并对数据云进行相应更新。

当前，邓白氏全球数据云涵盖全球各种规模的公司，几乎覆盖了所有行业。企业能够从数据云中获得及时的合作方身份信息，并进一步获得合作企业的风险评分、贸易相关活动（如支付数据）、公司联系人、供应链信息以及基于其他数据分析得出的评估、评级等。

参考文献

［1］Acquisti A., Taylor C., Wagman L. The economics of privacy ［J］. Journal of Economic Literature, 2016, 54（2）: 442-92.

［2］Agarwal A., M. Dahleh, T. Sarkar. A marketplace for data: An algorithmic solution ［R］. Proceedings of the 2019 ACM Conference on Economics and Computation, 2019.

［3］Aghion P., Jones B. F., Jones C. I. Artificial intelligence and economic growth ［M］. The Economics of Artificial Intelligence: An Agenda University of Chicago Press, 2018.

［4］Arias-Pérez J., Velez-Ocampo J., Cepeda-Cardona J. Strategic orientation toward digitalization to improve innovation capability: Why knowledge acquisition and exploitation through external embeddedness matter ［J］. Journal of Knowledge Management, 2021, 25（5）: 1319-1335.

［5］A. Davoudian, M. Liu. Big data systems: A software engineering perspective ［J］. ACM Computing Surveys, 2020, 53（5）: 1-39.

［6］Barney J. B. Firm resources and sustained competitive advantage ［J］. Journal of Management, 1991, 17（1）: 99-120.

［7］Baum J. R., Bird B. J. The successful intelligence of high-growth entrepreneurs: Links to new venture growth ［J］. Organization Science, 2010, 21（2）: 397-412.

［8］BEA. U. S. Digital economy: New and revised estimates, 2017 - 2022 ［R］. BEA Working Paper, 2023.

［9］Brush C., Greene P., Hart M. M. From initial idea to unique advantage: The entrepreneurial challenge of constructing a resource base ［J］. Academy of Management, 2001, 15（1）: 64-81.

［10］B. Otto, M. Ten Hompel, S. Wrobel. Designing data spaces: The ecosystem approach to competitive Advantage ［M］. Springer Nature Switzerland AG, 2022.

［11］Carter M. E. , Choi J. , Sedatole K. L. The effect of supplier industry competition on pay – for – performance incentive intensity ［J］. Journal of Accounting and Economics, 2021, 71 (2-3): 101389.

［12］Charoen D. The development of digital computers ［J］. Ijaber, 2015, 13 (6): 4495-4510.

［13］Covin J. G. , Slevin D. P. Strategic management of small firms in hostile and benign environments ［J］. Strategic Management Journal, 1989, 10 (1): 75-87.

［14］Dixit A. , et al. Fast data: A fair, secure and trusted decentralized iiot data marketplace enabled by blockchain ［J］. IEEE Internet of Things Journal, 2021, 10 (4): 2934-2944.

［15］Dolata M. , S. Feuerriegel, and G. Schwabe. A sociotechnical view of algorithmic fairness ［J］. Information Systems Journal, 2022, 32 (4): 754-818.

［16］Dollinger M. J. Entrepreneurship: Strategies and resources ［M］. Boston, Mass: Irwin, 1995.

［17］Drnevich P. L. , Croson D. C. Information technology and business – level strategy: Toward an integrated theoretical perspective ［J］. MIS Quarterly, 2013, 37 (2): 483-509.

［18］Duch – Brown N. , B. Martens, and F. Mueller – Langer. The economics of ownership, access and trade in digital data ［R］. 2017.

［19］Eckhardt J. T. , Shane S. A. Opportunities and entrepreneurship ［J］. Journal of Management, 2003, 29 (3): 333-349.

［20］Farboodi M. , Veldkamp L. A growth model of the data economy ［R］. NBER Working Paper, 2021, No. w2842.

［21］Gartner. Why and how to value you information as an asset 2015 ［EB/OL］. http: //www. gartner. com.

［22］Ghasemaghaei M. , Calic G. Does big data enhance firm innovation competency? The mediating role of data-driven insights ［J］. Journal of Business Research, 2019 (104): 69-84.

［23］Goel P. , et al. A review on big data: Privacy and security challenges. 2021 3rd International Conference on Signal Processing and Communication (ICPSC) ［C］. 2021. IEEE.

［24］Grant R. M. Contemporary strategy analysis: Concepts, techniques, application ［M］. Cambridge, MA: Basis Blackwell, 1991.

［25］Gregory R. W. , Henfridsson O. , Kaganer E. , Kyriakou S. H. The role of artificial intelligence and data network effects for creating user value [J]. Academy of Management Review, 2021, 46 (3): 534-551.

[26] Guo H., Wang C., Su Z., and Wang D. Technology push or market pull? Strategic orientation in business model design and digital start-up performance [J]. Journal of Product Innovation Management, 2020, 37 (4): 352-372.

[27] Gupta P., S. Kanhere, and R. Jurdak. A decentralized IoT data marketplace [R]. 2019.

[28] Haftor D. M., Climent R. C., and Lundstrom J. E. How machine learning activates data network effects in business models: Theory advancement through an industrial case of promoting ecological sustainability [J]. Journal of Business Research, 2021 (131): 196-205.

[29] Henry E. Smith. Modularity in Contracts: Boilerplate and Information Flow [J]. 104 Michigan Law Review (2006): 7-14.

[30] Hofer C., Schendel D. Strategy formation: Analysis and concepts [M]. St. Paul, MN: West Publishing, 1978.

[31] Holt T. J., E. Lampke. Exploring stolen data markets online: Products and market forces [J]. Criminal Justice Studies, 2010, 23 (1): 33-50.

[32] Houghton J. Costs and benefits of data provision: Report to the Australian National Data Service [J]. Australian National Data Service, 2011 (1): 7-14.

[33] H. Overby, J. A. Audestad. Introduction to digital economics: Foundations, business models and case studies (2nd Edition) [M]. Springer Nature Switzerland AG, 2021.

[34] Jensen M. C., Meckling W. H. Theory of the firm: Managerial behavior, agency costs and ownership structure [J]. Corporate Governance. Gower, 2019 (1): 77-132.

[35] Jones C. I., Tonetti C. Nonrivalry and the economics of data [J]. American Economic Review, 2020, 110 (9): 2819-2858.

[36] J. F. Moore. Predators and prey: A new ecology of competition [J]. Harvard Business Review, 1993 (1): 7-14.

[37] Kefeng F., et al. A blockchain-based flexible data auditing scheme for the cloud service [J]. Chinese Journal of Electronics, 2021, 30 (6): 1159-1166.

[38] Khin S., Ho T. C. Digital technology, digital capability and organizational performance: A mediating role of digital innovation [J]. International Journal of Innovation Science, 2018, 11 (2): 177-195.

［39］Kindermann B. , Beutel S. , Garcia de Lomana G. , Strese S. , Bendig D. , and Brettel M. Digital orientation: Conceptualization and operationalization of a new strategic orientation ［J］. European Management Journal, 2021, 39 (5): 645-657.

［40］Kourid A. , S. Chikhi. A comparative study of recent advances in big data for security and privacy ［J］. Networking Communication and Data Knowledge Engineering, 2018 (2): 249-259.

［41］Lichtenstein B. M. , Brush C. G. How do "resource bundles" develop and change in new ventures? A dynamic model and longitudinal exploration ［J］. Entrepreneurship Theory and Practice, 2001, 25 (3): 37.

［42］Li H. , Atuahene-Gima K. The adoption of agency business activity, product innovation, and performance in Chinese technology ventures ［J］. Strategic Management Journal, 2002, 23 (6): 469-490.

［43］Manigart S. , De Waele K. , Wright M. , Robbie K. , Desbrieres P. , Sapienza H. J. , and Beekman A. Determinants of required return in venture capital investments: A five - country study ［J］. Journal of Business Venturing, 2002 (17): 291-312.

［44］Miller D, Friesen P H. Strategy-making and environment: The third link ［J］. Strategic Management Journal, 1983, 4 (3): 221-235.

［45］Nambisan S. , Siegel D. , and Kenney M. On open innovation, platforms, and entrepreneurship ［J］. Strategic Entrepreneurship Journal, 2018, 12 (3): 354-368.

［46］O'Leary D. E. Artificial intelligence and big data ［J］. IEEE Intelligent Systems, 2013, 28 (2): 96-99.

［47］Oliveira M. I. S. , Loscio B. F. What is a data ecosystem? ［C］. Proceedings of the 19th Annual International Conference on Digital Government Research (DGO 2018): Governance in the Data Age, 2018.

［48］Palanisamy R. Strategic information systems planning model for building flexibility and success ［J］. Industrial Management & Data Systems, 2005, 105 (1): 63-81.

［49］Romanelli E. New venture strategies in the minicomputer industry ［J］. California Management Review, 1987 (38): 160-175.

［50］Sirmon D. G. , Hitt M. A. Managing resources: Linking unique resources, management, and wealth creation in family firms ［J］. Entrepreneurship Theory and Practice, 2003, 27 (4): 339-358.

［51］Sun G. , et al. Data poisoning attacks on federated machine learning ［J］. IEEE

Internet of Things Journal, 2021, 9 (13): 11365-11375.

[52] Tang H., et al. A data marketplace on blockchain with arbitration using side-contracts mechanism [J]. Computer Communications, 2022 (193): 10-22.

[53] Tan W., et al. Blockchain-based distributed power transaction mechanism considering credit management [J]. Energy Reports, 2022 (8): 565-572.

[54] Thapa C., S. Camtepe. Precision health data: Requirements, challenges and existing techniques for data security and privacy [J]. Computers in Biology and Medicine, 2021 (129): 104-130.

[55] Veldkamp L., Chung C. Data and the aggregate economy [J]. Journal of Economic Literature, 2019 (1): 7-14.

[56] Venkataraman S. The distinctive domain of entrepreneurship research: An editor's perspective [M] //Katz J., Brockhaus R. (Eds.). Advances in entrepreneurship, firm emergence, and growth [M]. Greenwich, CT: JAI Press, 1997: 119-138.

[57] Wang E. T. G., Wei H. L. Interorganizational governance value creation: Coordinating for information visibility and flexibility in supply chains [J]. Decision Sciences, 2007, 38 (4): 647-674.

[58] Wang P. Research on security and privacy protection of database [J]. Applied Mechanics and Materials, 2014 (556): 5873-5876.

[59] Wang R., et al. A distributed digital asset-trading platform based on permissioned blockchains [R]. Smart Blockchain: First International Conference, Smart-Block, 2018.

[60] Wernerfelt B. A resource-based view of the firm [J]. Strategic Management Journal, 1984, 5 (2): 171-180.

[61] Xin K. K., Pearce J. L. Guanxi: Connections as substitutes for formal institutional support [J]. Academy of Management Journal, 1996, 39 (6): 1641-1658.

[62] Xiong W., L. Xiong. Smart contract based data trading mode using blockchain and machine learning [J]. IEEE Access, 2019 (7): 102331-102344.

[63] Yin L., et al. A privacy-preserving federated learning for multiparty data sharing in social IoTs [J]. IEEE Transactions on Network Science and Engineering, 2021, 8 (3): 2706-2718.

[64] Zahra S. A., Covin J. G. Contextual influences on the corporate entrepreneurship-performance relationship: A longitudinal analysis [J]. Journal of Business Venturing, 1995, 10 (1): 43-58.

[65] Zhang J., Soh P., Wong P. Direct ties, prior knowledge, and entrepre-

neurial resource acquisitions in China and Singapore [J]. International Small Business Journal, 2011, 29 (2): 170-189.

[66] Zhang J., et al. FedMEC: Improving efficiency of differentially private federated learning via mobile edge computing [J]. Mobile Networks and Applications, 2020, 25 (6): 2421-2433.

[67] Zhu Y. Y., Zhong N., and Xiong Y. Data explosion, data nature and dataology [C] //The 2009 International Conference on Brain Informatics, October 22-24, 2009, Beijing, China. Heidelberg: Springer, 2009: 147-158.

[68] 安筱鹏. 数据生产力的崛起 [A]//李纪珍, 钟宏等. 数据要素领导干部读本 [M]. 北京: 国家行政管理出版社, 2021.

[69] 白彦锋. 新质生产力与数据财政改革 [J]. 中国财政, 2024 (10): 20-21.

[70] 包晓丽, 杜万里. 数据可信交易体系的制度构建——基于场内交易视角 [J]. 电子政务, 2023 (6): 38-50.

[71] 蔡继明, 曹越洋, 刘乐易. 论数据要素按贡献参与分配的价值基础——基于广义价值论的视角 [J]. 数量经济技术经济研究, 2023, 40 (8): 5-24.

[72] 蔡莉, 鲁喜凤, 单标安, 于海晶. 发现型机会和创造型机会能够相互转化吗?——基于多主体视角的研究 [J]. 管理世界, 2018, 34 (12): 81-94+194.

[73] 蔡莉, 肖坚石, 赵镝. 基于资源开发过程的新创企业创业导向对资源利用的关系研究 [J]. 科学学与科学技术管理, 2008 (1): 98-102.

[74] 蔡莉, 朱秀梅, 刘预. 创业导向对新企业资源获取的影响研究 [J]. 科学学研究, 2011, 29 (4): 601-609.

[75] 蔡新蕾. 制度支持与技术商业化绩效的关系研究——企业战略导向的调节效应 [J]. 研究与发展管理, 2017, 29 (6): 59-67.

[76] 蔡义茹, 蔡莉, 陈姿颖, 杨亚倩. 创业机会与创业情境: 一个整合研究框架 [J]. 外国经济与管理, 2022, 44 (4): 18-33.

[77] 陈德球, 胡晴. 数字经济时代下的公司治理研究: 范式创新与实践前沿 [J]. 管理世界, 2022, 38 (6): 213-240.

[78] 陈方丽, 胡祖光. 技术要素参与收益分配研究综述 [J]. 科技进步与对策, 2005 (7): 4-5.

[79] 陈吉栋. 公私交融的人工智能法 [J]. 东方法学, 2024 (2): 63-75.

[80] 陈劲, 陈钰芬. 开放创新体系与企业技术创新资源配置 [J]. 科研管

理，2006（3）：1-8.

［81］程啸．个人数据授权机制的民法阐释［J］．政法论坛，2023（6）：3-4.

［82］程啸．论大数据时代的个人数据权利［J］．中国社会科学，2018（3）：11-13.

［83］代佳欣．英美新三国政府开放数据用户参与的经验与启示［J］．图书情报工作，2021，65（6）：23-31.

［84］丁晓东．论企业数据权益的法律保护——基于数据法律性质的分析［J］．法律科学（西北政法大学学报），2020（2）：4-6.

［85］杜晶晶，郝喜玲．数字创业背景下创业机会研究综述与未来展望［J］．河南大学学报（社会科学版），2023，63（1）：20-26+152.

［86］杜晶晶，王涛，郝喜玲，冯婷婷．数字生态系统中创业机会的形成与发展：基于社会资本理论的探究［J］．心理科学进展，2022，30（6）：1205-1215.

［87］凡航，徐葳，王倩雯，等．多方安全计算框架下的智能合约方法研究［J］．信息安全研究，2022，8（10）：956-963.

［88］范佳佳．中国政府数据开放许可协议（CLOD）研究［J］．中国行政管理，2019（1）：23-29.

［89］冯俏彬．数字经济时代税收制度框架的前瞻性研究——基于生产要素决定税收制度的理论视角［J］．财政研究，2021（6）：31-44.

［90］国家市场监督管理总局，国家标准化管理委员会．信息技术服务数据资产管理要求（GB/T 40685—2021）［M］．北京：中国标准出版社，2021.

［91］高富平．建设用地使用权类型化研究——《物权法》建设用地使用权规范之完善［J］．北方法学，2012（2）：1-2.

［92］高培勇．新一轮财税体制改革的战略谋划［J］．经济理论与经济管理，2024，44（5）：2-8.

［93］高平．从"单乘"到"连乘"，释放数据要素乘数效应的三条路径［Z］．上海中创研究院，2024.

［94］高圣平．民法典中担保物权的体系重构［J］．法学杂志，2015（6）：7-9.

［95］工业互联网产业联盟，中国信息通信研究院．可信工业数据空间系统架构1.0白皮书［R］．2022.

［96］郭丹．准公共产品定价机制的理论思考［J］．经济体制改革，2014（6）：154-158.

［97］国家发展改革委宏观经济研究院课题组，刘翔峰．健全要素由市场评

价贡献、按贡献决定报酬机制研究［J］．宏观经济研究，2021（9）：24-26．

［98］韩强，吴涛．论数据要素收益分配的制度基础——基于用益补偿的视角［J］．行政管理改革，2023（5）：7-8．

［99］何伟．激发数据要素价值的机制、问题和对策［J］．信息通信技术与政策，2020（6）：4-7．

［100］何玉长．数据要素定价的困难和探索［J］．团结，2021（3）：16-18．

［101］何玉长，王伟．数据要素市场化的理论阐释［J］．当代经济研究，2021（4）：33-44．

［102］胡业飞，田时雨．政府数据开放的有偿模式辨析：合法性根基与执行路径选择［J］．中国行政管理，2019（1）：30-36．

［103］黄科满，杜小勇．数据治理价值链模型与数据基础制度分析［J］．大数据，2022，8（4）：3-16．

［104］黄丽华，窦一凡，郭梦珂，汤奇峰，李根．数据流通市场中数据产品的特性及其交易模式［J］．大数据，2022（3）：5-6．

［105］黄丽华，杜万里，吴蔽余．基于数据要素流通价值链的数据产权结构性分置［J］．大数据，2023，9（2）：5-15．

［106］黄益平．数字经济的发展与治理［J］．上海质量，2023（3）：19-23．

［107］黄再胜．数据的资本化与当代资本主义价值运动新特点［J］．马克思主义研究，2020（6）：90-10．

［108］蒋振宇，王宗军，潘文砚．开放度对创新能力作用的新路径：一个有调节的中介模型［J］．管理评论，2019，31（10）：85-98．

［109］金晶．数据交易法：欧盟模式与中国规则［M］．北京：中国民主法制出版社，2024．

［110］卡萝塔·佩蕾丝．技术革命与金融资本：资本泡沫与黄金时代的动力学［M］．田方萌等译．北京：中国人民大学出版社，2007．

［111］克拉克．财富的分配［M］．陈福生，陈振骅译．北京：商务印书馆，1997．

［112］李海舰，唐跃桓．数据财政的基本框架、运行模式与实施路径［J］．改革，2024（6）：10-29/．

［113］李海舰，赵丽．数据成为生产要素：特征、机制与价值形态演进［J］．上海经济研究，2021（8）：48-59．

［114］李正，唐探宇．公共数据确权定价与价值释放的关系研究［J］．成都工业学院学报，2022，25（3）：75-80．

［115］林常乐，赵公正．数据合理定价：利用数据资产图谱解析数据价值网

络［J］．价格理论与实践，2023（3）：20-25.

［116］刘金．基于数据特征的敏感数据识别方法［J］．信息通信，2016（2）：240-241.

［117］刘阳阳．公共数据授权运营：生成逻辑、实践图景与规范路径［J］．电子政务，2022（10）：33-46.

［118］刘怡，聂海峰，张凌霄，崔小勇．电子商务增值税地区间分享和清算［J］．管理世界，2022，38（1）：62-78.

［119］刘宇璟，黄良志，林裘绪．环境动态性、创业导向与企业绩效——管理关系的调节效应［J］．研究与发展管理，2019，31（5）：89-102.

［120］刘枝，于施洋．还数于民：公共数据运营机制的构建［J］．图书情报知识，2023（5）：4-6.

［121］楼继伟．40年重大财税改革的回顾［J］．财政研究，2019（2）：3-29.

［122］卢延纯，赵公正，孙静，王晓飞．公共数据价格形成的理论和方法探索［J］．价格理论与实践，2023（9）：15-20.

［123］陆岷峰，欧阳文杰．数据要素赋能实体经济的现实条件、作用机理与融合路径研究［J］．武汉金融，2023（4）：75-83.

［124］陆珉峰，欧阳文杰．数据要素市场化与数据资产估值与定价的体制机制研究［J］．新疆社会科学，2021（1）：5-6.

［125］马费成，吴逸姝，卢慧质．数据要素价值实现路径研究［J］．信息资源管理学报，2023，13（2）：4-11.

［126］马鸿佳，王亚婧，苏中锋．数字化转型背景下中小制造企业如何编排资源利用数字机会？——基于资源编排理论的fsQCA研究［J］．南开管理评论，2024，27（4）：90-100+208.

［127］马歇尔．经济学原理［M］．朱志泰，陈良璧译．北京：商务印书馆，1997.

［128］曼昆．经济学原理［M］．梁小民，梁砾译．北京：北京大学出版社，1999.

［129］门理想，张瑶瑶，张会平，等．公共数据授权运营的收益分配体系研究［J］．电子政务，2023（11）：14-27.

［130］宁振宇，张锋巍，施巍松．基于边缘计算的可信执行环境研究［J］．计算机研究与发展，2019，56（7）：1441-1453.

［131］欧阳日辉．数字经济的理论演进、内涵特征和发展规律［J］．广东社会科学，2023（1）：25-35+286.

[132] 欧阳日辉，杜青青．数据估值定价的方法与评估指标 [J]．数字图书馆论坛，2022（10）：21-27.

[133] 欧阳日辉，李涛．构建以数据为关键要素的数字经济 [J]．新经济导刊，2023（1）：8-19.

[134] 欧阳日辉，刘昱宏．数据要素倍增效应的理论机制、制约因素与政策建议 [J]．经济纵横，2024（3）：3-18.

[135] 戚聿东，肖旭．数字经济时代的企业管理变革 [J]．管理世界，2020，36（6）：135-152+250.

[136] 齐爱民．论个人信息的法律保护 [J]．苏州大学学报，2005（2）.

[137] 齐英程．公共数据增值性利用的权利基础与制度构建 [J]．湖北大学学报（哲学社会科学版），2022，49（1）：12-20.

[138] 权衡．中国收入分配改革 40 年 [M]．上海：上海交通大学出版社，2018.

[139] 全国数据资源调查工作组（国家工业信息安全发展研究中心）．全国数据资源调查报告（2023 年）[R]．2023.

[140] 任保平，王思琛．新发展格局下我国数据要素市场治理的理论逻辑和实践路径 [J]．天津社会科学，2023（3）：81-90.

[141] 任保平，王昕．新质生产力形成中建设高标准数据要素市场的框架与路径研究 [J]．西北工业大学学报（社会科学版），2023（1）：1-9.

[142] 任保平，王子月．数字经济时代中国式企业现代化转型的要求与路径 [J]．西北工业大学学报（社会科学版），2023（3）：78-86.

[143] 单飞跃．经济法学 [M]．长沙：中南工业大学出版社，1999.

[144] 萨维尼．当代罗马法体系 I [M]．朱虎译．北京：中国法制出版社，2010.

[145] 萨伊．政治经济学概论 [M]．陈福生，陈振骅译．北京：商务印书馆，1997.

[146] 商希雪．两级市场模式下公共数据开放与再利用的制度进路——兼论数据财政的实现路径 [J]．理论与改革，2024（3）：14-16.

[147] 上海数据交易所，普华永道．数据要素视角下的数据资产化研究报告 [R]．2022.

[148] 申卫星．论数据产权制度的层级性："三三制"数据确权法 [J]．中国法学，2023（4）：26-48.

[149] 申卫星．论数据用益权 [J]．中国社会科学，2020（11）：36-37.

[150] 沈斌，黎江虹．论公共数据的类型化规制及其立法落实 [J]．武汉大

学学报（哲学社会科学版），2023，76（1）：67-77.

　　［151］沈健州．数据财产的权利架构与规则展开［J］．中国法学，2022（4）：24-25.

　　［152］时建中．数据概念的结构与数据法律制度的构建——兼论数据法学的学科内涵与体系［J］．中外法学，2023（1）：9-11.

　　［153］时明涛．大数据时代企业数据权利保护的困境与突破［J］．电子知识产权，2020（7）：9-10.

　　［154］史凯．精益数据方法论——数据驱动的数字化转型［M］．北京：机械工业出版社，2023.

　　［155］宋晶晶．政府治理视域下的政府数据资产管理体系及实施路径［J］．图书馆，2020（9）：8-13.

　　［156］宋立丰，郭海，杨主恩．数字化情景下的传统管理理论变革——数据基础观话语体系的构建［J］．科技管理研究，2020，40（8）：228-236.

　　［157］宋平平，孙皓．公共产品定价研究的新进展［J］．当代经济，2009（15）：150-151.

　　［158］孙克．数据要素价值化发展的问题与思考［J］．信息通信技术与政策，2021，47（6）：63-67.

　　［159］孙庆君．中国数据产业发展报告［J］．经济与信息，1998（8）：44-49+137.

　　［160］谭海波，范梓腾，杜运周．技术管理能力、注意力分配与地方政府网站建设——一项基于 TOE 框架的组态分析［J］．管理世界，2019，35（9）：81-94.

　　［161］汤春蕾．数据产业［M］．上海：复旦大学出版社，2013.

　　［162］汤珂．数据资产化［M］．北京：人民出版社，2023.

　　［163］汤奇峰，虞慧群，范贵生，邵志清．一种自适应数据交易软件模型设计技术［J］．华东理工大学学报（自然科学版），2024，50（1）：137-145.

　　［164］陶卓，黄卫东，闻超群．数据要素市场化配置典型模式的经验启示与未来展望［J］．经济体制改革，2021（4）：37-42.

　　［165］童楠楠，杨铭鑫，莫心瑶，等．数据财政：新时期推动公共数据授权运营利益分配的模式框架［J］．电子政务，2023（1）：23-35.

　　［166］陀螺研究院，SECBIT，等．零知识证明报告［R］．2020.

　　［167］王春晖，方兴东．构建数据产权制度的核心要义［J］．南京邮电大学学报（社会科学版），2023，25（1）：19-32.

　　［168］王建冬．全国统一数据大市场下创新数据价格形成机制的政策思考

［J］．价格理论与实践，2023（3）：7-9．

　　［169］王建冬，童楠楠．数字经济背景下数据与其他生产要素的协同联动机制研究［J］．电子政务，2020（3）：22-31．

　　［170］王建冬，于施洋，黄倩倩．数据要素基础理论与制度体系总体设计探究［J］．电子政务，2022（2）：2-11．

　　［171］王今朝，窦一凡，黄丽华，李根．数据产品交易的定价研究：进展评述与方法比较［J］．价格理论与实践，2023（4）：22-27．

　　［172］王利明．论数据权益：以"权利束"为视角［J］．政治与法律，2022（7）：45-46．

　　［173］王利明．数据共享与个人信息保护［J］．现代法学，2019（1）：29-31．

　　［174］王利明，丁晓东．论《个人信息保护法》的亮点、特色与适用［J］．法学家，2021（6）：7-9．

　　［175］王颂吉，李怡璇，高伊凡．数据要素的产权界定与收入分配机制［J］．福建论坛（人文社会科学版），2020（12）：138-145．

　　［176］王叶刚．企业数据权益与个人信息保护关系论纲［J］．比较法研究，2022（4）：15-17．

　　［177］王钺．通过数据要素的乘数效应为实体经济赋能［N］．人民邮电报，2024-01-24．

　　［178］王志刚，金徵辅，龚六堂．数据要素市场建设中的财税政策理论初探［J］．数量经济技术经济研究，2023，40（11）：5-27．

　　［179］威廉·配第．赋税论［A］//配第经济著作选集［M］．陈冬野，马清槐，周锦如译．北京：商务印书馆，1997．

　　［180］魏鲁彬．数据资源的产权分析［D］．山东大学硕士学位论文，2018．

　　［181］魏益华，杨璐维．数据要素市场化配置的产权制度之理论思考［J］．经济体制改革，2022（3）：40-47．

　　［182］吴蔽余，黄丽华．数据定价的双重维度：从产品价格到资产价值［J］．价格理论与实践，2023（7）：70-75．

　　［183］吴昺兵，贾康．政府与市场合作供给公共产品的理论分析和制度设计［J］．江西社会科学，2023，43（5）：157-171+2．

　　［184］吴汉东．数据财产赋权的立法选择［J］．法律科学（西北政法大学学报），2023（4）：11-12．

　　［185］夏义堃．西方国家公共信息定价原则与定价规律分析［J］．中国图书馆学报，2014，40（5）：23-34．

［186］夏义堃．政府信息收费策略及其实施效果比较［J］．图书情报工作，2012，56（3）：126-129．

［187］项保华，叶庆祥．企业竞争优势理论的演变和构建——基于创新视角的整合与拓展［J］．外国经济与管理，2005（3）：19-26．

［188］谢波峰．全面数字化背景下要重视数字财政、数据财政的作用发挥［J］．工信财经科技，2024（1）：9-10．

［189］谢波峰．数据税收的内涵、作用及发展［J］．财政科学，2023（1）：35-39．

［190］谢波峰．数据相关国际税制评述［J］．大数据，2022（3）：5-9．

［191］谢波峰，朱扬勇．数据财政：公共数据运营的现实需要和构建逻辑［J］．中国行政管理，2023，39（12）：26-35．

［192］谢波峰，朱扬勇．数据财政框架和实现路径探索［J］．财政研究，2020（7）：14-23．

［193］谢康，夏正豪，肖静华．大数据成为现实生产要素的企业实现机制：产品创新视角［J］．中国工业经济，2020（5）：42-60．

［194］谢智敏，王霞，杜运周，谢玲敏．制度复杂性、创业导向与创新型创业——一个基于跨国案例的组态分析［J］．科学学研究，2022，40（5）：863-873．

［195］许可．数据权利：范式统合与规范分殊［J］．政法论坛，2021（4）：39-41．

［196］许宪春，张钟文，胡亚茹．数据资产统计与核算问题研究［J］．管理世界，2022（2）：33-35．

［197］雅克·盖斯旦，吉勒·古博，缪黑埃·法布赫—马南．法国民法总论［M］．陈鹏等译，谢汉琪审校．北京：法律出版社，2004．

［198］杨东，高清纯．加快建设全国统一大市场背景下数据交易平台规制研究［J］．法治研究，2023（1）：1-14．

［199］杨东，赵秉元．数据产权分置改革的制度路径研究［J］．行政管理改革，2023（6）：55-64．

［200］杨华，雷雨．公共产品的定价机制及问题分析［J］．中小企业管理与科技（下旬刊），2013（3）：138-139．

［201］杨亚倩，蔡莉，陈姿颖．数字平台治理机制对机会集的影响——基于多主体互动视角的研究［J］．科技进步与对策，2023，40（15）：1-11．

［202］杨志勇．数字财政建设的意义、战略选择与未来发展建议［J］．中国财政，2022（4）：18-19．

［203］叶名怡．论个人信息权的基本范畴［J］．清华法学，2018（5）：7-9.

［204］叶学锋，魏江．关于资源类型和获取方式的探讨［J］．科学学与科学技术管理，2001（9）：40-42+84.

［205］叶雅珍，刘国华，朱扬勇．数据资产化框架初探［J］．大数据，2020，6（3）：3-12.

［206］叶雅珍，朱扬勇．盒装数据：一种基于数据盒的数据产品形态［J］．大数据，2022，8（3）：15-25.

［207］叶雅珍，朱扬勇．数据资产［M］．北京：人民邮电出版社，2021.

［208］叶雅珍，朱扬勇．数据资产增值减值因素分析［J］．大数据，2024，10（2）：32-42.

［209］叶雅珍，朱扬勇．数字化转型服务平台：面向新竞争格局的企业竞争力建设［J］．大数据，2023，9（3）：3-14.

［210］衣俊霖．论公共数据国家所有［J］．法学论坛，2022，37（4）：107-118.

［211］易继明．知识产权的观念：类型化及法律适用［J］．法学研究，2005（3）.

［212］隐私计算联盟．隐私计算白皮书（2022）［R］.2022.

［213］于超，顾新，杨雪，谢洪明．面向高质量发展的创新节奏与创新绩效——数字化转型与环境动态性的作用［J］．研究与发展管理，2023，35（3）：65—77.

［214］袁康，刘羿鸣．个人数据收益权理论迷思与制度选择［J］．学习与实践，2024（8）：9-10.

［215］袁康，鄢浩宇．数据分类分级保护的逻辑厘定与制度构建——以重要数据识别和管控为中心［J］．中国科技论坛，2022（7）：167-177.

［216］约翰·肯尼思·加尔布雷思．经济学与公共目标［M］．丁海生译．北京：华夏出版社，2010.

［217］张斌，陈详详，陶向明，陈慧慧．创业机会共创研究探析［J］．外国经济与管理，2018，40（2）：18-34.

［218］张国运．对我国公共事业产品定价机制的思考［J］．辽宁经济，2019（6）：28-30.

［219］张会平，顾勤，徐忠波．政府数据授权运营的实现机制与内在机理研究——以成都市为例［J］．电子政务，2021（5）：34-44.

［220］张会平，李晓利．"数据要素×"视域下公共数据授权运营生态系统

的培育路径［J］. 长安大学学报（社会科学版），2024，26（3）：60-75.

［221］张会平，薛玉玉. 公共数据授权运营产权运行机制的理论建构与实施路径［J］. 电子政务，2023（11）：2-13.

［222］张林忆，黄志高. 数据要素促进收入分配共同富裕的逻辑内蕴、实践困境与推进路径［J］. 重庆社会科学，2023（11）：53-68.

［223］张铭，曾静，曾娜，王冬玲. "技术—组织—环境"因素联动对互联网企业数字创新的影响——基于 TOE 框架的模糊集定性比较分析与必要条件分析［J］. 科学学与科学技术管理，2024，45（3）：21-40.

［224］张群. 上海民用液化气定价政策效果评估［J］. 价格月刊，2021（4）：1-7.

［225］张斯睿，闫树. 数据要素市场建设的关键突破口：公共数据授权运营［J］. 信息通信技术与政策，2023，49（4）：22-26.

［226］张希圆，王志刚. 关于公共数据定价机制设计的思考［J］. 宏观经济研究，2024（7）：3-5.

［227］张新宝. 论个人信息权益的构造［J］. 中外法学，2021（5）：19-20.

［228］赵蓉，林镇阳，聂耀昱，等. 数据财政的市场化运营方案设计与思考［J］. 科技管理研究，2023，43（9）：183-190.

［229］赵正，杨铭鑫，易成岐，等. 数据财政视角下公共数据有偿使用价值分配的理论基础与政策框架［J］. 电子政务，2024（2）：21-32.

［230］郑功成. 以第三次分配助推共同富裕［N］. 中国社会科学报，2021-11-25.

［231］郑坤. 论准公共产品定价的基本原则［J］. 劳动保障世界（理论版），2011（8）：65-67.

［232］之江实验室等. 数据产品交易标准化白皮书［R］. 2022.

［233］中国税务学会课题组，汪康，庄毓敏，等. 适应数字经济发展的税收制度建设与完善［J］. 税务研究，2023（11）：94-98.

［234］中国信息通信研究院. 联邦学习场景应用研究报告［R］. 2021.

［235］中国信息通信研究院. 全球数字经济白皮书（2023）［R］. 2024.

［236］中国信息通信研究院云计算与大数据研究所. 数据流通关键技术白皮书［R］. 2018.

［237］中国移动通信集团. 隐私计算应用白皮书（2021）［R］. 2021.

［238］周利国，安秀梅. 公共产品的定价原则［J］. 价格月刊，1999（2）：13-14.

［239］朱秀梅，林晓玥，王天东，苗淑娟. 数据价值化：研究评述与展望

[J]．外国经济与管理，2023，45（12）：3-17.

［240］朱秀梅，刘月，陈海涛．数字创业：要素及内核生成机制研究［J］．外国经济与管理，2020，42（4）：19-35.

［241］朱扬勇．大数据资源［M］．上海：上海科学技术出版社，2018.

［242］朱扬勇，谢波峰．数据财政：数字经济发展过程中的公共利益实现［J］．大数据，2023，9（2）：163-166.

［243］朱扬勇，熊赟．数据学［M］．上海：复旦大学出版社，2009.

［244］朱扬勇，叶雅珍．从数据的属性看数据资产［J］．大数据，2018，4（6）：65-76.

［245］朱扬勇，叶雅珍．数据资产入表需要一种可计量的技术形态［J］．大数据，2023，9（6）：184-187.